Ueber die Medizinal-Anstalten und den jetzigen Zustand der Heilkunde in Grofsbritanien und Irland.

Von

Wilhelm Wagner,

der Philosophie, Medizin und Chirurgie Doctor, Professor der Heilkunde an der Universität zu Berlin, mehrerer gelehrten Gesellschaften in Deutschland, Frankreich und England Mitgliede.

Mit elf Abbildungen.

Berlin, 1825.
Gedruckt und verlegt
von G. Reimer.

Vorrede.

Von einer in den Jahren 1822 und 1823 unternommenen Reise nach England, Schottland und Irland, deren Zweck war, mir eine möglichst genaue Kenntnifs von den Medizinal-Anstalten und dem Zustande der Heilkunde in diesen merkwürdigen Ländern zu verschaffen, stattete ich einige Zeit nach meiner Rückkehr dem hohen Ministerium der geistlichen, Unterrichts- und Medizinal-Angelegenheiten hieselbst, den erforderlichen Bericht ab, und dieser Bericht ist es, welcher zu dem Erscheinen der vorliegenden Schrift Veranlassung gegeben hat. So sehr ich mich auch bemühete, aus meinem Tagebuche und der Menge gesammleter Materialien nur das Wichtigste herauszuheben und möglichst zu concentriren, so wuchs dennoch das Niedergeschriebene zu einer gröſseren Bogenzahl, als ich vermuthete, an, und theils hierdurch, theils durch die von mehreren Seiten erhaltenen Aufforderungen, wurde ich bewogen, von meiner ursprünglichen Absicht — die gesammleten Beobachtungen nur fragmentarisch in Zeitschriften mitzutheilen, — abzustehen und sie dagegen zu einem Ganzen vereinigt dem ärztlichen Publikum, zunächst meines Vaterlandes, hiermit vorzulegen.

Die Schwierigkeiten, welche mit einer solchen Arbeit verbunden sind, wird Niemand verkennen. In einem Lande, wo fremde Sitte und Sprache herrschen, und dessen von den unsrigen so verschiedene Einrichtungen fast immer über die Gebühr entweder gelobt oder getadelt worden sind, hält es in der That schwer, sich eine richtige Kenntniſs des Bestehenden zu verschaffen, und, von Vorurtheilen nicht geblendet, zu einer unbefangenen Beurtheilung desselben zu gelangen. Zweierlei halte ich zur Erreichung dieses Zieles für unumgänglich nothwendig: einmal, einen längeren Aufenthalt in jenem Lande, und zweitens, eine genaue Kenntniſs der Sprache, da der Engländer in einer anderen, als der seinigen, mit Fremden entweder nicht sprechen will, oder nicht sprechen kann. Wer in kurzer Zeit und bei nothdürftiger Kenntniſs der Sprache mit England in irgend einer Beziehung bekannt werden zu können glaubt, der wird sicherlich eine Menge unrichtiger Ideen und verfehlter Ansichten mit nach Hause bringen; er wird von einem genaueren Umgange mit unseren Nachbaren jenseits des Kanals ausgeschlossen bleiben, und sich so mannigfacher Belehrung beraubt sehen, zu welcher ihm sonst der Weg offen gestanden haben würde.

In wie fern es mir gelungen ist, in vorliegender Schrift genau und unpartheiisch zu berichten, überlasse ich billig der Beurtheilung Anderer; nur daſs an Fleiſs und

Mühe es nicht gefehlt hat, kann ich versichern; und wenn ich gern gelobt habe, was mir lobenswerth erschienen, so habe ich auf der anderen Seite doch auch das Tadelnswerthe nicht verhehlt.

Leere Deklamationen wird man hoffentlich in diesem Berichte vermissen; nur Stoff (*matter*) wünsche ich, dafs man darin finden möge, und wenn ich diesen oft allein, ohne eigene Betrachtung, gegeben habe, so ist dieses geschehen, weil ich es in der Heilkunde und Allem was sie betrifft, für besonders mifslich und unzweckmäfsig halte, Anderen seine Ansicht aufdringen zu wollen.

Sehr erfreulich war es mir, dafs ich Gelegenheit hatte, noch vor dem Drucke das Manuscript mit meinem vieljährigen Freunde, dem Ober-Stabsarzte Dr. Pockels in Braunschweig, durchzugehen. Wer so wie er, sich länger denn Jahr und Tag in England aufgehalten hat und dort fast einheimisch geworden ist, der ist gewifs vorzüglich geeignet, über die Richtigkeit oder Unrichtigkeit des in einer solchen Schrift Enthaltenen ein Urtheil zu fällen. Ihm verdanke ich noch mehrere interessante Bemerkungen.

Daſs, aller angewandten Vorsicht ungeachtet, sich hin und wieder Irrthümer eingeschlichen haben mögen, will ich gern zugeben. Sie sind von einem Werke dieser Art unzertrennlich, und werden deshalb auch, wie ich hoffe, Entschuldigung finden. Besonders sind in dem zu den verschiedenen Anstalten gehörenden ärztlichen Personale während der letzten Zeit gar häufig Veränderungen vorgegangen; und wenn gleich ich mehrere davon noch anzugeben im Stande gewesen bin, so werden doch andere mir ohne Zweifel entgangen sein.

Reich belohnt für meine Mühe verlieſs ich am 29. April 1823, nach einem fast achtmonatlichen Aufenthalte, das Land, in welchem ich so viel Interessantes kennen gelernt hatte, und von dessen Aerzten ich mit einem Wohlwollen und einer Gastfreiheit aufgenommen worden war, die meine höchsten Erwartungen übertroffen hatten. Mögen sie mich hiermit öffentlich dafür danken lassen, und es nicht verkennen, dafs wahr und unpartheiisch zu sein, bei der Ausarbeitung dieser Schrift stets meine Absicht gewesen ist!

Wagner.

Inhalts-Verzeichniſs.

Seite.

Einleitung.

Indem ich mich bemühen werde, in den folgenden Blättern eine möglichst genaue und unpartheiische Schilderung der Medizinal-Anstalten zu geben, wie sie in einigen der wichtigsten Städte Englands, Schottlands und Irlands, theils zur Heilung und Versorgung der Kranken und Gebrechlichen, theils zur Förderung der Heilkunde und zum Unterrichte in derselben, so wie zu verwandten Zwecken, gegenwärtig bestehen, werde ich hoffentlich den Leser in den Stand setzen, alsdann selbst ein genügendes Urtheil über den jetzigen Zustand der Heilkunde in jenen Königreichen zu fällen, und ich gestehe, daſs ich mich selbst eines solchen allgemeinen Urtheils am liebsten enthielte. Denn eines theils möchte ich dem Leser nicht gleich im Anfange Ansichten aufdringen, die er vielleicht späterhin, nachdem er das Einzelne kennen gelernt, für ungegründet erklären müſste, oder die ihn veranlassen könnten, nur durch die Augen eines Anderen die Gegenstände zu betrachten; anderen theils fühle ich die Schwierigkeiten nur zu sehr, die hier mit der Fällung eines allgemeinen Urtheils verbunden sind, besonders bei einem Lande wie England, wo das Vortrefflichste neben dem Verwerflichsten, das Gewöhnliche neben dem Ungewöhnlichsten und Seltsamsten bestehet, und wo für manche Dinge gänzlich der Maafsstab fehlt, den man anlegen könnte. Doch aber möchte wohl mit Recht von mir verlangt werden können, dafs ich ebenfalls ausspreche, was für einen Totaleindruck das Ganze in mir hervorgebracht hat, und welche allgemeine Ansicht ich von dem jetzigen Zustande der Heilkunde in England hege; und so mögen denn, in Ermangelung einer schicklicheren Stelle, hier gleich Anfangs wenigstens folgende wenige allgemeine Bemerkungen über die verschiedenen Zweige der Heilkunde einen Platz finden, indem andere allgemeine Betrachtungen, besonders über die Einrichtung der verschiedenen Anstalten, sich späterhin einschalten und anknüpfen lassen werden.

Was zuvörderst die Anatomie betrifft, so wird diese überall, besonders aber in London und Dublin, mit vorzüglichem Fleifse getrieben, und man möchte hier nicht leicht einen Arzt, noch weniger einen Chirurgen finden, der nicht gründliche Kenntnisse darin besäfse. Die erste Zeit des ärztlichen oder chirurgischen Studiums ist allein der Anatomie gewidmet, uud auf den anatomischen Theatern sieht man die Studirenden den ganzen Tag hindurch unausgesetzt arbeiten. Jedoch beschränkt man sich in der Regel auf die gröbere Anatomie, wie sie für den praktischen Arzt und noch mehr für den ausübenden Chirurgen unumgänglich erforderlich ist. Sind bei uns anatomische Kenntnisse vielleicht weniger allgemein verbreitet, so giebt es doch ohne Zweifel in Deutschland Einzelne, welche die höhere, feinere Anatomie so bearbeitet haben, wie es in England von Keinem jemals geschehen ist. — Dabei findet dort fast durchgehends eine grofse Neigung zur Anlegung von anatomischen Sammlungen statt, so dafs auch in späterer Zeit und von den am meisten beschäftigten praktischen Aerzten, die Anatomie nicht gänzlich vernachläfsigt wird. Sie sammeln wenigstens alle die krankhaften Theile, welche ihnen in ihrer Praxis vorkommen, und verwenden den gröfsten Theil ihrer Mufse auf das Präpariren und Aufstellen derselben. Die Anatomie des Menschen wird aber nie allein und für sich getrieben, sondern auch im Vortrage mit der Physiologie und mit der vergleichenden und pathologischen Anatomie verbunden, da dem Engländer das *cui bono* immer vorzüglich am Herzen liegt. Er verlangt zugleich zu wissen: wozu dient der Theil und was für krankhafte Veränderungen können in ihm eintreten, die in der Praxis zu berücksichtigen sind? Deshalb wird denn auch die vergleichende Anatomie verhältnifsmäfsig noch am wenigsten getrieben, da diese eine solche, unmittelbar auf das praktische Leben berechnete Nutzanwendung in der Regel nicht zuläfst. Ausgenommen hierbei ist jedoch London, wo die vergleichende Anatomie mit dem gröfsten Fleifse bearbeitet wird, seitdem John Hunter den Sinn dafür einmal rege gemacht hat. — Der Charakter, welchen die Physiologie der Engländer an sich trägt, möchte sich hieraus schon abnehmen lassen; sie ist, weit entfernt von *a priori*scher Spekulation, eine reine Erfahrungswissenschaft, wobei sie sich freilich manchmal nicht sehr von feiner, sogenannter höherer Anatomie unterscheidet. Als der Choragus ist hier noch immer John Hunter zu betrachten. — Diejenigen neueren Werke über Anatomie, welche am meisten geschätzt werden, und welche hier zu nennen ich deshalb nicht für überflüssig halte, sind: *John and Charles Bells Anatomy and Physiology of the human body*, und die von beiden, besonders aber von Charles Bell, herausgegebenen *Engravings* von den verschiedenen Theilen des menschlichen Körpers. Ferner *Fyfe's System of the Anatomy of the human body* und *Monro's Outlines of the anatomy of the human body*. Kürzere Handbücher, welche ziemlich allgemein gebraucht werden, sind die von Green, Shaw und Stanley, und unter den anatomischen Kupferwerken kömmt jetzt noch besonders das von Lizars herausgegebene in Betracht. — Was die Physiologie und vergleichende Anatomie betrifft, so werden die Schriften von Abernethy, Lawrence und Home noch immer am meisten geschätzt, obgleich das hier gemeinte bekannte Werk von Lawrence bei Manchen gewissermafsen in Verruf gekommen ist.

Die Pathologie und Therapie haben einen eigenthümlichen, wie mir scheint in mancher Hinsicht lobenswerthen, in anderer aber nicht zu billigenden Gang genommen. Namentlich fehlt es im Grunde gänzlich an einer allgemeinen Pathologie und Therapie. Ueber einzelne Theile derselben sind zwar auch in neuerer Zeit schätzenswerthe Untersuchungen angestellt worden, allein eine in wissenschaftlichem Zusammenhange vorgenommene Bearbeitung des Ganzen ist nicht vorhanden, so unentbehrlich sie auch scheint zur Begründung einer rationellen Therapie der besonderen Krankheiten Man kann daher nicht sagen, daſs irgend ein System der Medicin bei den Engländern jetzt herrschend sei, wenn man die Anhänger ausnimmt, welche die Cullenschen Lehren noch hin und wieder, besonders in der Edinburger Schule, haben. — Die spezielle Pathologie hat unläugbar manchen Gewinn erhalten durch die fleiſsige Bearbeitung der pathologischen Anatomie. Die Natur mancher Krankheiten ist dadurch mehr aufgeklärt worden, und so wie man auf der einen Seite durch diese Forschungen vor ungegründeten Theorieen bewahrt ist, so ist man auf der andern Seite dadurch in den Stand gesetzt, eine richtige Prognose zu stellen und ein oft glückliches Heilverfahren einzuschlagen. Was dieses letztere nun in Bezug auf die einzelnen Krankheiten, also die specielle Therapie, anbelangt, so zeichnet es sich besonders aus durch die dreiste, ja verwegene Anwendung von kräftigen Arzneimitteln in groſsen Gaben. Wo der deutsche Arzt einige Unzen Blut läſst, da entzieht der englische eben so viel Pfunde; wo jener kühlende Salze giebt, um nach dem kleinen Aderlaſs die Irritation im Körper vollends zu beseitigen, da giebt jener, nachdem er bis zur Ohnmacht Blut gelassen hat, eine groſse

Dosis Opium, um die Ruhe im Organismus noch eine Zeitlang zu unterhalten *(to keep the System down)*; wo die Deutschen mit Manna, Tamarinden und Salzen purgiren, da geben die Engländer Jalappe und Calomel zu halben und ganzen Scrupeln, oder Oleum terebinthinae Unzenweise; wo jene um Ableitung zu bewirken, reizende Fomentationen anwenden, da legen diese Blasenpflaster über ganze Theile des Körpers. Auch bei Krankheiten, deren Verlauf wir nur zu reguliren suchen, und gegen die wir nur mit grofser Behutsamkeit verfahren, greift der Engländer kräftig ein, und sucht durch heftige Erschütterung des Körpers zu erzwingen, was ein gelinderes Verfahren zu bewirken nicht im Stande ist. Ich erinnere hier nur an die grofsen Gaben von Colchicum und ähnlichen Mitteln bei akuten Gichtanfällen, wodurch der Körper nicht selten so heftig afficirt wird, dafs der begonnene Krankheitsprozefs augenblicklich inne hält. Ob ohne Gefahr? wie die Engländer behaupten, möchte wohl sehr zu bezweifeln sein. Eine Grundregel der englischen Therapie ist noch die: die Secretionen des Körpers so viel und so oft es nur angeht, zu befördern. *Restore secretion, and you restore health*, ist der allgemein befolgte Grundsatz, und es zeigt sich hier eine merkwürdige und zu interessanten Betrachtungen Anlafs gebende Uebereinstimmung mit den von manchen deutschen Aerzten neuerdings aufgestellten Lehren. — Als das beste Werk über Pathologie und Therapie wird übrigens jetzt ziemlich allgemein die *Study of Medicine* von dem fast etwas zu fruchtbaren Schriftsteller John Mason Good betrachtet. Was die pathologische Anatomie betrifft, so sind bekanntlich seit Baillies Werke, über einzelne Theile derselben schätzbare Untersuchungen geliefert von Farre, Howship, Monro u. a.

Eine allgemeine Arzneimittellehre fehlt, so wie es an einer allgemeinen Pathologie und Therapie gebricht. In die specielle sind von den Engländern in der neueren Zeit manche theils kräftige, theils unwirksame Mittel eingeführt worden; da diese jedoch bei uns schon hinreichend bekannt sind, so will ich nur noch des grofsen Unfugs erwähnen, der mit Geheimmitteln (*Quack-medicines*) aller Art getrieben wird. Jeder Druggist hat lange Reihen davon in seinem Waarenlager zum Verkauf ausstehen. Da giebt es: *antivenereal Drops*, *antibilious Pills*, *cephalic Snuff*, *the Chelsea Pensioner* (ein berühmtes Mittel gegen die Gicht), *Worm Lozenges*, *Worm Cakes*, *Dinner Pills*, *Golden Ointment*, *Virgins Milk* u. s. w. Von manchen derselben sind die Bestandtheile ausgemittelt worden, und Dr. Paris giebt in seiner *Pharmacologia* eine ziemlich vollständige Liste davon. Aufser diesem Werke und *Duncans Dispensatory* gelten *Murrays System of materia medica and Pharmacy* und *Thomsons London Dispensatory* für die besten Schriften über Arzneimittellehre *).

*) Gerade nicht schmeichelhaft für uns ist es, dafs die *Quack-Doctors*, welche sich mit solchen Geheimmitteln befassen: *High german Doctors* (hochdeutsche Doctoren) genannt werden.

Die meisten Fortschritte unter allen Zweigen der Heilkunde hat unstreitig die Chirurgie in England gemacht. Der operative Theil derselben ist, wie bekannt, hauptsächlich durch den kühnen Astley Cooper und seine Special-Collegen Travers und Green, aufserdem durch den alten ehrwürdigen Henry Cline, durch Charles Bell, Brodie und andere, vervollkommnet worden, und die sogenannte medizinische Chirurgie verdankt sehr viel dem durch seine wissenschaftliche Bildung und seine Genialität ausgezeichneten John Abernethy. Dieser und Astley Cooper stehen sich in der Richtung, welche ihr wissenschaftliches Bestreben genommen hat, und welche sich in ihren Lehren ausspricht, einander gerade gegenüber, und können als die Repräsentanten der englischen Chirurgie angesehen werden. Wo jener operirt, da sucht dieser durch zweckmäfsige allgemeine und örtliche Behandlung mit Arzneimitteln und Unterstützung der Naturkräfte dem vorhandenen Uebel abzuhelfen, und da beide an der Spitze stehen von den beiden berühmtesten Schulen Londons, so sind fast alle übrigen Chirurgen Englands Schüler und Anhänger entweder des einen oder des anderen. Was die einzelnen Arbeiten betrifft, durch welche man die Chirurgie zu fördern gesucht hat, so sind diese theils zu zahlreich, theils auch bei uns schon zu bekannt, als dafs eine Angabe derselben hier nicht überflüssig und unzweckmäfsig erscheinen würde. — In der Augenheilkunde räumen die Engländer den Deutschen zwar noch den Vorrang willig ein;

jedoch wird diese Doctrin seit einiger Zeit auch bei ihnen mit grofsem Eifer betrieben. Den Grund zu ihrer gröfseren Ausbildung hat Saunders gelegt, und die meisten der jetzt lebenden Augenärzte Grofsbrittaniens sind aus seiner Schule hervorgegangen. Lawrence, Alexander, Guthrie, Wardrop, Travers zeichnen sich unter ihnen besonders aus, und das Werk des letzteren wird mit Recht für das Beste über diesen Gegenstand gehalten. Unter den die gesammte Chirurgie umfassenden Schriften wird das ohne Einseitigkeit bearbeitete und die neuesten in zahlreichen Monographieen bekannt gemachten Fortschritte enthaltende *Surgical Dictionary* von Samuel Cooper am meisten geschätzt.

Die Geburtshülfe liegt in Grofsbrittanien wie in Irland sehr im Argen. Kaum eine öffentliche Lehranstalt ist für dieselbe vorhanden, und nur wenig Gelegenheit bietet sich den Studierenden dar, die Ausübung derselben unter Aufsicht eines Lehrers zu erlernen. Von den angesehenen Aerzten oder Wundärzten beschäftigen sich nur wenige mit der geburtshülflichen Praxis; diese ist gröfstentheils den unbedeutenderen Chirurgen überlassen, und von keiner Behörde wird irgend eine Aufsicht darüber geführt. Bei den Universitäten zu Edinburg und Glasgow sind zwar Professoren der Geburtshülfe angestellt, allein es fehlt an klinischen Anstalten dafür, und der Umstand, dafs in die meisten Entbindungshäuser nur verheirathete Frauen aufgenommen werden, und dafs die Aufnahme nur kurz vor der Entbindung statt findet, erschwert den praktischen Unterricht, der sonst etwa möglich sein würde, noch mehr. Daher kömmt es denn auch, daſs nur wenig Fortschritte, zu denen die künstliche Frühgeburt zu rechnen sein würde, in der Geburtshülfe gemacht worden sind, und daſs man auch die in andern Ländern gemachten nicht gehörig benutzt hat. Bekannt ist es, daſs die Engländer in schwierigen Fällen ohne Bedenken zur Perforation schreiten, und dagegen den Kaiserschnitt, von dem sie fast immer einen unglücklichen Erfolg gesehen haben, höchlich miſsbilligen. Merriman theilt in seiner *Synopsis of the various kinds of difficult parturition* eine Liste mit von 23 Fällen, in denen der Kaiserschnitt vorgenommen wurde. Von den 46 Individuen (Müttern und Kindern), die hierbei in Betracht kamen, wurden nur 10 gerettet, 36 starben. Unter den Schriften über Geburtshülfe werden übrigens die von Denman, Merriman, Burns und Hamilton am meisten benutzt.

Was endlich die Staatsarzneikunde betrifft, so ist diese erst in neuerer Zeit zum Gegenstande eines genaueren Studiums in England geworden, und hat allerdings noch bei weitem nicht die Fortschritte gemacht, deren sie auf dem Festlande, und namentlich in Deutschland, theilhaftig geworden ist. Medizinische Polizei, wird gewöhnlich behauptet, existire in England gar nicht; diese Behauptung ist jedoch übertrieben, da alle die Anstalten zur Verpflegung und Heilung erkrankter Einwohner, die Quarantaine-Anstalten zur Abwendung ausländischer Seuchen, (denen übrigens die Engländer nichts weniger als hold sind), die Vorkehrungen in Betreff der verschiedenen Medizinal-Personen, von welchen im Folgenden die Rede sein wird u. s. w., in das Gebiet der medizinischen Polizei gehören *). Aber zu leugnen ist es nicht, daſs manche von den hierher gehörenden Einrichtungen bei weitem zweckmäſsiger sein könnten, und daſs es an vielen von den in andern Ländern bestehenden Verordnungen gebricht, welche auf die Erhaltung des allgemeinen Gesundheitswohls abzwecken. Daher bestehen denn fortwährend manche Gebräuche, welche der Gesundheit der Einwohner nichts weniger als förderlich sein können, wie z. B. das Begraben der Todten innerhalb der volkreichsten Städte **). Glaubt einer durch

*) So werden auch wenigstens in den gröſseren Städten von Irland jährlich Staatsärzte erwählt, welche für die Erhaltung des öffentlichen Gesundheitswohls Sorge zu tragen haben; — so sind Committeen ernannt, um die Irrenhäuser von Zeit zu Zeit zu untersuchen, und eine fortwährende Aufsicht darüber zu führen; — so ist das Collegium der Aerzte zu London berechtigt, alle in der Stadt zum Verkauf ausgebotenen Arzneiwaaren zu untersuchen und die unbrauchbaren zu vernichten; — so werden Geburts- und Sterbelisten in London angefertigt u. s. w.

**) Noch ein Beispiel möge hier statt vieler stehen. Mitten in London, in der Nähe von West-Smithfield, wo wöchentlich mehrere Male groſser Viehmarkt gehalten wird, existirt eine Anstalt, von welcher alles alte, kranke, unbrauchbare oder bereits crepirte Vieh aufgekauft wird. Jenes wird hier an Ort und Stelle geschlachtet, das Fleisch gekocht, und dann auf groſsen Wagen in der Stadt herumgefahren und unter dem Namen „*Dogs and Cats meat*" als Nahrung für Hunde u. s. w. verkauft. Die Luft in der Nähe dieser Anstalt ist, wie zu erwarten, immer im höchsten Grade verpestet, und die Anstalt selbst bietet einen höchst merkwürdigen und Schauder erregenden Anblick dar.

eine Handlung von anderen in seinem Wohle beeinträchtigt zu werden, so bleibt ihm nichts übrig, als darüber eine besondere Klage anzustellen.

Die gerichtliche Medizin anlangend, so sind die englischen Aerzte mit manchen der neueren in dem materiellen Theile dieser Doctrin gemachten Fortschritte noch völlig unbekannt geblieben. Namentlich kennen sie das, was die Deutschen hierin geleistet haben, entweder gar nicht, oder doch nur unvollständig aus französischen Uebersetzungen, und diesem Mangel möchte auch wohl nicht eher abgeholfen werden, als bis die deutsche Sprache auf den englischen Schulen gelehrt wird, welches bisher noch so gut wie gar nicht der Fall gewesen ist. Eben so ist auch die Art ihrer Ausübung mancher Verbesserung bedürftig, die jedoch bei dem bestehenden Gerichts-Verfahren nicht leicht möchte eintreten können. Eigene Physiker sind nicht vorhanden. Die von der Gerichts-Behörde oder den Partheien aufgeforderten Medizinal-Personen werden nur als Zeugen verhört, und bei Untersuchungen an Todten findet der sogenannte *Coroners Inquest* statt (wenigstens in England, denn in Schottland fällt auch dieser weg). Der Coroner ist eine nicht ärztliche Person. In der City von London ist es der Lord-Mayor, vermöge seines Amtes. Er ruft eine Jury zusammen, die in der Regel aus zwölf Personen bestehet, und nöthigen Falls werden dann noch eine oder mehrere Medizinal-Personen hinzugenommen. Die Jury untersucht den Hergang der Sache, der

Arzt giebt sein medizinisches Gutachten ab (mündlich, auf der Stelle, und nachdem er so viel untersucht hat, als er dazu erforderlich glaubt, was ganz von seiner Willkühr abhängt), und hiernach thut dann die Jury ihren Ausspruch (*Verdict*), z. B.: *Wilful murder*, oder *Death by accident*, oder *Death by the Visitation of God* (!) — Ueber die medizinische Polizei allein, ist nur eine sehr unvollständige Schrift vorhanden, von Robertson; sonst wird sie, wenigstens fragmentarisch, in den Schriften über *Medical jurisprudence* oder *Forensic Medicine* mit abgehandelt. Unter diesem Titel sind neuerdings bekanntlich zwei Schriften erschienen, die eine von Paris und Fonblanque, die andere von Smith. Letzterer steht im Begriff, eine gerichtliche Toxikologie herauszugeben, so wie überhaupt die brittischen Aerzte, und namentlich Christison in Edinburg, durch die Bearbeitung der Giftlehre vorerst Interesse für die gerichtliche Medizin zu erregen suchen.

London.

Die Zahl der den Arzt interessirenden Anstalten in London ist so groſs, und ihre Einrichtung gröſstentheils so vortrefflich, daſs ein längeres Verweilen an diesem Orte, der mit Recht eine kleine Welt genannt werden kann, nach meiner Ueberzeugung dem Aufenthalte in den kleineren Städten, die gewöhnlich von fremden Aerzten besucht werden, bei weitem vorzuziehen ist. Ich habe deshalb auch ganz vorzüglich die Medizinal-Anstalten Londons genau kennen zu lernen gesucht, und glaube dem Leser am besten zu genügen, wenn ich der Reihe nach einige Bemerkungen mittheile:

1) über die medizinische Topographie Londons;
2) über die daselbst befindlichen Hospitäler und ähnlichen Anstalten;
3) über die Unterrichtsanstalten für Medizin und Chirurgie;
4) über die Art, wie die Arzneikunde in London und in England überhaupt ausgeübt wird, über die in dieser Hinsicht bestehenden Vorschriften, Gebräuche u. s. w.;
5) über die gelehrten Gesellschaften, zur

Förderung der Naturwissenschaften und Arzneikunde bestimmt; endlich

6) über die Sammlungen für die Anatomie des gesunden Baues, für pathologische und vergleichende Anatomie, für Naturgeschichte u. s. w.

I. Zur Topographie von London, besonders in medizinischer Hinsicht.

Die fünf Theile, aus denen man London in medizinisch-topographischer Hinsicht zusammengesetzt betrachten kann, namentlich das Ost-Ende der Stadt, die City, das West-Ende, Westminster und Southwark (*the East end of the town, the City, the West end, Westminster and the Borough of Southwark* *)), unterscheiden sich von einander merklich durch ihre Lage, Bauart, Einwohner u. s. w. Die vier zuerst genannten Theile liegen sämmtlich am nördlichen Ufer der Themse, auf einem allmählig sich erhebenden, theils lehmigen, theils sandigen Boden; Southwark dagegen, am südlichen Ufer der Themse gelegen, steht auf einem flachen, feuchten Marschboden, und hat eine bei weitem niedrigere Lage.

In dem östlichen Ende der Stadt, welches an die bewunderungswürdigen *East-India, West-India* und *London Docks* mit ihren un-

*) In statistischer Hinsicht wird London bekanntlich eingetheilt in: 1) *the city of London within the walls*, 2) *the city of London without the walls* (*not including Southwark*), 3) *the city and liberties of Westminster*, 4) *Out-parishes in Midlesex and Surrey, including Southwark*, 5) *Parishes not within the London bills of mortality, but forming part of the Metropolis.*

ermeſslichen Waarenlagern grenzt, wohnen hauptsächlich Schiffer, Handwerker und andere Arbeitsleute, die mit dem Schiffbaue, Transporte der Waaren u. s. w. zu thun haben, und solche Kaufleute, die unmittelbar den auswärtigen Handel, die Versendung von Waaren und ihren Empfang besorgen. Es kommen hier daher häufig bedeutende mechanische Verletzungen vor, von denen, so wie von Krankheiten, welche Seefahrern eigen sind, das in diesem Theile der Stadt gelegene London Hospital immer zahlreiche Fälle darbietet.

In der City ist die Bevölkerung übermäſsig groſs; da der gröſste Theil des Handel oder Gewerbe treibenden Publikums sich hier zusammendrängt, so entsteht eine wahre Ueberfüllung, welche bei der hinzukommenden engen und krummen Beschaffenheit der Straſsen, der Reinlichkeit überhaupt und der Reinheit der Luft insbesondere nicht wenig Eintrag thut. Kranke von allen möglichen Arten sind deshalb wohl nirgends so häufig als hier, und das so ziemlich im Mittelpunkte der Stadt gelegene groſse Bartholomäus-Hospital ist kaum geräumig genug, um die Zahl der Hülfsbedürftigen zu fassen.

Das West-Ende der Stadt, ihr schönster Theil, ist bei weitem regelmäſsiger gebaut, hat breite und gerade Straſsen mit vielen geräumigen Plätzen, und wird, abgesehen von den Besitzern der eleganten Kaufläden, hauptsächlich vom Adel und anderen wohlhabenden, von ihren Einkünften lebenden Personen bewohnt. Hier daher, so wie in Westminster,

wel-

welches das Parlamentshaus und andere öffentliche Gebäude enthält, bieten sich die wenigsten Kranken der Beobachtung dar, und das Middlesex- sowohl, als das Westminster- und das Georgs-Hospital, stehen den übrigen deshalb an Frequenz bei weitem nach.

Southwark endlich und der ganze Theil von London, welcher an dem südlichen Ufer der Themse liegt, hat einige Aehnlichkeit mit dem Ost-Ende der Stadt, und wird durchaus nur von Menschen bewohnt, die mit Handel und Schiffahrt zu thun haben. Aufserdem giebt es hier eine Menge Fabriken, Eisengiefsereien, Seifensiedereien, Färbereien, Hutfabriken, Brauereien u. s. w., und durch die von manchen derselben sich verbreitenden Ausdünstungen, wird die Luft im hohen Grade verunreinigt, und dieser Theil der Stadt zu einem ungesunden Aufenthaltsorte gemacht; deshalb sind denn auch die beiden ansehnlichen, in der Borough gelegenen Hospitäler, das St. Thomas- und Guys-Hospital, mit einer Menge bedeutender Kranken stets angefüllt.

Die Bevölkerung von London, welche im Jahre 1700 nur 674,000 betrug, hatte sich Anno 1800 auf 900,000 vermehrt, und gegenwärtig wird sie auf 12 bis 1300,000 und darüber angegeben. Diese Berechnungen, so wie die Geburts-, Trauungs- und Sterbe-Listen, werden in einem bestimmten Umkreise angefertigt, welcher wohl mit dem Namen der Listen selbst: „*Bills of mortality*“ bezeichnet wird *).

*) Sie wurden zuerst im Jahre 1592 angeordnet, um von den Verheerungen, welche die damals in London herrschende Pest anrichtete, von deren Zu- oder Abnehmen

Nach diesen Listen wurden vom 11. December 1821 bis dahin 1822 in den 97 Kirchspielen innerhalb der Mauern getauft: 1083, begraben: 1141. In den 17 Kirchspielen außerhalb der Mauern, getauft: 5015, begraben: 3703. In den 23 äußeren Kirchspielen (*Out-parishes*) in Middlesex und Surrey getauft: 12331, begraben: 9074. In den 10 Kirchspielen der Stadt und der Freiheiten von Westminster getauft: 4944, begraben: 4947. Ueberhaupt getauft wurden demnach: 23,373, wovon 11,968 männlichen und 11,405 weiblichen Geschlechts waren. Die Summe der Begrabenen beläuft sich auf: 18,865, worunter 9483 männliche und 9382 weibliche Individuen sich befanden *). Von diesen starben:

unter zwei Jahren . .	4605.
zwischen 2 und 5 Jahren	2033.
- 5 - 10 -	932.
- 10 - 20 -	649.
- 20 - 30 -	1348.
- 30 - 40 -	1905.
- 40 - 50 -	1995.
- 50 - 60 -	1826.
- 60 - 70 -	1562.
- 70 - 80 -	1224.
- 80 - 90 -	680.
- 90 - 100 -	104.

u. s. w., Kenntniſs zu erhalten. Nach dem Aufhören jener Krankheit wurde auch die Anfertigung der Listen wieder unterlassen, bis sie Anno 1603 von neuem befohlen wurde. Ihr Werth, namentlich der der Sterbelisten, ist jedoch nicht groſs, wegen der Art, wie sie angefertigt werden. Die Kirchenaufseher eines jeden Kirchspiels bestellen nämlich zwei alte Weiber, welche, wenn sie die Glocke hören, die jedesmal bei dem Tode eines Menschen geläutet wird, sich hinbegeben, den Leichnam untersuchen, und dann dem Küster berichten, woran der Mensch gestorben u. s. w. S. *Strictures on the uses and defects of parish registers and bills of mortality, with suggestions for improving and extending the system of parochial registry, by Dr. Burrows. London* 1818.

*) Vom 17. December 1823 bis zum 14. December 1824

von 100 Jahren . . . . 1.
von 101 Jahren . . . . 1.

Die Zahl der Todesfälle war in diesem Jahre um 414 gröfser, als in dem vorigen.

Die Krankheiten, an denen die Menschen gestorben waren, werden in den Listen folgendermafsen angegeben:

Abscesse	107	Blutflüsse	31
Apoplexie	206	Keichhusten	757
Asthma	533	Entzündungen	1308
Bedridden *)	1	Leberentzündung	61
Krebs	82	Wahnsinn	218
Kindbett	191	Gelbsucht	111
Schwindsucht	3608	Masern	712
Convulsionen	2929	Brand	159
Croup	100	Altersschwäche	2601
Diabetes	3	Rheumatismus	8
(Bauch) Wassersucht	851	Brüche	44
Brustwassersucht	86	Skrofeln	7
Gehirnwassersucht	324	Menschenpocken	604
Ruhr	4	Bräune	5
Epilepsie	2	Krämpfe	55
Hautausschläge	6	Todtgeboren	667
Rose oder St. Antoniusfeuer	17	Stein	16
Fieber	1104	Verstopfung	16
Typhus	17	Plötzliche Todesfälle	220
Fisteln	6	Zahnen	472
Profluvien	6	Schwämmchen	102
Gicht	41	Lustseuche	7
		Würmer	3
		Summa	18,577

Unter der Rubrik: Unglücksfälle (*casualties*) folgt dann noch:

Beinbruch (*broken limbs*)	1	Ermordet	4
Verbrannt	18	Erdrückt (*overlaid*)	1
Ertrunken	113	Vergiftet	3
Uebermäfsiges Trinken	4	Verbrühet	7
Hingerichtet **)	8	Selbstmörder	33
Todtgefunden	6	Strangulirt	1
Knochenbrüche (*fractured*)	2	Erstickt	3
Durch einen Sturz und verschiedene andere Zufälle getödtet	84	Summa	288

wurden dagegen in London und dessen Weichbilde 25,758 Menschen geboren und 20,237 starben.

*) Ein nichts sagender Ausdruck der alten Weiber: Bettlägrigkeit.

**) In London und der Grafschaft Surrey sind zwar 24

Die Zahl der Hospitäler und Zufluchtsörter für Kranke, Schwangere u. s. w. in London beträgt 18 bis 20; außerdem sind einige zwanzig Dispensaries vorhanden, welche die Bedürftigen mit ärztlicher Hülfe und Arzenei (auch in ihren Wohnungen) versehen; überdieß mehr denn hundert verschiedene Anstalten zur Aufnahme von Alten und Schwachen, wo dieselben gekleidet und ernährt werden, und auch die etwa erforderliche ärztliche Hülfe erhalten. Endlich ist in jedem Kirchspiele ein Armenhaus vorhanden, zur Aufnahme solcher bedürftiger, gebrechlicher und kranker Personen, welche sich für die größeren Hospitäler nicht eignen, oder die hier wenigstens zunächst Hülfe nachsuchen und erhalten können. — Man hat berechnet, daß täglich 50,000 Personen unentgeldliche ärztliche Hülfe und Arzenei erhalten, und daß von diesen der dritte Theil in ihren Wohnungen besucht wird.

In einem Umfange von acht englischen Meilen, die Pauls-Kirche als Centrum angenommen, leisten den Bewohnern Londons (nach einer vor mir liegenden, im Jahre 1817 erschienenen Liste) ärztliche Hülfe:

45 Fellows des Londoner Collegiums der Aerzte,
83 Licentiates desselben Collegiums,

Summa 128.

70 Mitglieder des Collegiums der Wundärzte, welche nicht zugleich Apotheker sind.
900 Mitglieder desselben Collegiums,

hingerichtet, aber nur acht innerhalb der *Bills of mortality* begraben worden.

welche zugleich Apotheker sind, und blofse sogenannte Apotheker, oder General-Practitioners.

Demnach ist oder war damals die Gesammtzahl des ärztlichen Personals 1098, so dafs also auf jeden etwas mehr als 1000 Einwohner kommen.

Ueber den Gesundheitszustand Londons enthalten besonders die Aufsätze von Dr. Heberden (im vierten Bande der *Transactions of the London college of Physicians*) und Sir Gilbert Blane (im dritten Bande der *Transactions of the medical and chirurgical Society*) interessante Notizen. — Nach letzterem sind die in London vorkommenden Krankheiten zu unterscheiden, in solche, welche die höhere und mittlere Klasse der Bewohner befallen, und Gegenstand der Privat-Praxis sind, und in solche, von denen die niedere Klasse heimgesucht wird, und die man in den Hospitälern und anderen öffentlichen Anstalten sieht. Die vorherrschenden Krankheiten bei den höheren Klassen sind: Gicht, Dyspepsie und Leberleiden; die bei den niederen Klassen am häufigsten vorkommenden: anhaltende Fieber, Rheumatismen und Wassersuchten. Folgendes wird als das Verhältnifs angegeben, in welchem diese Krankheiten vorkommen:

	Höhere Klassen.	Niedere Klassen.
Fieber (nachlassende u. s. w.)	1 von 122.	$\frac{1}{20}$ stirbt an Fiebern.
Rheumatismen . .	1 - 26.	1 von 5.
Wassersucht . . .	1 - 79.	1 von 19.
Anhaltende Fieber .	1 - $11\frac{1}{2}$.	$\frac{1}{3}$ des Ganzen,
Gicht	1 - 26.	Keine Gicht.
Magenleiden . . .	1 - 9.	1 von 35.
Leberleiden . . .	1 - 43.	1 von 133.

Apoplexie und Lähmung sind bei beiden gleich; eben so auch die Weiberkrankheiten.

Das Verhältnifs der Krankheiten beim weiblichen Geschlechte ist zu denen beim männlichen wie 2 zu 3. An Hautkrankheiten leiden Frauenzimmer häufiger. Bei den Männern aus den höheren Klassen kommen vorzüglich oft vor: Gicht, Lungenentzündung, Asthma, Rheumatismen und Lähmungen, vorzüglich Hemiplegie. Jährlich stirbt $\frac{1}{30}$ von der ganzen Bevölkerung.

Was die Consumtion von Lebensmitteln in London betrifft, so werden im Durchschnitt jährlich verbraucht: 130,000 Ochsen, jeden im Durchschnitt zu 800 Pfund gerechnet. Ferner 80,000 Schaafe, jedes zu 80 Pfund, 27,000 Kälber, jedes zu 140 Pfund, und 27,000 Lämmer, jedes zu 60 Pfund gerechnet. Aufserdem 20,000 Schweine und Ferkel. Jedoch ist hierbei zu bemerken, dafs ein Theil der in Smithfield angekauften Ochsen für die Marine bestimmt ist.

Ferner wird an Milch consumirt ungefähr 800,000 Gallonen; Früchte und Vegetabilien für 300,000 Pfund Sterling; Weitzen 900,000 Malter (Quarter, 8 Scheffel); Porter und Ale ungefähr 2,000,000 Tonnen, jede zu 36 Gallonen gerechnet; Branntweine verschiedener Art 11,200,000 Gallonen; Wein 65,000 Pipen; Butter 21,300,000 Pfund; Käse 26,000,000 Pfund; Fische 120,000 Tonnen; endlich Geflügel für etwa 70,000 Pfund Sterling. Wild kömmt in sehr grofser Menge nach London; doch kann die Quantität, die davon consumirt wird, nicht angegeben werden, da es nicht öffentlich verkauft werden darf.

Eine Erwähnung scheint mir noch zu

verdienen die Art, wie London mit dem zum Trinken, Kochen u. s. w. erforderlichen Wasser versehen wird. Es ist dies, so wie überhaupt die meisten öffentlichen Anstalten, durchaus Privatunternehmen, und kommen dabei, aufser dem *New River*, besonders die *South London Waterworks*, die *East London Waterworks*, die *West*, *Middlesex* und *Kent Waterworks* in Betracht. Das Wasser wird durch diese, mittelst unter dem Strafsenpflaster hergehender eiserner Röhren, in alle verschiedene Theile der Stadt und in jedes einzelne Haus geleitet, und die Eigenthümer der Häuser haben dafür an die Unternehmer jener Wasserleitungen eine gewisse Summe zu bezahlen. Dabei befinden sich in kurzen Distanzen auf den Strafsen zu jenen Röhren führende Oeffnungen, in welche bei entstandener Feuersgefahr Schläuche eingeschroben werden können, so dafs sogleich und überall das zum Löschen erforderliche Wasser vorhanden ist *). Neben jenen Röhren laufen Canäle (*Sewers*), zum Abführen des unreinen Wassers u. s. w. bestimmt, und andere Röhren, welche das zur Erleuchtuug dienende Gas in die Strafsen und einzelnen Häuser

*) Dieselbe Vorrichtung dient auch zur Tilgung des Staubes auf den Strafsen, welcher sonst unerträglich und der Gesundheit höchst nachtheilig seyn würde. Eigens dazu bestellte Leute öffnen jene Röhren, und lassen mit dem ausfliefsenden Wasser die Rinnsteine sich füllen. Durch vorgesteckte Bretter wird das weitere Abfliefsen desselben verhindert, und nun mit dazu passenden Schaufeln das Wasser über den gewölbten Fahrweg geschaufelt, von dem das überflüssige dann leicht wieder zurückfliefst. So gehen sie von Strafse zu Strafse, und können in kurzer Zeit eine grofse Strecke bewässern.

führen. Dieses wird hauptsächlich in drei grofsen, in den Aufsentheilen der Stadt gelegenen Anstalten aus Steinkohlen bereitet; aufserdem aber bereiten verschiedene öffentliche Anstalten ihren Gasbedarf selbst, und zwar aus Oel, auf eine sehr einfache Weise, welche ich weiter unten noch zu erwähnen Gelegenheit haben werde. — Das häufige Schadhaftwerden jener mancherlei Röhren hat bisher ein öfteres Aufreifsen des Strafsenpflasters nöthig gemacht, und deshalb ist jetzt eine Gesellschaft (*Subway company*) zusammengetreten, welche im Sinne hat, unter ganz London unterirdische Gänge anzulegen, damit man so von unten, ohne das Pflaster aufzureifsen, an jenes Gefäfssystem ankommen und es ausbessern könne.

II. Von den Hospitälern und ähnlichen Anstalten Londons.

Die Hospitäler Londons verdanken ihr Dasein gröfstentheils der Freigebigkeit und Mildthätigkeit von Privat-Personen; von solchen wurden sie gegründet, und mit einem gröfseren oder geringeren Fond ausgestattet, wonach dann die Anzahl der aufzunehmenden Kranken bestimmt wurde. Durch zahlreiche Beiträge, auch von Seiten der Regierung, ist dann das Vermögen derselben allmälig vergröfsert worden, so dafs es gegenwärtig bei manchen sehr beträchtlich ist, und bedeutende Erweiterungen der Gebäude oder Errichtung von ganz neuen, so wie eine entsprechende Vermehrung der Krankenzahl dadurch möglich geworden ist. Andere Hospitäler bestehen durch jährliche Beiträge von mehreren Individuen. und durch gelegentliche Schenkungen und Vermächtnisse *). In einigen geschieht die Aufnahme, Verpflegung und Behandlung der Kranken unentgeldlich, in anderen muſs ein gewisser Satz dafür entrichtet werden. Die Direction eines jeden Hospitals, die Verwaltung seines Vermögens u. s. w., ist in der Regel in den Händen einer dazu ernannten Committee, die aus einem Präsidenten, mehreren Vice-Präsidenten und einer Anzahl von Governors besteht; auſserdem hat gewöhnlich eine Person des höchsten Ranges das Patronat übernommen. Die Governors sind es entweder für ihre Lebenszeit, oder nur für ein oder mehrere Jahre, welches sich bei den meisten Wohlthätigkeits-Anstalten nach den Beiträgen richtet, welche sie zahlen. Danach haben sie denn auch das Recht, eine gröſsere oder geringere Anzahl von Kranken den Anstalten zuzuweisen, und werden diese in der Regel nur auf eine solche Empfehlung von einem der Governors und an einem bestimmten Wochentage aufgenommen. Ausgenommen hiervon sind jedoch alle plötzlichen Unglücksfälle, bei denen die Aufnahme sofort

*) Auch jährlich gehaltene Predigten, Diners, Concerte, Bälle u. s. w. tragen zu den Einkünften mancher Hospitäler und anderer Wohlthätigkeits-Anstalten bei. S. *The annual supscription charities and public societies in London, or an account of the several Sermons, Dinners, Concerts, Balls and Meetings of every description, by which the different establishments of the Metropolis for charity or other purposes connected with the general welfare of society are supported. London*, 1823.

und ohne weiteres geschieht. Bei einigen Hospitälern, die in Gegenden liegen, wo dergleichen Unglücksfälle vorzüglich oft vorkommen, ist hierauf besondere Rücksicht genommen. Jährlich finden ein oder mehrere Male Zusammenkünfte der Governors statt, in denen die Angelegenheiten der Anstalten verhandelt werden. Diese sind in der Regel von der Regierung als eigene Institute incorporirt worden, die verwaltenden Behörden haben die erforderlichen Rechte erhalten, und handeln so unter obrigkeitlicher Autorität. In einigen Hospitälern kömmt wöchentlich noch ein Ausschuſs der Governors (*House-Committee*) zusammen, um das Nöthige zu revidiren und zweckmäſsige Anordnungen zu treffen, so wie auch bei manchen eine eigene *Committee of accounts* besteht, welche die Geldangelegenheiten besorgt. Nicht weniger werden auch gewöhnlich besondere *Visitors* ernannt, welche zu unbestimmten Zeiten nachsehen und von etwa entdeckten Mängeln Anzeige machen. Aus dem Fond der Hospitäler erhalten dann die in denselben wohnenden und die Oekonomie unmittelbar besorgenden Personen, so wie das ärztliche Personale, ihre Besoldung. Letzteres besteht aus Aerzten, Chirurgen und einem im Hause wohnenden Apotheker, welcher gewöhnlich zugleich die erste ärztliche oder chirurgische Hülfe leistet. In einigen Hospitälern ist hierzu auch ein besonderer *House-Surgeon* angestellt. Die Zahl der Aerzte, so wie die der Chirurgen, ist in den gröſseren Hospitälern drei. Von diesen hat jeder eine bestimmte Abtheilung zu besorgen, die er zweimal wöchentlich besucht, so daſs also z. B. der erste Arzt und Chirurg Montags und Donnerstags, der zweite Dienstags und Freitags, der dritte Mittwochs und Sonnabends nach dem Hospitale kömmt. In der Zwischenzeit, so wie am Sonntage, wird das etwa erforderliche von dem Apotheker oder Hauschirurgen besorgt, bei wichtigen Fällen auch wohl der an dem Tage das Hospital besuchende Arzt oder Wundarzt zn Rathe gezogen. Ein Tag in der Woche ist gewöhnlich zur Verrichtung der gröſseren und Aufschub gestattenden Operationen bestimmt, und in den meisten Hospitälern wird täglich zu einer bestimmten Zeit eine oft sehr groſse Anzahl von *Out-Patients*, welche sich in einem dazu eingerichteten Lokale einfinden, mit Arznei versehen. Von den Aerzten und Chirurgen hat in der Regel ein jeder eine Anzahl von Schülern (*Pupils*), welche zum Theil als *House-Pupils* in dem Hospitale wohnen, bei der Visite gegenwärtig sind und die etwa erforderliche Assistenz leisten, welches insbesondere von denjenigen geschieht, welche sich als Assistenten bei den Chirurgen (*Dressers to the surgeons*) engagirt haben *).

1. Guys-Hospital.

Liegt, wie schon bemerkt, in Southwark, und wurde Anno 1722 von dem Buchhändler

*) Ein sehr ausführliches Werk über die Hospitäler und andere Wohlthätigkeits-Anstalten in London ist im Jahre 1814 von Highmore erschienen: *Pietas Londinensis: the history, design and present state of the various public charities in and near London.* 8.

Thomas Guy gestiftet, dessen Andenken deshalb von den Londonern mit Recht hoch gefeiert wird. Das schöne Gebäude besteht der Hauptsache nach aus einem mittleren und zwei Seitengebäuden, in welchen 12 Kranken-Säle mit etwa 400 Betten sich befinden. Kranke jeglicher Art werden aufgenommen *), und beträgt nach einer Durchschnitts-Rechnung von zehn Jahren die Zahl der jährlich Aufgenommenen 2244, von denen 2014 entlassen wurden und 230 starben. Aufserdem werden jährlich etwa 3000 aufser dem Hause befindliche Kranke (*Out-Patients*) behandelt. Ein kleines Nebengebäude ist zur Aufnahme von 20 unheilbaren Irren bestimmt. Aerzte des Hospitals sind die Doctoren Cholmeley, Harrison und Back **); Assistent-Arzt Dr. Bright. Wundärzte sind Astley Cooper, Lucas und Forster, welcher letztere jedoch Alters halber seine Stelle nicht mehr versieht, und neuerlich durch den bisherigen Assistent-Wundarzt Key ersetzt worden ist***). Key, ein Neffe von Sir Astley, ist schon jetzt ein vorzüglicher Chirurg, und wird gewifs einmal einer der besten werden. Astley Cooper selbst gilt allgemein für den geschicktesten Operateur, wogegen er an medizinischen Kennt-

---

*) Wenigstens ist mir nicht bekannt, dafs die eine oder andere Klasse von Kranken ausdrücklich ausgeschlossen sei; doch werden diejenigen, für welche eigene Hospitäler vorhanden sind, vorzugsweise nach diesen geschickt. So z. B. Pockenkranke nach dem *Smallpox-hospital*, venerische nach dem *Lockhospital*, am Typhus und Scharlach leidende nach dem Fieberhospitale.

**) Auch Alexander Marcet war Arzt am Guys-Hospitale. Er starb bekanntlich am 18. October 1822.

***) Auch Lucas ist jetzt abgegangen, und an seine Stelle Edward Morgan gekommen.

nissen und wissenschaftlicher Bildung dem John Abernethy nachstehen möchte. Die Angelegenheiten des Hospitals werden von einer Committee, aus einem Präsidenten, einem Schatzmeister und 21 Governors bestehend, besorgt; diese sind durch eine Parlamentsakte incorporirt, und werden jährlich theilweise erneuert. Die Kranken werden in diesem, so wie in dem ihm gegenüberliegenden Thomasspitale vortrefflich verpflegt. Jeder der Aerzte und Wundärzte besucht die in seiner Behandlung befindlichen zweimal wöchentlich. Freitags wird operirt, und habe ich hier Gelegenheit gehabt, eine grofse Anzahl der bedeutendsten Operationen von Cooper, Lucas und Key verrichten zu sehen. Die Leichtigkeit und Schnelligkeit, mit welcher sie verrichtet wurden, habe ich nicht genug bewundern können, so wie die von den Kranken dabei bewiesene Gleichgültigkeit, und die Stille und Ruhe, mit welcher Alles abgemacht wird. Es ist dieses so auffallend, dafs es gewifs keinem fremden Arzte entgehen wird. Auf besondere Instrumente geben die englischen Chirurgen wenig, und am wenigsten A. Cooper; sie nehmen das erste beste, was zur Hand ist.

Im Guys-Hospitale lebt noch der Mann (ein Deutscher), an welchem A. Cooper vor einigen Jahren die in den *Med. chirurg. Transactions* von ihm beschriebene Exstirpation einer enormen, auf dem Unterleibe sitzenden Fettgeschwulst vorgenommen hat. Er geniefst einer vollkommenen Gesundheit.

2. St. Thomas's Hospital.

Ebenfalls in der *Borough of Southwark*, dem Guys-Hospitale gegenüber gelegen, und mit diesem auf mehrfache Weise verbunden. Es wurde im Jahre 1213 von Richard, Prior von Bermondsey, gegründet, späterhin, Anno 1551, bedeutend erweitert, und nachher noch zu verschiedenen Zeiten vergrösert und verschönert *). Es umfaſst vier geräumige viereckige Höfe; die den ersten umgebenden Gebäude enthalten Säle für weibliche Kranke; in denen des zweiten sind zwei Kapellen und die Wohnungen verschiedener Officianten; die Säle in den Gebäuden des dritten Hofes sind für männliche Kranke bestimmt, und am vierten Hofe befindet sich die Bade-Anstalt, ein anatomisches Theater, die Apotheke u. s. w. Die Anzahl der Krankensäle beläuft sich auf 18, in denen ungefähr 485 Betten befindlich sind. Kranke jeder Art werden aufgenommen; jährlich im Durchschnitt 3 bis 4000, auſserdem etwa 5 bis 6000 auſser dem Hause behandelt.

Im Jahre 1822 wurden aufgenommen, geheilt und entlassen 10,062. In der Behandlung blieben am Schlusse des Jahres: *In-Patients* 442, *Out-Patients* 352, begraben wur-

---

*) Im Jahre 1553 wurde es von König Eduard VI. mit dem Christ-, Bridewell-, Bethlehem- und Bartholomeus-Hospitale incorporirt. Diese heiſsen deshalb auch die fünf Königl. Hospitaler. *(For the innocent and fatherleſs was provided Christs-Hospital, for the wounded and diseased St. Thomas and St. Bartholomew, and for the idle and vagabond Bridewell.)*

den 193, so dafs im Ganzen behandelt worden sind: 11,029. Aerzte des Hospitals sind gegenwärtig Dr. Elliotson*), Dr. Robert Williams und Dr. John Scott. Die Aerzte kommen aber hier, wie überhaupt in England, bei weitem weniger in Betracht, als die Chirurgen. Als solche sind beim Thomasspitale angestellt: Travers, Green und Tyrrell. — Green ist ein besonders guter Operateur. Tyrrell zeichnet sich aus durch die verwegene Kühnheit und Kaltblütigkeit, mit welcher er operirt. Ich sah von ihm die Eröffnung der Rückenmarks-Höhle verrichten, von welcher ich bereits in Gräfe's und v. Walther's Journal eine kurze Nachricht mitgetheilt habe **). Diese Operation wurde bekanntlich zuerst von dem jüngeren (jetzt verstorbenen) Cline verrichtet. *(New England Journal of medicine and surgery.* 1815. *IV. Nro.* 1.) Bei einem 20jährigen Manne waren hier durch einen Fall die Dornfortsätze des 7ten, 8ten und 9ten Rückenwirbels abgebrochen, so dafs das Rükkenmark dadurch gedrückt wurde und Lähmung entstanden war; Cline suchte durch Hinwegnehmen der Knochen den Druck zu entfernen und das Uebel zu heilen, auf ähnliche Weise, wie es beim Druck auf das Gehirn durch die Trepanation geschieht. Der Mensch starb aber am 19ten Tage. Das Präparat befindet sich in dem Museum des Thomasspitals. — Nach ähnlichen Grundsätzen

*) Präsident einer kürzlich auch in London errichteten Phrenological-Society.

**) Bd. 4. Heft 2.

verfuhr nun in dem von mir beobachteten Falle Herr Tyrrell. Ein etwa dreifsigjähriger Mann war von einem heftigen Schlage in den Rücken getroffen, und dadurch an den unteren Extremitäten gelähmt worden. Man glaubte einen Bruch der unteren Rückenwirbel zu fühlen, und hielt namentlich die Bogen des eilften und zwölften für verletzt. Es wurde daher am dritten Tage, nachdem der Unfall sich ereignet hatte, das Rückgrath in der bezeichneten Gegend blofs gelegt, und theils mit einer Art Trephine, theils mit der Kettensäge und einer gewöhnlichen kurzen Säge, nahm man die Bogen der beiden genannten Wirbelbeine heraus. Der Kranke befand sich noch 4 bis 6 Tage nach der Operation ziemlich wohl und behauptete, mehr Gefühl in den unteren Extremitäten zu haben. Am achten Tage aber starb er. Bei der Sektion zeigten sich die Folgen einer Peritonitis, und es wurde behauptet, er sei an dieser gestorben, die mit der gemachten Operation in keiner Verbindung stehe. Ich bin jedoch überzeugt, dafs die Bauchfells-Entzündung theils durch die Operation wenigstens mit veranlafst worden ist, theils als die alleinige Ursache des Todes nicht betrachtet werden kann.

Verbunden ist mit diesem Krankenhause eine medizinisch-chirurgische Schule, an deren Spitze Cooper und Travers stehen, und auf welche ich späterhin noch zurückkommen werde. Auch besitzt dasselbe, in Gemeinschaft mit dem Guys-Hospitale, eine vortreffliche Sammlung, besonders für pathologische Anatomie, welche A. Cooper beiden

Spitä-

Spitälern geschenkt hat, und bei welcher als Aufseher Mr. South angestellt ist. — Die hier studierenden jungen Chirurgen haben (wie es auch bei verschiedenen anderen Hospitälern der Fall ist) eine medizinische Gesellschaft unter sich gestiftet, bei deren wöchentlich einmal statt findenden Zusammenkünften, auch die Lehrer nicht selten gegenwärtig sind. Die Gesellschaft hat einen Präsidenten und zwei Secretaire, welche die eingereichten Aufsätze vorlesen. Ueber diese, so wie über wichtige, im Hospitale vorgekommene Fälle, wird alsdann debattirt, mit einem Ernste und Anstande, wie es bei so jungen Leuten nicht gewöhnlich ist. Nicht selten habe ich in diesen Gesellschaften lange und wohldurchdachte Reden über wissenschaftliche Gegenstände aus dem Stegereife halten gehört.

3. St. Bartholomews - Hospital.

Liegt ziemlich in der Mitte der Stadt, bei Smithfield, wurde ungefähr im Jahre 1102 von Rahere gegründet, und gehörte ehemals zur Priorie des St. Bartholomäus. Im Jahre 1531 wurde es von Heinrich VIII. vergröſsert nnd incorporirt, und Anno 1729 in seiner jetzigen Gestalt hergestellt. Es besteht aus vier groſsen Gebäuden, welche einen viereckigen Hofraum einschlieſsen, von auſsen aber wenig sichtbar sind, da Privat-Häuser dieselben von allen Seiten umgeben. In dem einen Gebäude befinden sich die Wohnungen der Officianten, in den drei anderen sind die Krankensäle, mit ungefähr 420 Betten. Aerzte des Hospitals sind die Doctoren Roberts, Powell und Haworth; Wundärzte: John Abernethy, John Vincent und William Lawrence. Aufserdem sind noch drei Assistent-Wundärzte dabei angestellt, nemlich Eusebius Lloyd, Henry Earle und Edward Stanley. Die Zahl der jährlich hier behandelten Kranken beläuft sich auf 10 bis 12000; namentlich lautet der Bericht vom Jahre 1822 folgendermafsen:

Aufgenommen, geheilt u. entlassen wurden 9969.
Begraben wurden . . . . . 277.
In der Cur blieben am Ende des Jahres
In-Patients 484 }
Out-Patients 333 } . . . . . 817.
So dafs demnach im ganzen Jahre behandelt wurden . . . . . 11063.

Unter den Wundärzten nimmt Abernethy einen sehr hohen Rang ein, und er ist es, der dem Hospitale hauptsächlich Ansehen verschafft. Auch Vincent wird als Operateur sehr geschätzt, und Lawrence hier näher zu bezeichnen, möchte wohl überflüssig sein. Nicht weniger ausgezeichnet sind die Assistent-Wundärzte, welche ja auch durch ihre Schriften im Auslande hinlänglich bekannt sind. Leider findet jedoch zwischen Abernethy und Lawrence ein feindseliges Verhältnifs statt, indem Letzterer, anscheinend wenigstens, sich sehr zum Materialismus hinneigt, und dieses ihm nicht nur heftige Angriffe von Seiten Abernethy's, sondern auch andere Unannehmlichkeiten zugezogen hat. (S. *Lawrence's lectures on Physiology, Zoology and the Natural history of man.* p. 1.) Zwischen den verschiedenen Hospitälern Londons und den mit den meisten von ihnen verbundenen medizinisch-chirurgischen Schulen findet überhaupt eine der Wissenschaft gewifs erspriefsliche Opposition und Rivalität Statt. Keine stehen einander aber mehr gegenüber, als die Schule der Borough (des St. Thomas- und Guys-Hospitals) und die des Bartholomäus-Spitales. Jede von der einen ausgehende Lehre wird sogleich von der anderen einer scharfen Kritik unterworfen. Noch neuerlich hat sich dies wieder gezeigt bei den Streitigkeiten, welche über die Heilbarkeit oder Nichtheilbarkeit des Bruches des Schenkelbein-Halses innerhalb der Gelenkkapsel geführt worden sind. Earle und Stanley sind hier gegen Astley Cooper aufgetreten, und ich habe mit Vergnügen Stundenlangen Debatten und Untersuchungen beigewohnt, welche der so hoch stehende Astley Cooper mit seinen bei weitem jüngeren Gegnern gepflogen hat, ohne alle Animosität, nur die Wissenschaft im Auge behaltend, und nur die Ausmittelung der Wahrheit wünschend.

Einfachheit im Verfahren, Beobachtung der Natur, Unterstützung ihrer Bemühungen zur Heilung der Krankheiten und Mangel an Operationssucht, sind Hauptzüge dieses Spitals, woraus denn leicht zu entnehmen ist, wie es sich mit der Schule des Thomas- und Guys-Hospitals verhält *). Abernethy hat, wie

---

*) Eine eigene kleine *Pharmacopoe* (*Pharmacopoeia nosocomii regalis sancti Bartholomei*) giebt die Arzneiformeln an, welche im Bartholomeus-Spitale die gebräuchlichsten sind.

sich schon nach seinen Schriften darüber erwarten läſst, in dem Museum des Hospitals eine sehr interessante Sammlung von den verschiedenen krankhaften Geweben, die im menschlichen Körper vorkommen, zusammengebracht. Auch finden sich in dem Hospitale immer eine Menge Kranker mit solchen Uebeln, und höchst merkwürdige Fälle von Mark- und Blutschwämmen, die zum Beispiel gleichzeitig an verschiedenen Theilen des Körpers in Geschwülsten von auſserordentlichem Umfange erschienen waren, und mit sämmtlichen weichen Theilen auch die Knochen ergriffen hatten u. s. w., habe ich hier zu sehen Gelegenheit gehabt. — In einem abgesonderten, neben dem Hospitale befindlichen Gebäude, werden die Vorlesungen gehalten, und hier ist auch die Sammlung von hauptsächlich pathologischen Präparaten aufgestellt. Auf beides werde ich späterhin noch wieder zurückkommen.

4. London - Hospital.

Ist in dem östlichen Theile der Stadt, in Whitechapelroad, gelegen, und besteht, so wie es gegenwärtig ist, seit 1759. Früher, seit 1740, existirte eine *London infirmary*, in *Magdalenrow*, *Goodmansfields*, aus welcher es hervorgegangen ist. Es ist hauptsächlich bestimmt für kranke und verwundete Seeleute, Handwerker und Arbeitsleute, so wie für kranke Weiber und Kinder, wobei jedoch ausgeschlossen sind: Schwangere, Wahnsinnige, Masern- und Pocken-Kranke, Krätzige, Venerische und solche, die an *Phthisis con-*

summata leiden. Das Hospital ist weniger reich dotirt, als die meisten übrigen, und wird vorzüglich durch freiwillige Beiträge unterhalten. Mit ihm verbunden ist eine eigene Gesellschaft, *the Samaritan society*, welche den Kranken, den verstümmelt u. s. w. Entlassenen, diejenige Hülfe und Unterstützung gewährt, die ihnen das Hospital selbst nicht geben konnte. Nach dem vor mir liegenden *Anniversary report* vom Jahre 1822 sind überhaupt, seitdem die Anstalt gestiftet ist, 570,632 Kranke darin behandelt worden. Die Zahl der Betten beträgt 240. Folgendes ist die Nachweisung vom Jahre 1821:

In-Patients

waren im Hause am 1. Januar - - - -	227
wurden im Verlauf des Jahres aufgenommen -	1912
blieben im Hospitale am 31. December - -	235
Entlassen wurden und starben im Verlauf des Jahres	1842
Dringende Fälle von Verletzungen u. s. w. kamen vor	726

Out-Patients.

In die Bücher eingetragen sind, mit Einschlufs der als *Out-Patients* behandelten Verletzten u. s. w.	5422
So dafs demnach im Ganzen behandelt worden sind	7334

Die bei diesem Hospitale angestellten Aerzte sind: Dr. Frampton, Dr. Robinson und Dr. Billing; Wundärzte: Sir William Blizard, Mr. Headington und Mr. Andrews. Täglich besucht ein Arzt und ein Wundarzt die Anstalt, mit Ausnahme der Sonntage, des stillen Freitags und des (ersten) Weihnachtstages. Aufser der Zeit vorkommende dringliche Fälle werden auch hier wieder von dem im Hospitale wohnenden Apotheker, so wie von den sogenannten *Housepupils* besorgt. (Diese Apotheker sind jedoch von den unsrigen sehr verschieden; es sind Aerzte, Chirurgen und Apotheker zugleich, und meistens besitzen sie sehr gute Kenntnisse. Namentlich zeichnet sich der bei diesem Hospitale angestellte Mr. Ward vortheilhaft aus, und ist vollkommen im Stande, bei den plötzlichen Unglücksfällen, die hier am Ufer der Themse, in der Nähe der *East-* und *West-India*, der *London* und *Surrey Docks* so häufig vorkommen, die zweckmäfsigste Hülfe zu leisten.) Unter dem ärztlichen Personale der Anstalt nimmt Sir William Blizard die erste Stelle ein. Er ist einer der ältesten und ehrwürdigsten Chirurgen Londons, mit noch völlig jugendlicher Kraft, und hat besonders um das Huntersche Museum und das Collegium der Wundärzte, dessen Präsident er zur Zeit meines Aufenthalts in London war, die gröfsten Verdienste. Auch in diesem Hospitale ist eine Sammlung für pathologische Anatomie vorhanden, zum Theil Eigenthum des Herrn Headington, so wie auch mit ihm eine medizinisch-chirurgische Schule verbunden ist.

5. St. George's-Hospital.

Liegt ganz am westlichen Ende der Stadt, bei *Hydepark corner,* und wurde Anno 1733 auf Subscriptionen gegründet. Es ist eins der kleineren Hospitäler, aber schön gebauet, hat eine freie Lage, und zeichnet sich auch im Innern durch die daselbst herrschende Reinlichkeit und Ordnung vortheilhaft aus. Es enthält ungefähr 270 Betten, und jährlich werden etwa 2 bis 3000 Kranke darin behandelt. Aerzte des Hospitals sind: Dr. Pearson, Dr. Nevinson, Dr. Young und Dr. Chambers;

Wundärzte: Sir Everard Home, John Gunning, Robert Keate und B. C. Brodie; Assistent-Wundarzt G. E. Ewbank. Die gröfste Zierde des Hospitals ist Brodie, ein feiner, wissenschaftlich gebildeter, noch jugendlicher Mann, der jedoch als Physiologe in gröfserem Rufe steht, denn als Chirurg. Wenigstens ist er in seinen Operationen nicht besonders glücklich, wenn gleich er sie keinesweges mit Ungeschicklichkeit verrichtet. Sir Everard Home sollte billig die chirurgische Praxis ganz aufgeben, da er wegen seiner Körperbeschaffenheit und wegen eines sehr hohen Grades von Kurzsichtigkeit sich sehr wenig zum Chirurgen eignet. Ich sah von ihm unter andern die Exstirpation eines Osteosteatoms verrichten, welches einem jungen Menschen von etwa 25 Jahren auf dem Kopfe safs, und zum Theil von den Schädelknochen abgesägt werden mufste. Eine ähnliche, aber bei weitem bedeutendere Operation, verrichtete er bekanntlich vor einigen Jahren bei einem Frauenzimmer. Ein Gypsabgufs von diesem, durch die enorme Geschwulst sehr entstellten Kopfe, so wie von demselben, nachdem die Geschwulst entfernt, und die Kranke glücklich geheilt war, befindet sich im Hunterschen Museum.

Im Georgs-Hospitale kamen auch mehrere Fälle von Schornsteinfegerkrebs (*Sootwart*) vor. Hierbei entsteht gewöhnlich zuerst ein warzenähnlicher Auswuchs, welcher mehrere Monate, ja selbst Jahre lang, unverändert bleiben kann. Dann fängt er an eine dünne scharfe Flüssigkeit abzusondern, wodurch die umgebende Haut excoriirt wird, und worauf gewöhnlich eine wahre Exulceration mit Absonderung von scharfer Jauche und mit schwammigen Auswüchsen folgt. Späterhin werden auch die Hoden angegriffen; sie schwellen an, verhärten sich und gehen in Verschwärung über. Die umgebende Haut, die Inguinal-Drüsen werden oft im gröſseren Umfange zerstört; endlich degeneriren auch die Samenstränge, und so erfolgt dann, bei versäumter Hülfe, der Tod. Jede Anwendung von Arzneimitteln ist bisher fruchtlos gewesen; nur allein der zeitige Gebrauch des Messers, womit alles Schadhafte weggenommen werden muſs, soll Hülfe geschafft haben. Uebrigens kömmt das Uebel in der Regel nur bei erwachsenen Personen von mehr als 30 Jahren vor. Der ältere Earle sah nur einen Fall bei einem Kinde unter acht Jahren, und dies wird als ein geringer Ersatz für die vielen Nachtheile betrachtet, welche die Verwendung von Kindern zum Reinigen der Kamine mit sich bringt. Earle d. V. sah den Schornsteinfegerkrebs auch am Handgelenke bei einem Gärtner, welcher alle Frühjahr viel mit Ruſs zum Vertilgen der Schnecken zu thun hatte. Auch im Gesicht hat man das Uebel entstehen gesehen *).

Noch will ich bei dieser Gelegenheit auf das Verfahren aufmerksam machen, welches Brodie zur Heilung von Krampfadern an

---

*) Zuerst hat es bekanntlich Pott beschrieben. Neuerdings H. Earle, in den *Medico-chirurg. Transact. Vol. XII. P. II.*

der Oberfläche des Körpers häufig mit Glück angewendet hat.

Unter den verschiedenen, bei diesem Uebel gebräuchlichen Operations-Methoden hat man nämlich jetzt in England besonders vor der Unterbindung eine grofse Furcht bekommen. Man will danach häufig eine höchst gefährliche und selbst tödtliche Entzündung der Venen beobachtet haben, und betrachtet deshalb das Brodiesche Verfahren als eine höchst nützliche Verbesserung des bisherigen. Es hat zwar allerdings Aehnlichkeit mit dem, was von anderen Wundärzten schon früher bei diesem Uebel gethan worden ist, unterscheidet sich aber auch wieder in anderer Hinsicht davon. Er gebraucht dazu ein langes, schmales, etwas auf den Rücken gebogenes Messer *). Dieses sticht er, in der Gegend der varicösen Ausdehnung einer Vene, auf der einen Seite derselben in die Haut ein, und führt es dicht unter der Haut und über der Vene bis zur anderen Seite derselben fort, und zwar so, dafs die eine Fläche des Messers der Vene, die andere der Haut zugekehrt ist. Dann dreht er das Messer so, dafs dessen Schneide nach der Vene gerichtet ist, und nun schneidet er dieselbe, indem er das Messer wieder zurückzieht, durch. Die Haut über der Vene bleibt also unverletzt. Es entsteht in der Regel nur wenig Extravasat, uud dagegen eine adhäsive Entzündung, wodurch die Vene verschlossen wird **).

---

*) S. die Abbildung Fig. 1.

**) S. *Medico-chirurg. Transact. Vol. VII. p.* 199. Dasselbe Verfahren empfiehlt auch Carmichael im 2ten

Eine Sammlung für pathologische Anatomie ist im Georgs-Hospitale nicht angelegt. Eine medizinisch-chirurgische Schule ist zwar mit dem Hospitale verbunden, indessen werden die Vorlesungen in anderen Lokalen gehalten. Nur Everard Home hält in dem Hospitale jährlich zwölf unentgeldliche Vorlesungen, gewöhnlich über die wichtigsten chirurgischen Operationen. — Noch ist mit dem Georges-Hospital ein schönes Institut verbunden, nämlich eine *Charity for convalescents;* ein Verein, von welchem die Reconvalescenten diejenige Unterstützung erhalten, welche ihnen beim Rücktritt in ihre früheren Verhältnisse am meisten Noth thut.

6. Middlesex-Hospital.

Liegt in Charlesstreet mehr nördlich im West-Ende der Stadt, und wurde im Jahre 1745 auf Subscriptionen gegründet. Das jetzige Gebäude steht seit 1755. Kranke jeder Art werden aufgenommen, und auch zur Aufnahme von verheiratheten Schwangeren ist ein eigenes Lokal vorhanden. Aufserdem ist noch eine Anstalt mit dem Hospitale verbunden, durch welche Gebärenden und Wöchnerinnen aufser dem Hause die erforderliche Hülfe geleistet wird, und überdies ist ein abgesonderter Theil des Hauses zur Verpflegung und Behandlung von Krebskranken bestimmt, welche Stiftung seit 1792 besteht, und von einem einzelnen Privatmanne herrührt. Von

---

Bande der *Transactions of the Kings and Queens College of Physicians in Ireland.*

diesem ist auch unter Anderem festgesetzt worden, daſs alle etwa vorkommende merkwürdige Ereignisse, neu entdeckte Heilmittel gegen den Krebs u. s. w., dem Publikum mitgetheilt werden sollen. Die Zahl der Betten überhaupt beträgt 150, und die Summe der jährlich behandelten Kranken ist etwa 3000.

Aerzte des Hauses sind: Dr. Latham, Dr. Southey und Dr. Macmichael; Wundärzte: John Joberns, Richard Cartwright und Charles Bell. Auſser dem Apotheker ist bei diesem Hospitale noch ein eigner Hauschirurg angestellt, Mr. Thomas Wood, so daſs für schleunige Hülfsleistungen hier besser gesorgt ist, als in anderen ähnlichen Anstalten. Samuel Merriman ist der bei der Entbindungsanstalt angestellte Geburtshelfer, welchem eine, zur Besorgung der in ihren Wohnungen niederkommenden Schwangeren hinreichende Anzahl von Hebammen zu Gebote steht *).

Charles Bell kömmt unter dem ärztlichen Personale dieses Hospitals am meisten in Betracht; jedoch ist sein Ruf im Auslande gröſser als in London. Er geht durchaus seinen eignen Gang, und steht mit den übrigen Wundärzten in wenig Verbindung, von denen manche seine groſse Schreibseligkeit ihm zum Vorwurf machen. Der Ruf eines englischen Arztes oder Wundarztes kann nicht durch Schreiben begründet werden, sondern nur

*) Eine im Jahre 1821 erschienene kleine *Pharmacopoea nosocomii Middlesexensis* giebt die Formeln an, deren man sich hier gewöhnlich zu bedienen pflegt.

durch seine praktische Thätigkeit, wobei man auf genaue Untersuchungen des krankhaften Zustandes nach dem Tode und auf das Nichtbefangensein in theoretischen Ansichten den gröſsten Werth legt. Obgleich nun Karl Bell diesen Erfordernissen nicht ganz zu entsprechen scheint, so kann ihm doch auf der anderen Seite sein groſser Werth als Lehrer nicht abgesprochen werden. Unter seiner Leitung befindet sich jetzt die berühmte Lehranstalt von *Great Windmillstreet*, in welcher früher William Hunter und Cruikshank, späterhin Baillie lehrten. In demselben Lokale, in welchem ehemals das William Huntersche Museum (jetzt in Glasgow) sich befand, hat nun Bell eine Sammlung, vorzüglich für pathologische Anatomie, zu Stande gebracht, die zu den reichsten gehört, welche ich gesehen habe.

Die anderen Aerzte und Chirurgen des Middlesex-Hospitals halten übrigens in diesem selbst Vorlesungen, so daſs sich also auch hier eine eigene medizinisch-chirurgische Schule befindet.

7. Westminster-Hospital.

Ist in Jamesstreet, Westminster, gelegen, und wurde Anno 1719 auf Subscriptionen gegründet. Es hat 110 Betten und ist für Kranke jeder Art bestimmt, wobei es jedoch der die Aufnahme besorgenden Behörde, wie auch in anderen Hospitälern, überlassen bleibt, solche auszuschlieſsen, welche, ohne Nutzen davon zu ziehen, dem Hospitale nur zur Last fallen würden, wie z. B. an unheilbaren Beingeschwüren Leidende, im letzten Stadio der Lungensucht, oder schon in Agone Befindliche u. s. w. Die Zahl der jährlich in und aufser dem Hause behandelten Kranken beträgt gegen 2000. Aerzte dieses Hospitals sind: Sir George Tuthill (der für einen guten Irrenarzt gilt), Dr. J. N. Johnson und Dr. W. M. Boyton; Wundärzte: William Lynn, Ant. White und Sir Anthony Carlisle; (dieser ist auch Professor der Anatomie bei der Königlichen Akademie der Künste). Assistent-Wundarzt ist Guthrie. Bei diesem Hospitale war auch ehemals Sir Alexander Crichton angestellt. Zu den berühmten Krankenhäusern gehört übrigens das Westminster-Hospital nicht, so wie es auch eins der kleineren ist.

8. Fever-Hospital (sonst *Contagious fever-institution*).

Liegt im Kirchspiele St. Pancras, im nordwestlichen Theile Londons, und ist eine neuere Anstalt, welche erst seit 1802 besteht. Dr. Haygarth in Chester machte vorzüglich auf die Nothwendigkeit besonderer Anstalten für ansteckende Fieberkranke aufmerksam, worauf denn auch in Manchester, Liverpool, Dublin, Waterford u. a. a. O., so wie in Woolwich vom Dr. Rollo, passende Maafsregeln ergriffen wurden. Das Londoner Fieber-Hospital ist nur zur Aufnahme von Typhus- und Scharlachfieber-Kranken bestimmt, welche ohne eines Scheins von einem der Vorsteher zu bedürfen, aufgenommen werden, sobald sie ein Arzt oder Praktiker (*General Practitioner, Apo-*

thecary) aus der Stadt hinschickt. Das Gebäude ist auch ganz zu diesem Zwecke geeignet; es liegt hoch und frei, und ist in seinem Innern hinreichend geräumig, so dafs ich die reinste Luft darin gefunden habe. Ohne Zweifel ist es eine der wichtigsten Medizinal-Anstalten Londons, indem dadurch die weitere Verbreitung jener ansteckenden Krankheiten verhütet wird, die sonst gewifs im Innern der Stadt von Zeit zu Zeit grofse Verheerungen anrichten würden. Ordentliche Aerzte dieses Hospitals, bei welchem Willan und Bateman waren, sind: Dr. Cleverly und Dr. Armstrong; aufserordentlicher: Dr. Stanger; Assistent-Arzt: Dr. Mackenzie. — Armstrong ist der vorzüglichste unter ihnen, und kann als das Haupt einer eigenen Schule unter den Aerzten angesehen werden. Während nämlich die meisten Londoner Aerzte in ihrer Praxis so ziemlich einen glücklichen Mittelweg halten, und überhaupt keiner Schule anhängen, ja fast aller Theorie, wenigstens allem Systemzwange entsagt zu haben scheinen, bemühet sich Armstrong, als Ursache fast aller Krankheiten entzündliche Vorgänge im Organismus nachzuweisen, und ist deshalb auch mit Blutlassen bis zur Verschwendung freigebig. Er kann gewissermafsen der Broussais der Engländer genannt werden, nur dafs er, minder einseitig wie dieser, nicht überall entzündliche Zustände in den ersten Wegen zu sehen glaubt. Nach ihm kommen in allen Theilen gleich häufig Erethismus, Congestion und Entzündung vor, und fast durchgehends ist daher sein Verfahren streng antiphlogistisch. Seine Ansichten sind auch bei uns bekannt durch seine beiden Schriften: *Practical illustrations on Typhus-fever* und *Practical illustrations on Scarlet-fever.* — An der Spitze der anderen vorhin bezeichneten Londoner Aerzte, die einer rationellen Empirie huldigen, stand der nun verstorbene Mathew Baillie, welcher vorzüglich zu den genauen und vielfachen pathologisch-anatomischen Untersuchungen, welche die Engländer jetzt betreiben, den Impuls gegeben zu haben scheint. — Aufserdem möchte ich noch eine dritte Klasse von Aerzten in England unterscheiden, welche nämlich, in Edinburg gebildet, den Cullenschen Ansichten noch anhängen; diese Ansichten sind nun, da der Brownianismus sein nie sehr bedeutendes Ansehen wieder verloren hat, von Neuem geltend geworden, und können als die Edinburger Schule charakterisirend, betrachtet werden.

Von jener Einseitigkeit im Verfahren abgesehen, hat übrigens Armstrong, sowohl in anderer Rücksicht, als auch insbesondere um das Fieber-Hospital, seine unleugbaren Verdienste. Die Reinlichkeit, welche er in der Anstalt eingeführt hat, ist exemplarisch, und hierdurch, so wie durch das von ihm angewandte kühlende Verfahren, wird gewifs die Bösartigkeit der hier behandelten Krankheiten in vielen Fällen bedeutend gemindert, wenn auch sein häufiges Blutlassen beim Typhus sowohl, als beim Scharlach, wenigstens überflüssig sein möchte.

9. Smallpox-Hospital (*Hospital for the Smallpox, for Inoculation and for Vaccination at St. Pancras, Middlesex.*)

Diese Anstalt wurde 1740 gegründet, und hat der ursprünglichen Bestimmung nach einen dreifachen Zweck:

1) ist sie bestimmt zur Aufnahme von natürlichen Pockenkranken. Die Zahl der bis zum Jahre 1822 aufgenommenen Kranken dieser Art beträgt 23,449.

2) Zur Einimpfung der Menschenpocken. Diese geschah um so häufiger, je mehr es sich zeigte, daſs der Verlauf der eingeimpften Menschen-Blattern gelinder war, als der der zufällig entstandenen. Von 1730 Personen, die binnen 9 Jahren (von 1803 bis 1811) geimpft, und in das Hospital aufgenommen worden waren, war keiner gestorben, und von 10611 Personen, die man vom 1. Januar 1802 bis zum 5. Mai 1808 auſser dem Hause geimpft hatte, waren, den erhaltenen Nachrichten zufolge, nur 10 gestorben. Dagegen verhielt sich bei den zufällig von den Menschenpocken Ergriffenen die Sterblichkeit wie 1 zu 6. Seit der genannten Zeit sind aber auſser dem Hause keinem mehr die Menschenpocken eingeimpft worden.

3) Wurde im Jahre 1799 auch mit der Einimpfung der Kuhpocken der Anfang gemacht. Da die Inoculation der Menschenpocken früher so sehr empfohlen worden war, so konnte dieselbe auch, nachdem man sich von dem Nutzen der Vaccination überzeugt hatte, doch nicht sogleich gänzlich ein-

eingestellt werden. Es wurden jedoch nur noch in die Anstalt selbst aufgenommene Personen inoculirt, und aufser dem Hause nur Kinder, die zu jung waren, um aufgenommen zu werden. Acht Jahre später wurde die Inoculation aufser dem Hause gänzlich abgeschafft, und Erwachsene, die mit Menschenpocken geimpft sein wollten, wurden unentgeldlich aufgenommen, so wie Kinder mit ihren Müttern, wenn diese letzteren für ihren eigenen Unterhalt eine geringe Taxe erlegten. Nach und nach hat dann die Inoculation immer mehr abgenommen. Hierüber hat die *House-Committee* im Jahre 1821 Folgendes berichtet, welches der Mittheilung hier nicht unwerth sein möchte:

Aus dem Rapport der National-Impf-Anstalt *) vom 12. April 1821 erhellet,

dafs im Verlauf des letzten Jahres in den Kirchspielen innerhalb der *Bills of mortality* an Menschenpocken gestorben sind - - - - - - - - - - - -	792
Das Pockenhospital zu Pancras nahm während desselben Jahres 138 Blattern-Kranke in den schlimmsten Stadien der Krankheit auf, von welchen starben	34
Summe der Todesfälle	826
Zur Einimpfung der Menschenpocken in der Anstalt meldeten sich nur 8 Personen; dagegen wurden aufser dem Hause vaccinirt - - - - - - - - -	2422
Von der National-Impf-Anstalt wurden ferner mit Kuhpocken-Lymphe geimpft - - - - -	6933
Summe der Vaccinirten	9355

Durch die erwähnte Beschränkung der Einimpfung der Menschenpocken, heifst es ferner, ist das Verfahren unserer Anstalt nun in Einklang gebracht mit dem der National-Impf-Anstalt und der zwanzig angesehenen Mitglieder des Königl. Collegiums der Wundärzte, wel-

*) *National vaccine establishment,* wovon weiter unten.

che kürzlich ihre Erklärung vom Jahre 1813 erneuert haben, der zufolge sie durchaus nicht mehr die Menschenpocken einimpfen, sondern die Vaccination auf jede mögliche Weise befördern wollen.

Es muſs zwar allerdings zugestanden werden, daſs sowohl im Hospitale, als auſser demselben, gelegentlich Fälle von Menschenpokken nach geschehener Vaccination vorgekommen sind; allein immer war hier der Verlauf der Krankheit gelinder und kürzer, und die Gefahr geringer, als wenn keine Vaccination vorhergegangen war. Es existirt jedoch noch eine beklagenswerthe Quelle der Verbreitung der Menschenpocken, welche es sehr wünschenswerth macht, daſs eine mit der Freiheit des Volks vereinbare Abhülfe möge getroffen werden können. Wenn nämlich Personen aus den niederen Klassen von Menschenpocken ergriffen werden, so wird gewöhnlich zuerst irgend ein ärztlicher Praktiker (*medical practitioner*) hinzugerufen, und dieser kann, wenn er von Eigennutz geleitet wird, den Kranken in seiner Wohnung zurückhalten, so lange etwa, bis sich die Pusteln gefüllt haben, und er aus ihnen Lymphe zum Impfen entnehmen kann. Alsdann wird der Kranke ins Hospital geschickt, im letzten Zeitraume der Krankheit, bei schon herannahendem Tode, und nachdem er zur weiteren Verbreitung des Uebels, meist in den volkreichsten Theilen der Stadt, vielfache Gelegenheit gegeben hat. Ehe nicht den Aufsehern der Kirchspiele oder anderen Personen, die Vollmacht gegeben wird, solche

Häuser zu besuchen, und für die Fortschaffung der Kranken, so wie für die Reinigung der Betten u. s. w. Sorge zu tragen, wird es nicht möglich sein, bei aller Anstrengung, durch die Vaccination die Menschenblattern gänzlich auszurotten. —

Dem erwähnten Berichte ist noch hinzugefügt eine Angabe der Todesfälle, welche in einem Zeitraume von 20 Jahren vor und 20 Jahren nach der Einführung der Vaccination durch die Menschenblattern verursacht wurden:

Vor der Vaccination starben vom Jahre 1779 bis 1798
im Hospitale - - - - - - - - - 1867
in den verschiedenen Kirchspielen - - - 36189
Nach der Einführung der Vaccination starben vom
Jahre 1799 bis 1818 im Hospitale - - - 814
in den verschiedenen Kirchspielen - - - 22480
So dafs also die Todesfälle im Hospitale um 1053, in den Kirchspielen aber um 13709 abgenommen haben.

Die Listen ferner, welche über die Personen geführt worden sind, die überhaupt in dem Smallpox-Hospital seit seiner Stiftung (von 1746 bis zum 1. Januar 1822) Hülfe erhalten haben, geben folgende Resultate:

An natürlichen Pocken Leidende wurden aufgenommen:
vom 26. September 1746 bis zum 1. Januar 1821 23332
Im Jahre 1821 (wovon 49 starben) - - 117
Summa - 43449
Mit Menschenblattern wurden geimpft:
vom 26. September 1746 bis zum 5. Mai 1808
(*In-* und *Out-Patients*) - - - - - 47363
vom 5. Mai 1808 bis zum 1. Januar 1821
(nur *In-Patients*) - - - - - - 699
Summa - 48062
Im Jahre 1821 wurden keine Impfungen von Menschenpocken vorgenommen.
Vaccinirt endlich wurden:
vom 21. Januar 1799 *) bis zum 1. Januar 1820 49144
während des Jahres 1821 (*Out-Patients*) - 2842
Summa - 51986

---

*) An diesem Tage wurden zuerst von dem Dr. Wood

Die Total-Summe der Personen, welche in dem Hospitale Hülfe erhalten haben, beträgt demnach 123,497.

Der Arzt des Hospitals, Dr. George Gregory, hat kürzlich seine in der Anstalt gemachten Erfahrungen, besonders über das Vorkommen von Menschenpocken nach Kuhpocken, der *Medico-chirurg. Society* zu London mitgetheilt. Durch die *Medico-chirurg. Transactions*, wo sie Vol. XII. P. 2. abgedruckt sind, sind sie nun auch schon in Deutschland bekannt geworden, und ich beschränke mich daher hier auf die Angabe einiger Hauptpunkte, welche mir der Dr. Gregory mitzutheilen die Güte hatte. — Fälle von fruchtloser Kuhpocken-Impfung, sagte er, sind in der letzten Zeit bei weitem häufiger vorgekommen, als früherhin; doch aber schützt die Kuhpocken-Impfung noch eben so vollkommen, als einmal überstandene Menschenpocken. Wenn die Kuhpocken nicht vollständig schützen, so verändern sie doch immer in mancher Hinsicht den Verlauf der nachher eintretenden Menschenpocken. Sie scheinen zwar nicht die Heftigkeit und Dauer des Ausbruchsfiebers zu vermindern, auch keinen Einfluſs auf die Menge des Ausschlags zu haben, wohl aber verändern sie den Fortgang der Entzündung beim Ausbruche der Pocken; diese erreicht nicht die Höhe, zu welcher sie sonst zu gelangen pflegt, und die

wille, in Gegenwart von Sir Joseph Banks, Sir Will. Watson, Dr. Garthshore, George Pearson, Robert Willan u. a., die Kuhpocken bei sechs Personen eingeimpft. Die Lymphe dazu war am 19. Januar 1799 von den Kühen des Thomas Harrison, *Grays inn road*, genommen worden.

Pocken gehen deshalb nicht in Eiterung über, sondern die Heilung erfolgt, indem die Blasen in Knoten verwandelt werden, die dann abfallen. Dagegen kann sich allerdings auch hier das Pockengift auf andere Theile, das Gehirn u. s. w., werfen, und hierdurch der Tod verursacht werden. Folgende Tabelle zeigt, wie oft in diesen letzten Jahren natürliche (aber immer mehr oder weniger umgeänderte) Pocken nach vorhergegangener Kuhpocken-Impfung beobachtet worden sind:

Jahr.	Aufgenommen wurden.	Darunter kamen vor natürliche Pokken nach Kuhpokkenimpfung.	Verhältnifs der natürlichen Pocken nach Kuhpocken zu sämmtlichen Aufgenommenen.
1809	146	4	wie 1 zu 36.
1810	149	5	- 1 - 30.
1811	94	6	- 1 - 15.
1814	79	4	- 1 - 20.
1815	101	6	- 1 - 17.
1818	58	9	- 1 - 6.
1819 bis zum 20. Septb.	97	17	- 1 - 6.
1820	142	25	- 1 - 6.
1821	117	28	- 1 - 4.
1822	194	57	- 1 - 3½.

Von den 57 an natürlichen Pocken nach Kuhpocken leidenden Kranken, welche 1822 in das Hospital aufgenommen wurden, starben 5; jedoch waren nur bei einem die von der vorgängigen Kuhpocken-Impfung herrührenden Narben völlig regelmäfsig beschaffen. — So weit Dr. Gregory.

Aufser dem hier genannten Hospitale sind nun aber noch verschiedene andere, die Pokken betreffende, Anstalten in London vorhanden, welche es wohl angemessen sein dürfte, hier gleich folgen zu lassen. Es gehört dahin vorzüglich:

10. Das National vaccine establishment.

(*Percy-street*, 18.)

Wurde auf Befehl des Parlaments gegründet, und ist, meines Wissens, die einzige Medizinal-Anstalt Londons, welche unmittelbar unter der Regierung steht. Ihr Zweck ist: Beförderung der Vaccination im ganzen brittischen Reiche. Präsident der Anstalt ist der jedesmalige Präsident des Collegiums der Aerzte (während meiner Anwesenheit Sir Henry Halford). Aerzte dabei sind die Censoren des Collegiums der Aerzte, und Chirurgen, der Präsident und die Vice-Präsidenten des Collegiums der Wundärzte. In dem Lokale der Anstalt wohnt Dr. Hervey, welchem die Ausführung der Beschlüsse des aus den genannten Personen bestehenden Collegiums, die Versendung der Lymphe u. s. w. obliegt. Aufserdem zerfallen die mit der Anstalt in Verbindung stehenden Aerzte und Wundärzte in *Honorary*, *Stationary*, *Extraordinary* und *Corresponding Vaccinators*. Die *Stationary Vaccinators* sind zur Besorgung der Vaccination in London ausdrücklich bestellt. Zu ihnen gehört unter anderen Carpue, welcher in der Haupt-Station, *Percy-street* No. 18, impft. — Auf Veranlassung der dirigirenden Behörde wird von Zeit zu Zeit durch grofse Anschläge an den Strafsenecken der Ort und die Zeit bekannt gemacht, wo und wann die Impfungen geschehen, es werden die Vortheile der Impfung und die Gefahr und Nachtheile der natürlichen Pocken auf ähnliche Weise publizirt, Beschreibungen des regelmäfsigen Verlaufs der Kuhpocken und der Methode zu impfen vertheilt u. s. w. Das Einimpfen der natürlichen Pocken ist zwar nicht geradezu verboten, wohl aber dürfen die Geimpften nicht mit anderen Menschen in Berührung gebracht, nicht über die Strafse getragen werden, nicht an öffentlichen Orten sich zeigen u. s w., weil hierdurch die Gesundheit anderer Menschen gefährdet werden würde. Geschieht dies, so können die Geimpften selbst, oder deren Eltern und Vormünder, oder die Aerzte, welche es veranlafst haben, vor Gericht gezogen und bestraft werden *). Jährlich wird von dem *National vaccine establishment* ein Bericht an den Minister des Innern abgestattet. Den vom 31. Januar 1822, welcher vor mir liegt, glaube ich hier folgen lassen zu dürfen.

„Die Vaccination," heifst es darin, „ist abermals durch die Erfahrung eines Jahres geprüft worden, und das Resultat ist eine Zunahme des Vertrauens zu ihren Wohlthaten. Es freuet uns, sagen zu können, dafs sie im gröfseren Umfange ausgeübt worden ist, als früherhin, ungeachtet des Einflusses, welchen übertriebene Gerüchte von dem häufigen Vorkommen natürlicher Blattern nach geschehener Einimpfung der Schutzpocken auf die Gemüther mancher Menschen gehabt haben

*) Dies ist auch wirklich schon öfter geschehen, und dann durch die Zeitungen und öffentliche Anschläge bekannt gemacht worden.

mögen, und ungeachtet der hartnäckigen Vorurtheile anderer, welche auch jetzt noch fortfahren, ihren Kindern die natürlichen Blattern einimpfen zu lassen. Die unvermeidliche Folge hiervon ist, daſs eine fortwährende Quelle der Ansteckung unterhalten, und die Vaccination beständig der schwersten Prüfung unterworfen wird. Von modificirten und so eigenthümlich beschaffenen Menschenpocken, wie sie zu sein pflegen, wenn sie früher vaccinirte Individuen befallen, sind uns allerdings im Verlaufe dieses Jahres mehrere Fälle mitgetheilt worden, und einige haben wir selbst zu beobachten Gelegenheit gehabt; aber die Krankheit nahm immer einen gutartigen Verlauf, und namentlich zeigte sich niemals das secundäre Fieber, in welchem am häufigsten der Tod zu erfolgen pflegt.

Ueber die Wahrheit dieser Behauptung berufen wir uns auf die ganze medizinische Welt; und daſs die Zahl dieser Fälle in keinem Verhältniſs steht mit den Tausenden, welchen vollkommene Sicherheit im gröſsten Umfange durch die schützende Kraft der Kuhpocken zu Theil geworden ist, darüber berufen wir uns voll Vertrauen auf alle diejenigen, welche die Schauspielhäuser und andere öffentliche Versammlungs-Oerter besuchen, und die sicherlich gestehen müssen, daſs sie bei der aufblühenden Generation nicht mehr jene Entstellung des menschlichen Antlitzes wahrnehmen, die früherhin überall so sehr in die Augen fallend war.

Sollen wir die Ursache des nicht völligen

Gelingens in einzelnen Fällen angeben, welches wir allerdings gern zugestehen, so ist dasselbe zum Theil den Anomalieen zuzuschreiben, welche durchgängig in der Natur obwalten, und die der Arzt wahrnimmt, nicht nur bei verschiedenen Constitutionen, sondern bei derselben Constitution in verschiedenen Perioden des Lebens, und wodurch der menschliche Körper zu einer Zeit Störungen ausgesetzt ist durch eine bloſse Veränderung des Windes, während er zu anderen Zeiten der Einwirkung bösartiger und dem Leben höchst verderblicher Contagien zu widerstehen vermag. Aber als die häufigste Ursache der miſslungenen Fälle, welche bisher vorgekommen sind, und noch einige Zeit hindurch vorkommen werden, ist der sorglose Leichtsinn zu betrachten, mit welchem unverständiges Wohlwollen die Vaccination in den ersten Jahren ihrer Entdeckung zu verrichten unternommen hat. Denn die Erfahrung hat uns gelehrt, daſs genaue Untersuchung des Zustandes der zu vaccinirenden Personen, sorgfältige Berücksichtigung der einzuimpfenden Materie und aufmerksame Beobachtung des Verlaufs der Pusteln von Seiten des Arztes, wesentlich nothwendig sind zu dem glücklichen Erfolge.

Es setzt uns nicht in Erstaunen, wenn weniger aufgeklärte Eltern anstehen, ein Substitut für die Einimpfung der Menschenblattern anzunehmen, welches nicht in jeder Hinsicht vollkommen ist, und welches nicht die absolute Kraft besitzt, die Gegenstände ihrer Sorgfalt gegen jede mögliche Unbequemlichkeit zu sichern; aber wir können nicht umhin, unser höchstes Mifsfallen zu erkennen zu geben, über das Betragen derjenigen ärztlichen Praktiker, welche, wohl wissend, dafs die Vaccination kaum das geringste Uebelbefinden verursacht, dafs sie in den bei weiten meisten Fällen völlige Sicherheit gegen die Menschenblattern gewährt, und dafs sie fast ohne Ausnahme gegen die von ihnen herrührende Gefahr schützt, dennoch widerspenstig genug sind, die Einimpfung eines Giftes fortwährend zu empfehlen, von welchem sie weder den Grad der Wirkung, noch den endlichen Ausgang vorher zu bestimmen im Stande sind. Denn es ist nicht möglich, diejenigen Constitutionen vorher zu erkennen, welche die Einimpfung der Menschenpocken mit Sicherheit zulassen. Es giebt manche Familien, die so heftig von allen Ausschlagskrankheiten befallen werden, dafs sie dadurch in die augenscheinlichste Lebensgefahr gerathen, und dies gilt ganz vorzüglich von den Menschenblattern. Eine Familie verlor ihre beiden erstgebornen Kinder an den Pocken, die von zwei der geschicktesten Chirurgen eingeimpft waren, und wahrscheinlich würden die Eltern den Verlust noch mehrerer Kinder zu beklagen gehabt haben, wenn nicht glücklicher Weise der bekannter werdende schützende Einflufs der Kuhpocken sie vor den Folgen einer Wiederholung jenes traurigen Experiments gesichert hätte. Von ihren übrigen Kindern bekam zwar eins die Menschenpokken nach geschehener Vaccination, aber sie hatten den gelinden Verlauf, welcher diesem

Mittel in dem Auge aller Verständigen denselben Werth geben muſs, als wenn dadurch die Krankheit gänzlich verhütet würde. Wir haben diesen Werth geltend zu machen gesucht, mit allen unseren intellektuellen Kräften, und mit allen den gerechten Ansprüchen auf die Ueberzeugung Anderer, zu denen man durch die eigene feste und aufrichtige Ueberzeugung veranlaſst wird. Auch werden wir in unseren Bemühungen nicht nachlassen, sondern fortfahren, den Einfluſs auf die Ausbreitung dieser Wohlthat auszuüben, welchen die wohlwollende Absicht des Parlaments durch die Errichtung dieser Anstalt uns verliehen hat.

Daſs die Wohlthat der Schutzpocken-Impfung nicht absolut vollkommen ist, gestehen wir gerne zu. Aber wenn wir sie mit der Einimpfung der Menschenpocken vergleichen, welches die einzige Alternative ist, so stehen wir nicht an, zu behaupten, daſs eben dadurch auf eine unwidersprechliche Weise ihre bedeutenden Vorzüge dargethan werden. Denn es hat uns vielfache Erfahrung gelehrt, daſs die Zahl der Fälle, in welchen höchst gelinde und gutartig verlaufende Blattern nach geschehener Vaccination eintreten, noch nicht gleich kommt, und zwar noch lange nicht, der Zahl von Todesfällen, die nach der Blatternimpfung erfolgen. Dieses ist unwiderleglich wahr, und, wie es uns scheint, völlig entscheidend für die Vortheile der Vaccination. — Die Zahl der Personen, welche in diesem Jahre innerhalb der *Bills of mortality* an den Menschenpocken gestorben sind, beträgt 508; es ist $\frac{1}{3}$ weniger als im vorigen Jahre. Und da, wie wir schon in unserm früheren Berichte angeführt haben, mehr Individuen geimpft worden sind, als je zuvor, so schmeicheln wir uns mit der Annahme, daſs diese Verminderung der Zahl von Todesfällen der weiteren Verbreitung der Schutzpockenimpfung zuzuschreiben sein möchte."

(Unterzeichnet von Henry Halford, als Präsidenten, und von Frampton, Hume, Badham und Lloyd, als Censoren des Königl. Collegiums der Aerzte. Ferner von Ever. Home, als Präses des Königl. Collegiums der Wundärzte, und von William Blizard und Henry Cline als Vorstehern desselben.)

Am 26. März 1823 wurde abermals ein Bericht des *National vaccine establishment* dem Parlamente vorgelegt, in welchem angeführt wird, daſs in dem verflossenen Jahre häufiger als früherhin Lymphe von dem Institute verlangt worden sei, und daſs man an vierzig verschiedene Personen in allen Theilen der Welt Vorräthe davon geschickt habe. Was die Anzahl der Geimpften betrifft, so wurden in der Anstalt selbst vaccinrt:

im Jahre	1818	. .	5490.
- -	1819	. .	7874.
- -	1820	. .	6054.
- -	1821	. .	6627.
- -	1822	. .	8230.

Auſserdem durch die *Stationary Vaccinators* in den letzten fünf Jahren 34,275. Ferner in dem übrigen Groſsbrittanien und Irland, zufolge der von den correspondirenden Vaccinatoren eingelaufenen Berichte, 327,521.

Als im Parlamente über die dem Dr. Jenner zu bewilligende Belohnung verhandelt wurde, erforderte man von dem Collegium der Aerzte Bericht über die Vaccination. In diesem heiſst es: daſs damals 164,381 Individuen im brittischen Reiche geimpft worden seien; daſs von diesen 24 (oder einer von 6849) eine üble Entzündung des Arms bekommen hätten; daſs bei 66 (oder bei einem von 2477) nachher andere pockenartige Ausschläge entstanden wären, und daſs 56 (oder einer von 2917) nachher von den Menschenpocken befallen worden wären. Hätte dieselbe Anzahl von Menschen die Menschenpocken bekommen, so würden wenigstens 27,471 daran gestorben, und 72,417 krank geblieben oder zu Krüppeln geworden sein *).

11. New Bethlem-Hospital.

Das alte Bethlehem, von Heinrich VIII. und Eduard VI. im 16ten Jahrhundert für Wahnsinnige gegründet, stand in Moorfields, und waren bei seiner Erbauung bekanntlich die Tuilerien zum Muster genommen. Es enthielt 150 Betten für heilbare und 100 Betten für unheilbare Gemüthskranke. Da jedoch dies Gebäude eine ungesunde Lage hatte, und überhaupt seinem Zwecke nicht entsprach, so ist es vor einiger Zeit niedergerissen, und statt desselben ein neues prachtvolles Gebäude in Lambethroad (in dem an

---

*) Zur Verbreitung der Kuhpocken-Impfung sind dann auſserdem noch zwei andere, für sich bestehende Privatinstitute in London vorhanden, nämlich die *Vaccine Pock-institution* und die *London vaccine institution*, welche jedoch weniger in Betracht kommen. Ehedem bestand auch zu gleichem Zwecke eine *Royal Jennerian Society*.

der Südseite der Themse gelegenen Theile von London) errichtet worden. Dasselbe besteht aus einem Hauptgebäude in der Mitte *), und zwei kleinen, nach hinten zu gelegenen, mit dem Hauptgebäude nur durch verdeckte Gänge in Verbindung stehenden Nebengebäuden. In diesen Nebengebäuden befinden sich die sogenannten *Criminals*, d. h. diejenigen, welche in ihrem Wahnsinn verbrecherische Handlungen begangen haben, und deshalb an die Anstalt abgeliefert worden sind. In dem einen Seitengebäude sind die *Criminals* männlichen, in dem anderen die weiblichen Geschlechts. Die übrigen Gemüthskranken, heilbare und unheilbare, Männer und Weiber, befinden sich in den beiden oberen Etagen des mittleren Hauptgebäudes. Die untere Etage ist für die Officianten und die zum Hospitale gehörenden Anstalten: Küche, Apotheke, Wäschmagazin u. s. w., bestimmt. Das ganze Haus ist auf 260 Irre berechnet. Bei meiner Anwesenheit waren 206 vorhanden, und zwar 105 Männer (unter denen 45 *Criminals*) und 101 Weiber (worunter sich 10 *Criminuls* befanden) **). Aufserdem dafs

---

*) In dem Eingange zu diesem sieht man die beiden berühmten Statuen von einem Melancholischen und einem Rasenden, welche von Cajus Gabriel Cibber, einem Holsteiner, verfertigt wurden.

**) Der Bericht vom Jahre 1822 enthält folgende Angaben:

Am 1. Januar befanden sich im Hause - -	216.
Aufgenommen wurden im Verlauf des Jahres -	172.
Summa	388.
Geheilt und entlassen (*cured and discharged*) wurden	162,
so dafs am 31. December 1822 in der Kur und als Unheilbare in der Anstalt sich befanden - -	226.
Summa	388.

die Geschlechter von einander getrennt sind, hat man sämmtliche Irre noch in Unheilbare, Heilbare und Reconvalescenten abgetheilt. Für die Unheilbaren ist nur ein gewisser Raum im Hause bestimmt, und werden die Irren, wenn sie sich nach Verlauf eines Jahres nicht gebessert haben, als Unheilbare betrachtet. Von diesen werden dann nur so viele, als in dem für sie bestimmten Theile des Gebäudes bleiben können, zurückbehalten, die übrigen aber ihren Verwandten wieder übergeben, und in das Hospital von Neuem aufgenommen, wenn Vacanzen entstehen. Jeder Kranke hat seine eigne kleine Kammer, von denen etwa zwanzig neben einander liegen, und einen gemeinschaftlichen Corridor haben; in diesem und in dem gemeinschaftlichen Efszimmer einer jeden solchen Abtheilung halten sich die Irren in der Regel bei Tage auf. In jeder Zelle steht ein einfaches kleines Bett und daneben ein kleiner Tisch; in dem Efszimmer eine lange Tafel mit Bänken an jeder Seite. Die Kamine, welche hier besondere Vorsichtsmafsregeln nöthig machen, sind mit einem vom Feuer hinreichend weit entfernten eisernen Gitterwerke umgeben. Sehr zweckmäfsig eingerichtet scheinen mir die Abtritte. Diese sind nämlich so beschaffen, dafs beim jedesmaligen Oeffnen der von selbst wieder zufallenden Thür sich Wasser in grofser Menge in den Abtritts-Schlund ergiefst, so dafs derselbe nach jedesmaligem Gebrauche unfehlbar, und zwar durch die Irren selbst, wieder gereinigt wird *). Dreimal täglich erhalten die Kranken einfache, aber vorzüglich gute Nahrungsmittel; dreimal wöchentlich Fleisch. Sie essen von hölzernen Tellern und Schüsseln, mit hölzernen Löffeln und knöchernen Messern und Gabeln. In dem unteren Stock des Gebäudes befindet sich eine Anstalt zu gewöhnlichen warmen und kalten Wasserbädern, zu Regen- und Douche-Bädern. Die Wannen zu den warmen Bädern haben doppelte Wände und Böden, und in den dazwischen befindlichen Raum können Wasserdämpfe geleitet werden, wodurch das kalt hineingelassene Wasser erwärmt wird. In der Küche wird, wie dieses in den meisten Hospitälern der Fall ist, fast alles durch Dämpfe gekocht, und sind die zum Kochen bestimmten Gefäſse ebenfalls mit doppelten Wänden und Böden versehen, und so eingerichtet, daſs die Dämpfe nach Belieben entweder in den zwischen den Wänden befindlichen Raum, oder in das Gefäſs selbst geleitet werden können.

In dem ganzen Hause herrscht die gröſste Reinlichkeit und an Pracht glänzende Eleganz; was aber zur wirklichen Heilung der Irren geschieht, möchte wohl keinesweges genügend sein. Vorzüglich erscheint es tadelnswerth, daſs für eine regelmäſsige Beschäftigung

*) Eine andere sinnreiche Einrichtung, wodurch zugleich die auf dem Abtritte befindliche Luft erneuert wird, hat man in der *Derbyshire general Infirmary* angebracht. S. Fig. 2. — Vergl. *The philosophy of domestic oeconomie, as exemplified in the mode of warming, ventilating, washing, drying and cooking etc., adopted in the Derbyshire general Infirmary. Nottingham*, 1819. 4.

gung der Kranken durchaus nicht gesorgt ist. Sie treiben sich den ganzen Tag entweder in den leeren Corridors mit nackten Wänden, worin weder Tisch noch Stuhl, und worin das Licht von oben durch hochgelegene Fenster hineinfällt, so dafs die Kranken also auch nicht hinaussehen können, oder zu gewissen Stunden des Tages in den ebenfalls leeren, von Mauern umgebenen Hofräumen umher, und zwar ziemlich ohne Aufsicht; denn ein oder zwei Wärter für jede, aus etwa 20 Zellen bestehende Abtheilung, möchten wohl keinesweges hinreichend sein. Vorzüglich findet dieser Müfsiggang bei den Männern Statt, welche gar nichts thun, dahingegen die Weiber sich noch zuweilen mit weiblichen Handarbeiten (*Needlework*) beschäftigen, wozu sie jedoch auch nicht ernstlich angehalten werden. Das ganze therapeutische Verfahren besteht, so viel ich habe erfahren können, in der zuweiligen Anwendung von Aderlässen, Abführmitteln und Bädern, wozu jedoch eigentliche Sturzbäder nicht gehören. Dieses unthätige und, wie es genannt wird, milde Verfahren, ist besonders in Folge der Untersuchung eingeführt worden, welche im Jahre 1815, vor dem *House of Commons*, in Betreff der Irren-Anstalten Englands Statt gefunden hat. Die darüber geführten, auf Befehl des Parlaments gedruckten Akten *), haben allerdings schauderhafte Sachen ergeben: In dem

*) *Minutes of evidence taken before the select committee appointed to consider of provision being made for the better regulation of madhouses in England. Ordered by the house of commons to be printed.* 1815. *Fol.*

Lunatic asylum zu York wurden die Kranken geprügelt; die weiblichen Irren von den männlichen und den Wärtern geschwängert; in verborgenen Zellen wurden Kranke aufbewahrt, von denen Niemand erfuhr; die Bücher waren verfälscht, namentlich die Zahl der Todten geringer angegeben, als sie wirklich war; Kranke waren verschwunden, und Niemand wufste, wohin sie gekommen; nachdem die Untersuchung angeregt war, gerieth das Haus in Brand, wobei vier Kranke verbrannten; in einem verborgenen Kabinet fand sich ein aus eisernen Ringen, Stangen und Ketten bestehender Apparat (*Gyve*, wie Shakespear ihn nennt), welcher ohne Ketten 24 Pfund wog u. s. w. — Von den Irrenhäusern in London fand sich das (alte) Bethlehem in einem besonders schlechten Zustande; besser war St. Luke's. Auch auf die Privat-Irrenhäuser, deren es in der Nähe von London besonders zwei grofse (*Whitehouse* und *Redhouse* in Bethnalgreen) giebt, erstreckte sich die Untersuchung, da in ihnen früherhin besonders viel Ungerechtigkeiten geschehen zu sein scheinen, indem jeder ohne weiteres seine Verwandten dorthin bringen lassen konnte. Zwei andere Privat-Irrenhäuser, Mr. Fox's *private madhouse* bei Bristol und Mr. Finch's zu Laverstock bei Salisbury, fand man dagegen in einem sehr guten Zustande. In diesem letzteren ist auch die Cox'sche Drehmaschine (*Cox's rotatory chair*) mit Nutzen angewendet worden, dahingegen man in dem öffentlichen Irrenhause zu Exeter keine vortheilhafte Wirkung davon gesehen hat. —

In Irland scheint früherhin für die Wahnsinnigen am wenigsten geschehen zu sein. Die unbemittelten Verrückten liefen ohne Aufsicht auf den Strafsen umher, da keine Gesetze vorhanden waren, nach denen sie in die Arbeitshäuser (*Parish workhouses*) oder andere Anstalten gebracht werden konnten. Wahnsinnige, die späterhin vom Lande nach Dublin geschickt wurden, wurden mit einem um ihren Arm gelegten Stricke hinten an einen Karren befestigt, und mufsten so hinlaufen. Dadurch, heifst es in jenen Akten, verlor von fünfen einer den Arm, indem der Strick so stark drückte, dafs Brand entstand und die Amputation nothwendig wurde. — Die Doctoren Haslam und Monro haben selbst ausgesagt, dafs in Bethlehem die ganze Behandlung in während des Frühjahrs angewandten Aderlässen und Purgirmitteln bestanden habe. Eine thätigere Behandlung dagegen, besonders körperliche Beschäftigung, z. B. Holz oder Steine sägen, wird in den genannten *Minutes of evidence* vom Dr. Latham sehr empfohlen.

In Folge dieser Untersuchung verloren die bisherigen Aerzte der Anstalt, und unter ihnen Burrows, ihre Stellen. Die jetzigen sind Sir George Tuthill und Dr. Monro; aufserdem wohnt im Hause als Apothecary und Superintendent Dr. Wright, welcher im Grunde die ganze Behandlung zu leiten scheint. Als Wundarzt ist bei dem Hospitale angestellt William Lawrence. — Obgleich mir nun versichert wurde, dafs bei dem jetzigen Verfahren im Durchschnitt der dritte oder vierte geheilt würde, so möchte doch wohl auf diese Angabe nicht viel Gewicht gelegt werden können, da von den aus dem Hause als geheilt Entlassenen, nur selten späterhin noch etwas gehört wird, und unter ihnen sich gewiſs manche nur scheinbar Geheilte befinden. Mit den Grundsätzen von Milde, welche durchaus adoptirt sind, stimmt übrigens die Wahl der doch nicht ganz zu entbehrenden Zwangsmittel nicht gut überein. Als solche habe ich nämlich in Bethlehem anwenden gesehen: eiserne Ringe um den Leib, hinten mit einer Kette versehen, womit die Menschen irgendwo angeschlossen waren; dabei lederne Fausthandschuhe mit eisernen Ringen, durch Ketten an den um den Leib gehenden Ring angeschlossen. Auf ähnliche Weise waren auch die Füſse gekoppelt; um jeden war ein eiserner Ring gelegt, beide Ringe durch Ketten mit einander verbunden und irgendwo angeschlossen. Von der Zwangsjacke hält man weniger, da die Menschen sich darin die Hände wund reiben sollen.

12. St. Luke's Hospital.

In Old-street, in dem nördlichen Theile von London, gelegen und Anno 1751 zur Aufnahme von Wahnsinnigen eröffnet, obgleich der Bau erst 1786 vollendet wurde. (Das erste Entstehen der Anstalt datirt sich schon vom Jahre 1732 her.) Es ist ein groſses massives Gebäude von eben nicht sonderlichem Aeuſsern, und die zweite öffentliche Irren-Anstalt in London. Die Zahl der darin befindlichen Gemüthskranken beläuft sich im Durchschnitt auf 300. Nach einem im Jahre 1809 erschienenen Berichte waren vom 30. July 1751 bis zum 21. März 1809 überhaupt 9042 Irre aufgenommen worden; von diesen waren als geheilt entlassen 3915, ungeheilt 3101, und als Blödsinnige und zur Behandlung sich nicht eignende 783; 748 waren gestorben und 296 von ihren Freunden zurückgenommen oder aus anderen Ursachen weggeschickt. — Bei meinem Besuche der Anstalt befanden sich darin 132 männliche und 150 weibliche Irre, also zusammen 282. Die für unheilbar gehaltenen sind von den heilbaren getrennt, und wird von jenen immer nur eine gewisse Anzahl im Hause behalten, indem die übrigen entlassen, und gegen die Erlegung von 7 Schilling wöchentlich wieder aufgenommen werden, wenn es der Raum gestattet. Auch mufs bei der ersten Aufnahme für jeden eine kleine Summe entrichtet werden *). Das ganze Gebäude ist in sieben Gallerieen abgetheilt, von denen vier für Weiber und drei für Männer bestimmt sind. Jede Gallerie besteht aus einer Anzahl kleinerer Zimmer für einzelne Kranke, und einigen gröfseren, in welchen drei bis vier Irre sich beisammen befinden. In der Mitte

*) Erfordernisse zur Aufnahme sind: dafs der Kranke nicht langer als ein Jahr wahnsinnig gewesen ist; — dafs er nicht aus irgend einem anderen Irrenhause ungeheilt entlassen ist; — dafs er nicht an Epilepsie leidet; — dafs er nicht blödsinnig (*idiot*) ist, — und dafs er nicht an der venerischen Krankheit leidet. Auch werden keine Schwangere aufgenommen, und keine die jünger als 12 oder älter als 70 Jahre sind.

ist ein gemeinschaftlicher Gang. Aufserdem ist in jeder Gallerie ein Zimmer für den Wärter, deren nur einer bei jeder Abtheilung sich befindet; ferner ein Efszimmer, so wie eine *Common-room*, woselbst, so wie in dem Corridor, die Kranken sich den gröfsten Theil des Tages über aufhalten. Bei gutem Wetter werden sie in die bei dem Hause befindlichen offenen Plätze (*airing grounds*) geführt, deren zwei vorhanden sind, für die beiden Geschlechter. Behandlung findet auch hier wieder so gut wie gar keine Statt; die Kranken sind fast ganz sich selbst überlassen, und das müfsige Umhertreiben auf den ziemlich dunkeln und tristen Gängen möchte wohl wenig geeignet sein, ihre Herstellung zu bewirken. Besonders fehlt es den Männern an der nöthigen Beschäftigung. Die Weiber nehmen zuweilen kleine Handarbeiten vor, oder werden mit zu den Geschäften des Hauses gebraucht. Aderlässe, Abführmittel und Bäder sind die einzigen Mittel, die zuweilen angewendet werden. Zu kalten Bädern sind in die Erde eingemauerte Behälter vorhanden; warme Bäder werden in Badewannen von Eisenblech gegeben, welche die Gestalt eines grofsen Schuhes oder Pantoffels haben (*Slipperbath*, wie es in England allgemein gebräuchlich ist). Besonders unzweckmäfsig schienen mir verschiedene Zwangsmittel. So ist von den Bänken in den *Commonrooms* ein Theil durch bretterne Seitenwände von dem Uebrigen getrennt; hier werden die Unbändigen hineingesetzt, und durch Ketten und eiserne Ringe mit ihren Füfsen an den

Fuſsboden, mit ihren Armen an die brettернen Seitenwände befestigt. In einigen, einem hölzernen Troge ähnlichen, Bettstellen läuft unten durch den Boden derselben eine Kette, an deren zu beiden Seiten hervorragende Enden die Arme des hineingelegten Wahnsinnigen befestigt werden. Abgesehen von der sonstigen Unzweckmäſsigkeit einer solchen Vorrichtung, ist das Geräusch, welches die unruhigen Kranken durch das beständige Hin- und Herziehen der durch das Holz hinlaufenden Ketten verursachen, wirklich schauderhaft anzuhören, und es ist mir deshalb kaum erklärlich, wie Reisende, und auch die vom Parlamente ernannten Untersuchungs-Commissarien, den Zustand dieses Hospitals als vorzüglich haben schildern können. Doch ist wohl das alte Bethlehem damals in einem noch schlechteren Zustande gewesen, und bei dem Vergleich mag St. Lukes gewonnen haben. Arzt dieser Anstalt ist Dr. Sutherland, welcher auch Privat-Institute für Irre unter seiner Leitung hat (*Fisherhouse, Islington* und *Langhamhouse, Fulham*); Wundarzt in St. Lukes ist John Dunston, der Sohn des hochgeschätzten Aufsehers der Anstalt *).

13. Lockhospital.

Befindet sich in der Nähe des Georgsspitals, bei *Hydepark corner*, und wurde 1746 gestiftet. Es ist zur Aufnahme von Venerischen beiderlei Geschlechts bestimmt, und

*) Ein eigenes *Asylum for military lunatics* ist im Jahre 1819 zu Fort Clarence errichtet worden. Ein Bericht darüber findet sich im *Lond. med. and phys. Journ. June.* 1824.

enthält etwas über vierzig Betten *). Unterhalten wird es durch freiwillige Beiträge, und scheint das Gebäude früherhin ein Privathaus gewesen zu sein; wenigstens ist es durchaus nicht zweckmäfsig für ein Hospital eingerichtet. Arzt der Anstalt ist Dr. Chambers; Wundärzte: Patrik Macgregor und G. G. Babington; als consultirender Wundarzt ist John Pearson dabei angestellt. — Ueber das hier, so wie überhaupt in England befolgte Heilverfahren bei Venerischen wird sich späterhin noch Gelegenheit ergeben, einiges zu bemerken.

Mit dem Lockhospital ist hier, wie auch an anderen Orten, noch eine lobenswerthe Anstalt verbunden, nämlich ein *Lockasylum.* Dieses ist bestimmt zur Aufnahme von solchen, aus dem Hospitale entlassenen, öffentlichen Mädchen, welche einen besseren Lebenswandel zu führen sich entschlossen haben. Diese erhalten in dem Asylum Beschäftigung und Gelegenheit zur Besserung, und werden in demselben behalten, bis sie ein anderweitiges Unterkommen sich zu verschaffen im Stande gewesen sind.

14. Entbindungs-Häuser.

Deren sind in London viere vorhanden, namentlich:

1) *the British lying-in Hospital,*

2) *the City of London lying-in Hospital,*

---

*) Alle Hospitaler für Venerische heifsen *Lockhospitals*, wahrscheinlich von *to lock*, verschliefsen, weil die hier befindlichen Kranken strenge eingeschlossen werden.

3) *the Queen Charlotte's lying-in Hospital*, und

4) *the Westminster lying-in Hospital.*

So wie die englische Geburtshülfe in mancher Hinsicht von der unsrigen abweicht, so sind auch Zweck und Einrichtung der geburtshülflichen Anstalten von denen der unsrigen verschieden. Viele, wenn nicht die meisten von ihnen, sind nur dazu bestimmt, armen verheiratheten Schwangeren Hülfe zu leisten; für unehelich Schwangere öffentliche Anstalten zu errichten, wird von den meisten Engländern für unrecht gehalten. Die Hülfe wird aber geleistet, theils durch Aufnahme in Hospitäler, theils in den eigenen Wohnungen der Schwangeren, und mit mehreren der genannten Entbindungshäuser sind Anstalten zur Entbindung der Schwangeren in ihren Häusern verbunden. Aufserdem aber sind noch mehrere sogenannte *Dispensaries* blofs zu diesem Zwecke vorhanden, von welchen späterhin die Rede sein wird. Die geleistete Hülfe besteht ferner häufig nicht blofs darin, dafs die Schwangeren entbunden werden, sondern sie erhalten auch, wenn sie in ihren Wohnungen geblieben sind, aufserdem noch Arzeneien, Speise und Trank, und Kleidungsstücke für die gebornen Kinder. — Die genannten Hospitäler sind sämmtlich nur klein, und können mit den Entbindungs-Anstalten grofser Städte auf dem Festlande nicht verglichen werden, da bei weitem die meisten Frauen es vorziehen, in ihren Wohnungen zu bleiben. Als unmittelbare Vorsteherin befindet sich in jedem Hospitale eine Matrone, welche zugleich Hebamme ist, und in allen weniger wichtigen Fällen die erforderliche Hülfe leistet. Nur wenn Gefahr eintritt, wird zu dem Geburtshelfer der Anstalt geschickt. Von geburtshülflichen Apparaten, Geburtsstühlen u. s. w., sieht man in den Häusern nichts, da die Schwangern alle im Bette, auf der Seite liegend, und so viel als möglich ohne Instrumentalhülfe entbunden werden. Dafs von Benutzung der Schwangeren zum Unterricht in der Regel nicht die Rede sein kann, erhellet schon daraus, dafs die meisten von ihnen verheirathete Frauen sind. Sie werden deshalb auch immer nur ganz kurze Zeit vor der Entbindung aufgenommen. — Was dann die genannten Hospitäler einzeln betrifft, so wurde

1) das *British lying-in hospital (Brownlow-street, Longacre)* im Jahre 1749 gegründet, und ist nur allein zur Aufnahme von verheiratheten Frauen bestimmt. Es wird durch freiwillige Beiträge, zum Theil von Frauen, unterhalten, und jeder Beitragende hat (wie es auch bei den übrigen Anstalten dieser Art der Fall ist) das Recht, eine gewisse, nach dem Betrage seines Zuschusses verschiedene, Anzahl von Schwangeren dem Hause zuzuweisen. Diese werden drei Wochen hindurch, vom Tage ihrer Niederkunft an, in Allem frei gehalten; sind sie länger im Hause, so müssen sie für die übrige Zeit die Kosten ihrer Nahrungsmittel selbst bestreiten. Aus den Büchern der Anstalt erhellet, dafs in den ersten zehn Jahren ihres Bestehens von 42 Wöchnerinnen eine

starb; in dem fünften Jahrzehend starb eine von 288, und in dem sechsten eine von 216. Vom 26. September 1806 bis zum 25. März 1808 wurden 501 Schwangere aufgenommen, von denen keine starb. — Was ferner die Sterblichkeit der Kinder betrifft, so starb in den ersten zehn Jahren eins von 15, in dem fünften Jahrzehend eins von 77, und in den darauf folgenden $9\frac{1}{4}$ Jahren eins von 92. Das Verhältniſs der Knaben zu den Mädchen war wie 18 zu 17. Todtgeboren wurde eins von 25, und von 84 Frauen gebar eine Zwillinge, bei einer Gesammtzahl von 342. Arzt dieser Anstalt ist Dr. Foley; consultirender Arzt Dr. Batty; Wundarzt Mr. Stone. Frauenzimmer können hier Unterricht in der Hebammenkunst erhalten.

2) Das *City of London lying-in hospital, City road,* wurde Anno 1750 gestiftet. Um ein Beispiel anzuführen von den gezahlten Beiträgen und den dadurch von den Zahlenden erworbenen Rechten, möge hier Folgendes eine Stelle finden: Derjenige ist lebenslänglicher Vorsteher (*Governor*), welcher 30 Guineen bezahlt; er hat das Recht, jährlich acht Schwangere zu empfehlen, und kann zur Zeit zwei in der Anstalt haben. Wer jährlich 5 oder 3 Guineen bezahlt, bleibt Vorsteher, so lange er seinen Beitrag zu zahlen fortfährt, und kann im erstern Falle jährlich fünf, im letztern zwei Schwangere dem Hause zuweisen. — Bis zum Jahre 1809, also in einem Zeitraume von 59 Jahren, war 24,902 armen verhei-

ratheten Frauen Hülfe geleistet worden, und diese hatten 25,196 Kinder geboren. In dem mit dem Ladyday (Mariä Verkündigung, 25. März) 1809 zu Ende gehenden Jahre, betrug die Zahl der Aufgenommenen 413; von diesen waren 227 Knaben und 186 Mädchen geboren. Von der ganzen Anzahl waren 292 mit Zwillingen und 2 mit Drillingen niedergekommen. Als Arzt ist bei diesem Hospitale angestellt: Dr. Walker; als Geburtshelfer der auch als Schriftsteller bekannte Dr. Conquest, als Wundarzt Mr. Lukas.

3) Das *Queen Charlotte's lying-in hospital*, in *Lissongreen*, wurde 1752 gestiftet, und ist zur Aufnahme von verheiratheten und unverheiratheten Personen bestimmt, so wie auch in einem bestimmten Umkreise den Frauen in ihren eigenen Wohnungen Hülfe geleistet und der nöthige Rath ertheilt wird. Es wird ebenfalls durch freiwillige Beiträge unterhalten. Wer jährlich 3 Guineen bezahlt, kann eine Person zur Aufnahme in das Haus, und zwei zur Entbindung in ihren Wohnungen empfehlen; außerdem sechs zur Ertheilung des erforderlichen Rathes und ärztlicher Hülfe, vorzüglich bei Krankheiten, die mit der Schwangerschaft oder dem Wochenbette in Verbindung stehen. Im Ganzen haben bisher über 50,000 Frauenzimmer hier Hülfe erhalten. Zu dem bei diesem Hospitale angestellten ärztlichen Personale gehören unter anderen Dr. Copland und Dr. D. D. Davis, welcher einer der vorzüglichsten Geburtshelfer Lon-

dons ist, und neuerlich genaue Untersuchungen über die nächste Ursache der *Phlegmasia alba dolens* angestellt hat *). Den Aerzten dieser Anstalt ist es auch erlaubt, einige *Pupils* zu halten, von denen ein Paar in dem Hause wohnen dürfen, jedoch großen Einschränkungen unterworfen sind.

4) Das *Westminster lying-in hospital*, auch *General lying-in hospital* genannt, ist an der Südseite der Themse, in der Nähe der Westminster-Brücke (*Bridgeroad, Lambeth*) gelegen, und Anno 1765 errichtet. Es ist zwar auch nur ein kleines Gebäude, zeichnet sich aber durch die darin herrschende Reinlichkeit und Ordnung vortheilhaft aus. Wie bei dem *Queens lying-in hospital* werden auch hier Schwangere theils in das Haus aufgenommen, theils in ihren Wohnungen entbunden, theils wird ihnen auch anderweitiger ärztlicher Rath und Hülfe ertheilt. Angestellt sind dabei als Aerzte und Geburtshelfer Dr. Gooch und Dr. Ley; als consultirender Arzt, der durch seine Beobachtungen über Superfötation bekannte Dr. Maton. Aufser den verheiratheten Frauen werden auch ledige Personen hier aufgenommen; jedoch nur einmal, damit die Anstalt nicht zur Unterstützung und Beförderung von Ausschweifungen dienen möge. Von den Verheiratheten sind dieselben streng geschieden, und nur beim Gottesdienste kommen sie zusammen.

---

*) *Medico-chirurg. Transact. Vol. XII. P. 2.* Früher war Dr. Clarke Geburtshelfer beim *Queens lying-in Hospital.*

15. Anstalten zur Heilung von Augenkranken.

Deren giebt es drei in London, die alle drei vortrefflich sind:

1) *The royal infirmary for diseases of the eye, Corkstreet, Burlington gardens.* Existirt seit 1804 und hat eine sehr ausgedehnte Wirksamkeit. Zur Errichtung der Anstalt gab Sir Wathen Waller *) Veranlassung. Dieser hatte schon mehrere Jahre hindurch wöchentlich zu bestimmten Stunden Augenkranken privatim Rath ertheilt, und aus eignen Mitteln ihnen die nöthigen Hülfsmittel verschafft. Da aber die Zahl der Hülfesuchenden immer mehr zunahm, von 1000 auf 1500 und 2000 jährlich stieg, so legte er 1804 dem Könige den Plan zur Errichtung der hier in Rede stehenden Anstalt vor, welcher nicht nur gebilligt wurde, sondern auch den höchsten Schutz und bedeutende Unterstützung erhielt. Als operirender Wundarzt ist jetzt dabei angestellt: Henry Alexander, und consultirende Medizinal-Personen sind: Sir Henry Halford, Sir Wathen Waller, Dr. Edward Fryer und der Apotheker Brande. — Die Kranken werden an gewissen Tagen zu einer bestimmten Stunde in dem Hause des Herrn Alexander abgefertigt; aufserdem eine Menge in ihren Wohnungen besucht und operirt; auch sind in dem vom Herrn Alexander bewohnten Hause einige Zimmer eingerichtet, in welche zu operirende, die in ihren Wohnungen nicht bleiben können, aufgenommen werden.

*) Bekannter unter seinem früheren Namen: Wathen Phipps.

Aus dem vor mir liegenden Jahres-Berichte vom 26. März 1823 möchte Folgendes hier der Mittheilung werth sein:

Am 26. März 1822 blieben in Behandlung -	1262
Aufgenommen wurden im Verlauf des Jahres -	1372
Von diesen wurden geheilt entlassen - -	1260
Als unheilbar dagegen - - - - - -	90

Staar-Operationen wurden 59 verrichtet, von welchen 54 einen glücklichen Erfolg hatten. — Während der letzten $7\frac{1}{2}$ Jahre wurde 56 Personen das Gesicht durch die künstliche Pupillen-Bildung wieder verschafft.

Die Total-Summe der seit dem 26. März 1805, an welchem Tage die Anstalt eröffnet wurde, aufgenommenen und behandelten Kranken beträgt -	33772
Von diesen sind geheilt oder gebessert entlassen	31510
Als unheilbar entlassen - - - - - -	978
In Behandlung sind demnach geblieben - -	1284

In demselben Zeitraume sind überhaupt 1367 Staar-Operationen verrichtet, von denen 1279 einen glücklichen Erfolg hatten. Unter diesen befanden sich 128 Fälle, wo die Operation bei Blindgebornen gemacht wurde.

Die Fertigkeit, welche Hr. Alexander im Operiren besitzt, ist ganz aufserordentlich; ich habe nie etwas Aehnliches gesehen. Dabei verrichtet er die gewöhnlichen Augen-Operationen ganz allein, ohne Assistenten. Bei den Staar-Operationen werden die Kranken in einen gewöhnlichen Lehnstuhl gesetzt, das gesunde Auge, wenn ein solches vorhanden ist, verbunden, und nun von hinten her, über den Kopf weg, operirt. Alexander stellt sich hinter den Stuhl auf eine kleine Bank, biegt den Kopf des Kranken zurück, bringt mit zwei Fingern die Augenlider auseinander, und bildet dann mit einem, dem Richterschen ähnlichen Staarmesser einen Lappen aus der oberen Hälfte der Hornhaut. Diesen schneidet er jedoch niemals gleich ganz ab, sondern nachdem er das Messer ausgestochen hat, zieht er es wieder zurück, so daſs noch ein Theil des zu bildenden Lappens mit der übrigen Hornhaut in Verbindung bleibt. Nachdem nun die wäſsrige Feuchtigkeit ausgeflossen ist, geht er wieder mit einem kleineren, schmalen, vorne abgerundeten Messer*) ein, und schneidet damit den noch übrig gebliebenen Theil (den sogenannten *bridle*) durch, so daſs der Lappen nun vollends gebildet wird. Er hält dies Verfahren für vorzüglich, weil dadurch das zu starke Vordringen, und wohl selbst Vorfallen der im Auge befindlichen Feuchtigkeiten verhindert werde. Zum Oeffnen der Kapsel bedient er sich sodann einer Nadel, deren Spitze in einen rechten Winkel mit dem übrigen Theile des Instruments gebogen ist. An demselben Hefte befinden sich zwei dergleichen Nadeln, eine silberne für weiche, und eine stählerne für härtere Kapseln. — Uebrigens macht er die Extraction bei allen harten Staaren; weiche zerbricht er, aber immer von der vorderen Augenkammer aus; durch die Sklerotika in das Auge einzugehen, hält er für sehr unzweckmäſsig. — Um künstliche Pupillen zu bilden, macht er in der Regel nur mit einem schma-

*) S. die Abbildung Fig 3.

schmalen Messerchen, durch die Cornea eingeführt, einen langen Queerschnitt in die Iris. In anderen Fällen verrichtet er die Iridectomie, indem er einen kleinen Hornhautlappen bildet, durch diese Oeffnung dann die Iris hervordrückt, und den vorgetretenen Theil mit einer Scheere abschneidet *).

2) *The London ophthalmic infirmary*, in Moorfields. Wurde Anno 1805 von Saunders gegründet, von welchem überhaupt der jetzige Zustand der Augenheilkunde in England ausgegangen ist. Die Anstalt war früher in *Charterhouse-square*, in einem zur Aufnahme von Kranken nicht geeignetem Hause, so daſs nur *Out-Patients* behandelt werden konnten. Gegenwärtig ist in Moorfields ein eigenes, dem Institute gehörendes, schönes Gebäude, ein Augenkranken-Spital, errichtet worden. In dieses können etwa 20 Personen (auch Kinder) aufgenommen werden; auſserdem werden an zwei Tagen wöchentlich die auswärtigen Kranken abgefertigt, von denen immer eine sehr groſse Anzahl sich meldet. Arzt der Anstalt ist Dr. Farre; Wundärzte, welche eigentlich das ganze Geschäft besorgen, sind Lawrence und Tyrrell, welcher letztere an die Stelle von Travers gekommen ist. Auch werden hier Vorlesungen gehalten, von Lawrence über Augenkrankheiten, welcher vorzüglich Beers Ansichten zu den seinigen gemacht hat, und von Anderen über verwandte Wissenschaften.

---

*) Also auf ähnliche Weise wie Gibson.

Auffallend war mir hier das öftere Vorkommen von sogenannten Staphylomen der Sklerotika, meistens nach äufseren Verletzungen entstanden. — Ueber die Behandlung der Thränenfistel ist Herr Tyrrell mit den meisten übrigen Londoner Augenärzten in einem wissenschaftlichen Streite. Er empfiehlt nämlich in sehr vielen Fällen, wie Dupuytren, das Einlegen einer Röhre in den Nasenkanal, die er liegen, und über die er den Thränen-Sack sich schliefsen läfst. Es möchte aber, besonders bei der Anwendung so grofser, massiver Röhren, wie Tyrrell gebraucht, die ordentlich in den Nasenkanal eingekeilt werden müssen, hiervon gewifs oft Nachtheil entstehen, und haben auch mehrere beobachtet, dafs die Röhren wieder in die Höhe kamen, den Thränen-Sack durchbohrten und herausgenommen werden mufsten.

3) *Royal Westminster infirmary for diseases of the eye. Mary-le-bone-street, Piccadilly.* Besteht erst seit 1817, und ist bis jetzt in einem dazu gemietheten Theile eines Privathauses. Aufser dem Dr. Forbes ist als Wundarzt bei dieser Anstalt Mr. Guthrie, einer der ausgezeichnetsten Chirurgen Londons, welcher, wie bekannt, früherhin Militair-Arzt war, und besonders in Spanien einen grofsen Schatz von Erfahrungen zu sammeln Gelegenheit hatte. Daher mag es denn auch wohl kommen, dafs ursprünglich diese Anstalt zur Heilung von augenkranken Soldaten und Matrosen, und zum Unterrichte von Militair- und Schiffswundärzten in der Augenheilkunde, hauptsächlich

bestimmt war. Der gröſsere Theil der hier behandelten Kranken sind *Out-Patients*, welche an drei Tagen in der Woche mit einem gedruckten Aufnahmsscheine von einem der Vorsteher sich einfinden. Diejenigen, welche operirt werden müssen, werden in ein Paar dazu eingerichtete Zimmer aufgenommen; die verordneten Arzeneien werden, wie es auch in anderen Instituten dieser Art in London zu geschehen pflegt, in einer kleinen, zur Anstalt gehörenden Apotheke gleich bereitet, und auſserdem ist ein, die gebräuchlichsten Augenmittel enthaltender Apparat immer zur Hand, aus welchem die erforderlichen topischen Mittel sogleich applicirt werden. Was verordnet ist, wird auf den in den Händen des Kranken befindlichen Scheinen bemerkt, und diese Scheine sind die Patienten verbunden jedesmal mitzubringen und zuletzt abzuliefern; sie sind die Materialien zu den nachher zu entwerfenden ausführlicheren Krankheitsgeschichten. — Auſser den Augenkranken werden mitunter auf Empfehlung eines der Vorsteher auch andere Kranke in Behandlung genommen. — Das Verfahren stimmt nicht so sehr mit dem Beerschen überein, wie dies in der *London ophthalmic infirmary* der Fall ist. Auffallend war mir die ungemein häufige Anwendung von *Argent. nitricum* in Augenwassern, bei manchen Arten von chronischen Augen-Entzündungen, so wie der vielfache Gebrauch des *ung. citrini*, besonders bei Blennorrhoeen der Augenlider.

Auch die *Tinctura ferri muriat.* wurde oft bei ähnlichen Krankheitszufällen eingestrichen. Eben so das blausaure Eisen in Salbenform; dieses soll besonders durch Sir William Adams in Gebrauch gekommen sein, und zwar mehr der schönen blauen Farbe wegen, als aus anderen Ursachen. Ueberhaupt steht Sir William Adams nicht in dem besten wissenschaftlichen Rufe; die Militair-Aerzte aber hat er sich vorzüglich nicht gewogen gemacht, durch seine Behauptungen und sein Benehmen in Hinsicht der sogenannten ägyptischen Augenentzündung. Er versicherte dem Kriegsminister, daſs von den anderen Aerzten keiner, sondern nur er allein die genannte Augenentzündung und deren Folgen zweckmäſsig zu behandeln verstehe, und wuſste es dahin zu bringen, daſs ihm eine Anzahl augenkranker Soldaten in einem eigenen Hospitale zur Behandlung übergeben wurde. Obgleich sich nun nachher zeigte, daſs sein Verfahren, abgesehen vielleicht von dem häufigen und oft unzeitigen Gebrauche des Messers, bei der nach jener Augenentzündung leicht zurückbleibenden granulirten Anwulstung der Augenliderbindehaut, von dem Verfahren der anderen Aerzte nicht verschieden, auch nicht von glücklicherem Erfolge war, auch deshalb das ihm anvertrauete Hospital wieder aufgelöst wurde, so erlangte er doch, daſs ihm für seine Bemühungen eine nicht unbedeutende Belohnung von der Regierung zugestanden wurde *). Das gegen solche granulirte Anwulstungen der Conjunctiva am häufigsten, besonders von Guthrie, gebrauchte Mittel, ist das *cuprum sulphuricum* (*the blüe stone*), womit ohne weiteres die inneren Augenliderflächen derbe bestrichen werden. Andere, wie z. B. Travers und Tyrrell, wenden mehr eine Auflösung von Alaun an. — Um das Gröſserwerden angehender Staphylome und die sonst späterhin nöthig werdende Operation zu verhüten, betupft Guthrie dieselben häufig mit *Lap. infernalis*, wodurch in dem hervortretenden Theile der Hornhaut ein gelinder Entzündungsprozeſs fortwährend unterhalten, und ein Dicker- und Festerwerden derselben bewirkt werden soll. — Was die wichtigeren Augen-Operationen betrifft, so stimmt Guthrie's Verfahren ziemlich mit dem oben beschriebenen des Herrn Alexander überein; namentlich bildet er, wie auch andere englische Augenärzte es thun, den Hornhautlappen bei der Extraction nicht mit einem Schnitte, sondern läſst erst noch einen sogenannten *bridle* übrig, den er dann, nachdem der *humor aqueus* ausgeflossen ist, mit einem zweiten, schmälern Messer durchschneidet. Er operirt jedoch vor dem Kranken stehend, und bildet demnach auch den Lappen aus dem unteren Theile der Hornhaut. — Zur Heilung

*) Was dem Herrn Adams etwa noch als Verdienst angerechnet werden kann, ist, daſs er, wenigstens in England, zuerst auf eine genaue Untersuchung der inneren Fläche der Augenlider gedrungen, und diese auf eine geschickte Weise völlig umzuklappen gelehrt hat.

des Ectropiums empfiehlt er besonders das von Sir William Adams angegebene Verfahren, wobei bekanntlich ein dreieckiges Stück aus dem Augenlidrande herausgeschnitten wird. Ich habe diese Operation öfters mit dem glücklichsten Erfolge von ihm verrichten gesehen.

16. Rupture institutions.

Zu den nützlichsten Anstalten Londons gehören ohne Zweifel die hier genannten, welche dazu bestimmt sind, an Brüchen, Vorfällen und ähnlichen Uebeln leidende Personen mit den nöthigen Bandagen zu versehen. Es sind deren drei, nämlich:

1) die *Original rupture Society*; Anno 1797 durch die Bemühungen des Wundarztes Turnbull gegründet;
2) die *Bloomsbury* oder *New rupture Society*; eine Tochter der vorigen, vom Wundarzte Blair gestiftet, und
3) die *City of London Truſs-Society*, *Grocers Hall Court*, *Poultry*, welche die bedeutendste ist, und seit 1807 besteht.

Der Zweck dieser Anstalten, und insbesondere der letztgenannten, ist, wie gesagt, Bruchbänder für alle Arten von Brüchen, so wie Bandagen und andere, in Fällen von *Prolapsus* erforderliche Apparate zu liefern; ferner, jede bei Uebeln dieser Art nothwendig werdende Operation zu verrichten, und überhaupt die nöthige ärztliche und chirurgische Hülfe zu leisten. — Eine genaue Berechnung hat ergeben, daſs von den Männern im ganzen Königreiche immer der achte an einem Bruche leidet; viel gröſser ist jedoch das Verhältniſs in der arbeitenden Klasse der Bewohner, vorzüglich in Gegenden, wo viele Manufakturen sind, und am häufigsten kömmt das Uebel vor bei Webern und Schiffern. In einem Districte des westlichen Theiles von England, welcher 200,000 Einwohner enthält, ist das Verhältnifs gröfser, als wie eins zu fünf. Was die Zahl der Kranken betrifft, welche in der Anstalt Hülfe erhalten haben, so hat diese betragen:

Anno	1808	- -	227.
—	1809	- -	670.
—	1810	- -	813.
—	1811	- -	1094.
—	1812	- -	1666.
—	1813	- -	1800.
—	1814	- -	2064.
—	1815	- -	2473.
—	1816	- -	2610.
—	1817	- -	3072.
—	1818	- -	3136.
—	1819	- -	3376.
—	1820	- -	3706.
—	1821	- -	3504.
—	1822	- -	3648.
	Summe		33759.

Ferner haben sich aus den Büchern der Anstalt in einem Zeitraume von 15 Jahren folgende interessante Verhältnisse ergeben:

Unter 30,492 Kranken waren 24,445 männlichen und 6047 weiblichen Geschlechts.

Es kamen aber vor:

bei Männern.	bei Weibern.			
4481	111	linke Leistenbrüche	12809 Leistenbrüche	14800 Brüche auf einer Seite
8104	113	rechte Leistenbrüche		
93	783	linke Schenkelbr.	1991 Schenkelbr.	
120	995	rechte Schenkelbr.		
10213	86	doppelte Leistenbr.	11064 Brüche auf beiden Seiten.	
88	677	doppelte Schenkelbr.		
245	1203	Nabelbrüche	. . 1685.	
89	148	Bauchbrüche		
1	3	Mittelfleischbrüche	4.	
1	4	Brüche durch das *foram. obturat.*	. 5.	
Lat. 23435	4123		27558.	

bei Männern.	bei Weibern.		
Transp. 23435	4123		27558.
23	40	Bruch-Operationen wurden gemacht (von denen nur eine unglücklich ablief)	63.
692	493	mit Nabel- und Leistenbrüchen sind geheilt worden	1185.
289	144	Mastdarmvorfälle	433.
	1236	Vorfälle des Uterus	1245.
	6	Vorfälle der Scheide	
	3	Vorfälle der Harnblase	
6	2	Varicöse Ausdehnungen der Abdominal-Venen -	8.
24445	6074		30492.

Was ferner die Verschiedenheit in der Lage der Brüche betrifft, so hat sich Folgendes ergeben: Es hatten von

264 Männern

60 einen rechten Leisten- und linken Schenkelbruch.
11 einen linken Leisten- und linken Schenkelbruch.
58 einen linken Leisten- und rechten Schenkelbruch.
21 einen doppelten Leisten- u. rechten Schenkelbruch.
24 einen doppelten Leisten- und linken Schenkelbruch.
10 einen rechten Leisten- und rechten Schenkelbruch.
6 einen doppelten Leisten- u. doppelten Schenkelbr.
12 einen doppelten Schenkel- u. rechten Leistenbruch.
2 einen doppelten Schenkel- u. linken Leistenbruch.
4 einen Bauchbruch und rechten Leistenbruch.
1 einen Bauchbruch und rechten Schenkelbruch.
2 einen Bauchbruch und linken Leistenbruch.
8 einen Bauchbruch und doppelten Leistenbruch.
1 einen doppelten Bauchbruch und doppelten Leistenbruch.
1 einen linken Leisten-, einen Nabel- u. Bauchbruch.
1 einen doppelten Leisten-,

124 Frauen

10 einen Nabel- und doppelten Schenkelbruch.
1 einen doppelten Bauchbruch auf der rechten, und einen Schenkelbruch auf der linken Seite.
3 einen grofsen Bauch- und doppelten Schenkelbruch.
8 einen Nabel- und Bauchbruch.
2 einen doppelten Schenkelbruch und *Prolapsus uteri.*
2 einen rechten Schenkelbruch und *Prolapsus uteri.*
3 einen *Prolapsus uteri* und *Prolapsus ani.*
1 einen Bauchbruch und *Prolapsus uteri.*
3 einen Nabelbruch und *Prolapsus uteri.*
19 einen Nabel- und einfachen Schenkelbruch.
5 einen angebornen rechten Leistenbruch.
17 einen linken Leisten- und rechten Schenkelbruch.
1 einen linken Schenkelbruch und einen rechten durch das *foram. obturat.*
8 einen Bauch- und einfachen Schenkelbruch.

einen Nabel- und Bauchbruch.
2 einen Nabel- und linken Leistenbruch.
5 einen Nabel- und rechten Leistenbruch.
1 einen Nabel- und linken Schenkelbruch.
1 einen Nabel- und rechten Schenkelbruch.
25 einen Nabel- und doppelten Leistenbruch.
1 einen rechten Schenkelbruch an der Aufsenseite der Schenkelgefäfse.
4 einen doppelten Leistenbruch und *Prolapsus ani.*
2 einen rechten Leistenbruch und *Prolapsus ani.*
1 einen rechten Leisten- und rechten Bauchbruch.

264.

1 einen doppelten Schenkel- u. rechten Leistenbruch.
1 einen doppelten Schenkel- und linken Leistenbruch.
7 einen doppelten Leisten- und Nabelbruch.
6 einen rechten Schenkel- und Nabelbruch.
1 einen linken Leisten- und Nabelbruch.
1 einen rechten Leisten- und Bauchbruch.
10 einen linken Leisten- und linken Schenkelbruch.
2 einen rechten Leisten- u. linken Schenkelbruch.
3 einen rechten Schenkel- u. rechten Leistenbruch.
3 einen linken Schenkelbruch an der Aufsenseite der Schenkelgefäfse.
1 einen rechten Schenkelbruch an der Aufsenseite der Schenkelgefäfse.
1 einen rechten Schenkelbruch an der äufsern und innern Seite der Schenkelgefäfse.
1 einen rechten Leisten- u. linken Schenkelbruch.
1 einen doppelten Leistenbruch u. *Prolapsus uteri.*
2 einen doppelten Leisten- und Bauchbruch.

124.

Ferner hatten 1477 Kranke angeborne Brüche, und Bruchbänder erhielten:

in einem Alter unter	10	Jahren		2117.
zwischen 10 und 20			-	1367.
-	20	- 30	-	2607.
-	30	- 40	-	4224.
-	40	- 50	-	4691.
-	50	- 60	-	4206.
-	60	- 70	-	2969.
-	70	- 80	-	1128.
-	80	- 90	-	127.
-	90	- 100	-	7.
				23434.

Bei dieser Anstalt ist als Wundarzt angestellt: George Macilwain, und als Assistent-Wundarzt John Taunton. Zugewiesen werden die Kranken durch von den Vorstehern ausgestellte Scheine, und nachdem sie mit dem Bruchbande oder sonst Erforderlichem versehen sind, erhalten sie eine gedruckte Danksagung, welche sie dem Vorsteher, der sie empfohlen hat, zu überbringen haben. Was die Beschaffenheit der Bruchbänder betrifft, denen man hier nach vielfacher Erfahrung den Vorzug giebt, so geht bei den einfachen die Feder ganz herum bis zur anderen Seite, und die doppelten haben getrennte Pelotten mit zwei Federn, welche hinten etwas übereinander reichen.

17. Royal humane society, zur Rettung Scheintodter und in plötzliche Lebensgefahr Gerathener.

Zur Gründung dieser Anstalt, welcher Tausende die Erhaltung ihres Lebens verdanken, gab eine Schrift von John Fothergill: über die Unsicherheit der Zeichen des Todes u. s. w., Veranlassung, welche derselbe im Jahre 1752 der *Royal Society* übergab. Hierdurch, so wie durch den bekannten Bericht Reaumurs an die Akademie der Wissenschaften zu Paris (über die von ihm in der Schweiz mit Erfolg versuchte Wiederbelebung Scheintodter), und durch die Errichtung einer besonderen Anstalt zu diesem Zwecke in Amsterdam, deren Bericht Dr. Cogan in's Englische übersetzte, wurden die Doctoren Hawes und Cogan bewogen, die *Humane society*, zuerst privatim, Anno 1774 in London zu gründen. Späterhin erhielt dieselbe die Königl. Bestätigung, und ist sie in ihren Bemühungen so erfolgreich gewesen, daſs in einem Zeitraume von 84 Jahren (bis zum Jahre 1822) 5154 Menschen dadurch vom Tode gerettet worden sind. 20,535 Personen haben von der Gesellschaft für geleistete Hülfe Belohnungen erhalten. Im Jahre 1821 kamen 149 Fälle vor, von denen 134 einen glücklichen Ausgang hatten, und nur 15 ohne Erfolg blieben *). Das Hauptgebäude der Anstalt ist No. 29 *New-bridge-street, Blackfriars*, nahe an der *Blackfriars-bridge*. Auſserdem aber sind in den verschiedenen Theilen Londons und der nächsten Umgegend eine Menge Aufnahmshäuser (*Receiving-houses*) errichtet, in welchen sich alle zur Wiederbelebung Scheintodter erforderliche Apparate befinden, und in deren Nähe eine mit der Hülfsleistung speziell beauftragte ärztliche Person wohnt. In diesen Häusern, nach welchen die Scheintodten zunächst gebracht werden, ist namentlich ein vollständiges Bett, ein Rettungskasten mit den erforderlichen Werkzeugen, Arzneien u. s. w., eine Elektrisir-Maschine, eine Vorrichtung zur schnellen Bereitung von warmen

*) S. *The forty eighth annual report of the royal humane society for the recovery of persons apparently drowned or dead. London.* 1822. Mit dem Motto:

„Death may usurp on nature many hours,
And yet the fire of life kindle again
The overpressed spirits. — I have heard
Of an Egyptian had nine hours lien dead
By good appliance was recovered.“
Shakespear, Pericles. Act III.

Bädern u. s. w. Das vorzüglichste *Receiving-house* ist in Hydepark, in der Nähe des *Serpentine-river*, wo Tausende im Winter Schlittschuh laufen und im Sommer sich baden, weshalb hier auch bei weitem die häufigsten Unglücksfälle sich ereignen *). Aufserdem sind noch ähnliche Häuser an folgenden Orten vorhanden: *Kings-Arms, Blackwall*, für die *East-* und *West-India Docks; Horns and Chequers, Limehouse hole*, für die *West-India Docks; Angel, Rotherhithe* und *Ship, Wapping Wall*, für die *Commercial Docks, Surrey Canal Basin, London Docks* u. s. w.; *Queenshead, Billingsgate* und *Old Swan, London-bridge*, für die (gefährliche) Passage unter der London-Brücke her; *Kings Arms, Queenhithe; Earl of Warwick, Upper ground-street; Swan, Hungerford-stairs; Spread Eagle, Milbank; White Hart, Milbank; White Hart, Chelsea; Swan, Fulham; Albany Arms, Camberwell*, für den *Surrey Canal; Half Moon, Islington* und *Blue Coat Boy, Islington*, für den *New River; Jews Harp, Regents park*, für das *Regents Canal Basin.* Ferner *Fox and Hounds, Brentford; London Apprentice, Isleworth; Ship, Mortlake; Crown and Anchor* zu *Windsor; White Crofs* und *Three Pigeons* zu *Richmond.*

*) So fielen allein im Winter 1820 bis 1821 vierzig Personen in den Canal von St. James's Park und in den Serpentine river; sie wurden alle durch schleunig geleistete Hülfe gerettet. Zu derselben Zeit, während desselben Frostes, fielen 30 Personen bei Liverpool ins Wasser und ertranken sämmtlich, da es hier noch an den nöthigen Rettungsmitteln fehlte.

In der Nähe dieser Aufnahms-Häuser sind Pfähle mit Anschlägen befindlich, wodurch das Publikum von der Lage der Häuser und ihrer Einrichtung benachrichtigt wird, und die Häuser selbst stehen jedem zur Ansicht offen; ja es ist das Publikum, insbesondere das ärztliche, ausdrücklich aufgefordert, die Häuser zu untersuchen, und von jedem etwa vorgefundenem Mangel die Gesellschaft in Kenntnifs zu setzen. Besondere Verdienste um dieselbe haben sich erworben aufser Hawes und Cogan, die Doctoren Lettsom, Curry, Anthony Fothergill, Pettigrew und andere, deren Schriften über mehrere, die Rettung der Scheintodten betreffende Gegenstände, so wie die durch die Preisaufgaben der Gesellschaft veranlafsten von Goodwyn, Kite u. a., hinreichend bekannt sind. Kurze fafsliche Anweisungen über das bei Scheintodten und in plötzliche Lebensgefahr Gerathenen zu beobachtende Verfahren, werden von der Gesellschaft auf alle mögliche Weise verbreitet, z. B. Taschenbüchern, Lesebüchern u. s. w. beigebunden. Auch die vollständigen Apparate werden überall, wo sie Noth thun können, hingeliefert; so lese ich in dem vor mir liegenden Berichte, wie sie bei der Nordpol-Expedition vom Jahre 1821 auf die Fury an den Capitain Parry, und auf die Hecla an den Capt. Lyon gebracht worden sind. Demselben Berichte sind mehrere, in der letzten Zeit vorgekommene, interessante und rührende Fälle von gelungener Rettung verunglückter Personen beigefügt, deren Mittheilung hier jedoch nicht am rechten

Orte sein würde. Die medizinischen Angelegenheiten der Anstalt werden von einer Committée besorgt, zu welchen die angesehensten Aerzte und Chirurgen Londons gehören, namentlich: Maton, Babington, Clutterbuck, Armstrong, Abernethy, Brodie, Travers, Stanley u. a.; Dr. Martin ist Secretair der Gesellschaft, und wohnt in dem Hauptgebäude derselben, in *Newbridgestreet, Blackfriars.* Aufserdem findet sich in dem Berichte ein Verzeichnifs von 160 ärztlichen Personen, welche in den verschiedenen Theilen Londons, besonders in der Nähe der *Receiving-houses*, die Hülfsleistung bei plötzlich Verunglückten ausdrücklich übernommen haben. — Was das angewendete Verfahren selbst betrifft, so ist dasjenige wohl besonders der Aufmerksamkeit werth, was bei den hier so häufigen Fällen von Verunglückung im Wasser befolgt wird. Zum Herausziehen der Menschen aus dem Wasser wird ein einem Anker ähnliches, aber mit vielen Armen und daran befindlichen Widerhaken versehenes Werkzeug (*Drag* genannt) empfohlen, welches jedoch, wegen der leicht dadurch veranlafsten Verletzungen, nicht zweckmäfsig sein dürfte. Zur Rettung von Schiffbrüchigen sind besonders mancherlei, zum Theil sehr sinnreiche Vorkehrungen getroffen, worüber ich jedoch, und namentlich über den Apparat des Capitaine Manby, wofür derselbe von dem Parlamente eine Belohnung von 6000 Pfund St. erhielt, an einem anderen Orte Bericht erstatten werde. Neuerlich hat sich noch eine eigene Gesellschaft zur Rettung von Schiffbrüchigen (*Society for rescuing shipwrecked persons*) gebildet, welche, obgleich für sich bestehend, doch mit der *Royal humane society* Hand in Hand geht *).

18. Dispensaries und ähnliche Anstalten.

Aufser den bisher erwähnten Hospitälern ist in London noch eine grofse Anzahl von *Dispensaries* und ähnlichen Anstalten vorhanden, in denen auf die Empfehlung eines der Vorsteher entweder Kranken jeglicher Art, oder nur an gewissen Krankheiten Leidenden unentgeldliche Hülfe geleistet wird. Sie stehen gewissermafsen in der Mitte zwischen den Siechen- oder Armen-Häusern, die zur Aufnahme und Verpflegung von Alten und Gebrechlichen bestimmt sind, und den Hospitälern, in welchen bedeutendere Kranke, die in ihren Wohnungen die nöthige Verpflegung nicht erhalten können, aufgenommen werden. Durch die Errichtung derselben in allen Theilen von London, vom östlichen Ende bei Limehouse, bis zum westlichen bei Milbank, und von der nördlichen Gränze bei Islington und Sommerstown, bis zur südlichen bei Lambeth, auf einem Flächenraume also von etwa 50 (engl.) Quadratmeilen, ist der ärmeren Klasse unter der zahlreichen Bevölkerung Londons ärztliche und chirurgische, so wie

---

*) Das Stiftungsfest der *Royal humane society* wird alle Jahr am 8. April unter dem Vorsitze des Herzogs von Northumberland gefeiert, und erscheinen hierbei alle die im verflossenen Jahre durch die Anstalt vom Tode Erretteten, um ihren Dank darzubringen. Eine in der That rührende Scene!

obstetricische Hülfe in dem Maaſse gesichert worden, daſs in der That kaum noch Etwas zu wünschen übrig bleibt. Der Nutzen dieser Anstalten ist um so gröſser, da die Kranken, indem sie in ihren Wohnungen bleiben, bei weitem weniger Kosten verursachen, als die in die Hospitäler aufgenommenen, und die Hülfe demnach auf eine ungleich gröſsere Anzahl von Individuen ausgedehnt werden kann. Man hat berechnet, daſs für eine Guinee wenigstens zehn Personen Hülfe geleistet werden kann, daſs demnach 50,000 Kranke nicht mehr als 5000 Pfund St. kosten; eine Summe, die nicht mehr als ein Drittel beträgt von dem Einkommen eines einzigen Londoner Hospitals, von welchem jährlich kaum 6000 Kranke verpflegt werden. Auch dadurch, daſs in den meisten Hospitälern eine oft sehr bedeutende Anzahl von *Out-Patients* Rath und Hülfe erhalten, werden die *Dispensaries* keinesweges ersetzt, da diese Kranken verlassen sein würden, wenn sie schlimm werden sollten, und nach dem Hospitale nicht mehr hinkommen könnten, also eben dann, wenn die Hülfe am meisten erforderlich wäre. Von der groſsen Anzahl von *Dispensaries* nenne ich hier als die vorzüglicheren oder mir am genauesten bekannt gewordenen:

1) Die *Lying-in charity*, zur Entbindung armer verheiratheter Frauen in ihren eigenen Wohnungen; errichtet 1757. (17, *little Knight Riderstreet.*) Zu dem dabei angestellten ärztlichen Personale gehören unter anderen Dr. Ramsbotham und Dr. D. D. Davis.

2)

2) Das *General Dispensary*, zur Hülfsleistung bei armen Kranken überhaupt. Wurde 1770 gestiftet, und befindet sich in *Aldersgate-street*. Dabei sind angestellt Dr. Birkbeck und Dr Clutterbuck, einer der am meisten beschäftigten Aerzte Londons.

3) Das *Westminster general Dispensary*; 32, *Gerrard-street, Soho*. Besteht seit 1774, und zählt zu seinen Aerzten den Herausgeber des *London med. and phys. Journ.*, Dr. Macleod, so wie die ebenfalls durch ihre Schriften bekannten Herren Granville, A. C. Hutchison, Chevalier und Copeland.

4) Das *London Dispensary*, *Artillery-street, Bishopsgate*, welches Anno 1777 errichtet wurde, und unter dessen Aerzten Dr. Shearman der bekannteste ist.

5) Die *Endeavour lying-in charity*, zur Entbindung armer Frauen in ihren Wohnungen, mit Verleihung von Kinderzeug und anderer Leinwand, so wie von Arzneien u. s. w.; seit 1794 bestehend.

6) Das *City Dispensary*, *Grocers-Hall Court, Poultry*; Anno 1788 gegründet, und unter der Leitung der Doctoren Uwins und Hancock stehend.

7) Das *Western Dispensary*, *Charles-street, Westminster*, zur Behandlung von armen Kranken und zum Vacciniren bestimmt. Wurde 1789 errichtet, und zählt zu seinen Aerzten den bekannten Dr. Blegborough.

8) Das *Surrey Dispensary, Union-street, Southwark*; unter dessen Aerzten finde ich neben anderen den Dr. Forbes genannt.

9) Das *London Electrical Dispensary, Bunhillrow.* Errichtet 1793 und allein zur Anwendung der Electricität bestimmt. Als Electrician ist Mr. Dalley dabei angestellt; zu seinen Aerzten gehört Dr. Hancock.

10) Die *Benevolent Institution* zur Entbindung armer Frauen in ihren Wohnungen. No. 3. *Castlecourt, Strand.* Bestehet seit 1780. Arzt und Geburtshelfer dabei ist Dr. Granville.

11) Das *Bloomsbury Dispensary*, zur Hülfsleistung bei armen Kranken und zur Vaccination bestimmt. 62, *great Russel-street.* Errichtet 1801. Die Oberaufsicht über die Vaccination führte Dr. Jenner.

12) *The charitable Fund and Dispensary*, bestimmt armen Kranken in ihren Wohnungen Arzneien und Geldunterstützungen zu reichen. Wurde 1808 gegründet, und befindet sich in der *Lilypotlane, near Goldsmiths Hall.*

13) *The Royal universal Dispensary for children*, 5. *St. Andrewshill, Doctors Commons.* Seit 1816 vorhanden. Aerzte sind dabei Dr. J. B. Davis und Dr. Copland. Diese Anstalt hat noch zwei untergeordnete Stationen (*South-east Station* und *South-west Station*), jede mit einem besonderen Wundarzte.

14) *The Royal Dispensary for the diseases of the ear, Deanstreet, Soho.* Wurde 1816 errichtet, und steht unter der Leitung des bekannten, jedoch eben nicht in dem besten wissenschaftlichen Rufe stehenden John Harrison Curtis.

15) *Infirmary for Asthma, Consumption and other diseases of the lungs. Unionstreet, Bishopsgate.* Blos für Lungenkranke bestimmt. Arzt derselben ist Dr. Ramadge.

16) *Infirmary for the diseases of the spine and joints.* Errichtet 1816. Arzt derselben ist Dr. Shearman, consultirender Arzt Dr. Nuthall, Wundarzt Mr. Golding, consultirender Wundarzt der bekannte Brookes.

17) *Infirmary for the diseases of the skin.* Unter der Leitung des Dr. Vetch. Besonders chronische Hautkrankheiten werden hier behandelt.

18) *The Western Dispensary for the diseases of women and children and lying-in charity*; 24, *great Malborough-street.* Wundarzt und Geburtshelfer dabei ist Henry Davies; consultirender Arzt: Dr. Yeats; consultirender Wundarzt: Mr. Guthrie.

19) *The Royal Infirmary for sick children.* Aerzte dieser ausgezeichneten Anstalt sind Dr. Granville, Dr. Macleod und Dr. Webster. Wundärzte: Copland Hutchison, Money und Bampfield. Siehe weiter unten.

20) *Dispensary for Cataract, great Russelstreet, Bloomsbury.* Von Stevenson, einem Schüler von Saunders, gestiftet. Nur am grauen Staar leidende werden hier operirt.

21) *Dispensary for the Parishes of St. George's, Hannover-square, and St. James's, Westminster.* 1817 errichtet, und besonders für Weiber- und Kinder-Krankheiten

bestimmt. Zu den Aerzten desselben gehört auch Dr. Gregory.

Aufserdem sind noch wenigstens zu nennen: *the Finsbury Dispensary, St. Johnstreet, Clerkenwell; — the New Finsbury and Central Dispensary, West Smithfield; — the Eastern Dispensary, Aliestreet, Whitechapel; — the Public Dispensary, Bishopscourt, Chancerylane;* — das *Mary-le-bone general Dispensary,* in *Welbeckstreet;* — das *Universal medical Dispensary, Old Gravellane, Ratcliffhighway;* — die *West London Infirmary and Lying-in Institution, Charing Crofs; — the Lock and surgical Dispensary, lower Charlottestreet, Bedfordsquare; — the Chelsea Dispensary, Hanssquare; — the Northern Dispensary, Dukesrow, Tavistocksquare; — the Central Lying-in Charity and Dispensary for females, great Queenstreet, Lincolns inn fields* u. s. w. — *The universal medical Institution, Tower Hamlets,* ist eine Bade-Anstalt, in welcher kalte und warme Wasserbäder, so wie Dampfbäder, den armen Kranken gegeben werden. Auch ist eine *Seabathing Infirmary* 1794 zu Ramsgate errichtet worden, welche besonders durch die Bemühungen des Dr. Lettsom zu Stande kam.

Dafs aufserdem in jedem Kirchspiele ein sogenanntes Arbeitshaus (*Parish Workhouse*) sich befindet (oder doch befinden soll, denn überall sind dergleichen freilich nicht vorhanden), worin ebenfalls arme Kranke, z. B. Dienstboten, aufgenommen werden, habe ich schon oben bemerkt. Mit manchen Arbeitshäusern sind auch besondere Kranken-Anstalten verbunden, wohin z. B. die *Mary-le-bone Infirmary* gehört, für welche der Dr. Hooper sehr viel gethan hat; ferner die *St. George's Infirmary*, *St. James's Infirmary* und andere.

Alle diese Anstalten werden durch freiwillige Beiträge von Privat-Personen, vorzüglich aus der Gegend, wo sich die Anstalten befinden, unterhalten. Aus den durch dieselben zusammengebrachten Fonds werden die den Kranken verordneten Arzeneien u. s. w. bezahlt, und erhalten die Medicinal-Personen ihre Besoldung, im Fall sie nicht, wenn sie wohlhabend sind, die Besorgung der Kranken unentgeldlich übernommen haben. Das älteste unter den *Dispensaries*, welches zur Errichtung der übrigen Veranlassung gegeben hat, ist das *General Dispensary* in *Aldersgate-street*. Dann zeichnet sich besonders aus die *Royal Infirmary for sick children*, welche neueren Ursprungs und dem Andenken der Prinzessin Charlotte gewidmet ist. Sie besteht aus drei Stationen, wo bei der ersten Granville und Hutchison, bei der zweiten Webster und Money, und bei der dritten Macleod und Bampfield angestellt sind. An drei Tagen wöchentlich werden zu bestimmten Stunden die Kranken besorgt, und dieses, so wie die Namen und Wohnungen der Apotheker, welche die Arzneien liefern, der Name des Kranken, dessen Wohnung, der Tag der Aufnahme, die Art der Krankheit u. s. w., ist auf dem gedruckten Zettel bemerkt, welchen jeder Kranke erhält, und den er jedesmal mitzubringen und zuletzt bei seiner Entlassung abzuliefern hat. Die grofse Genauigkeit, welche in allem diesen beobachtet wird, erleichtert den Geschäftsgang bei der grofsen Menge der Kranken im hohen Grade. Auch befindet sich eine gedruckte Danksagung auf jenen Scheinen, welche die Eltern oder Angehörigen des behandelten Kranken bei dessen Entlassung zu unterschreiben haben. Eine nachahmungswerthe Einrichtung, wodurch die Kranken oder deren Angehörige daran erinnert werden, dafs es eine Wohlthat ist, die sie empfangen haben. Vorzüglich ist ferner das *Western Dispensary for the diseases of women and children and Lying-in Charity* (24. *great Malborough-street*). Aus einem vor mir liegenden Berichte der Anstalt erhellet, dafs vom 1. März 1821 bis ultimo Februars 1822, 534 Frauen und Kindern ärztlicher Rath und Arzenei ertheilt worden ist, und dafs 164 Frauen entbunden worden sind. Arme Kindbetterinnen können auch auf die Empfehlung eines der Vorsteher eine Geldunterstützung von 3 Schilling 6 Pence erhalten. — Noch bei weitem gröfser ist der Wirkungskreis der *Lying-in Charity for delivering poor married women at their own habitation.* Durch diese sind vom Jahre 1757 bis 1822, 249,866 Frauen entbunden, und mit den nöthigen Arzeneien u. s. w. versehen worden. In den letzten Jahren hat die Anzahl immer 5 bis 6000 betragen. Aufser den oben genannten Geburtshelfern gehören 31 Hebammen zu dieser Anstalt, welche alle leichtere Entbindungen besorgen. Es versteht sich dabei, dafs gewisse

Grenzen in der Stadt gezogen sind, innerhalb welcher nur Hülfe geleistet wird, da es unthunlich sein würde, ganz London in das Gebiet der Anstalt hineinzuziehen.

Was die Anzahl der in einigen anderen *Dispensaries* behandelten Kranken betrifft, so beträgt diese im Durchschnitt jährlich: in dem *Westminster general Dispensary*, *Gerrard-street*, *Soho*, etwa 5000; in dem *Eastern Dispensary* 1200 bis 1800; in dem *Northern Dispensary* 1200 u. s. w. In dem 1801 errichteten *Bloomsbury Dispensary* sind bis zum Jahre 1817, 20,359 Kranke behandelt worden. Zu den gröſseren gehört auch das *St. George's* und *St. James's Dispensary*. — Bei der Seebade-Anstalt (*Seabathing Infirmary*) befindet sich ein Hospital mit etwa 100 Betten, und sind in den letzten Jahren jährlich etwa 300 Kranke in dasselbe aufgenommen. — Uebrigens ist hierbei noch zu bemerken, daſs, obgleich *Dispensary* eigentlich eine Anstalt bezeichnet, wo die Kranken in ihren Wohnungen besucht werden, und die, welche ausgehen können, sich zu einer bestimmten Zeit in dem Lokale der Anstalt einfinden, um hier bei dem Arzte sich Raths zu erholen, — *Infirmary* dagegen ein kleines Hospital, in welches die Kranken aufgenommen werden, so wie es gewöhnlich mit den *Parish Workhouses* verbunden ist, daſs, sage ich, doch auch beide Benennungen häufig *promiscue* gebraucht werden.

Hier möchte auch wohl der passendste Ort sein, noch eines anderen sehr wohlthätigen Vereins zu erwähnen, nämlich der *Nee-*

dy parents and infants friend society. Dieselbe ist bestimmt, armen Frauen bei der Entbindung und nachher im Wochenbette, so wie auch ihren Kindern, die erforderliche Hülfe zu leisten. Eine Anzahl Geburtshelfer und Hebammen gehören dazu, welche auf geschehene Requisition den Kreifsenden zu Hülfe kommen. Aufserdem erhält jede Schwangere ein Kästchen, in welchem enthalten ist, für sie: eine Bibel und vier andere kleine Erbauungsschriften (*tracts*), drei Betttücher und zwei Kissen-Ueberzüge; zwei Hemden und zwei Kamisöler, zwei Mützen und ein Schlafrock (*long gown*); aufserdem noch eine gewisse Quantität Hafergrütze. Ferner für das Kind: zwei Hemden und zwei Mützen, zwei Decken und zwei Wickelbänder, zwei Nachtröcke, achtzehn Windeln und ein Stück Flanell. — Vier Wochen nach ihrer Entbindung müssen die Frauen diese Wäsche gereinigt und ausgebessert an die Anstalt zurückliefern.

Aufserdem gehört noch hierher eine Anstalt (das *Asylum for the recovery of health, New road*), welche zur Aufnahme von solchen wohlhabenden Kranken bestimmt ist, die in ihren Wohnungen der nöthigen Pflege entbehren. Diese zahlen hier wöchentlich eine gewisse mäfsige Summe, und erhalten dafür aufser der Wohnung, auch Essen und Trinken, so wie die nöthige ärztliche und chirurgische Hülfe. Besonders für unverheirathete Männer ist diese Anstalt von grofsem Nutzen. Arzt dabei ist Dr. Vetch; Wundarzt: Brodie.

Sodann ist noch in Woolwich ein eignes

Hospital für Matrosen uud Seefahrer vorhanden, und zwar am Bord eines Schiffes, des Grampus. Auch dieses wird durch Privat-Personen unterstützt. Die Zahl der im Jahre 1822 in dasselbe aufgenommenen beträgt 788.

Was ferner das Militair-Medizinal-Wesen betrifft, über welches ein Wort hier zu sagen, nicht am unrechten Orte sein dürfte, so ist Chef desselben bei der *Army*: Sir James Mac Gregor; bei der *Navy*: Dr. Weir, und bei der *Ordnance*: Dr. Webb. Aufser den gröfseren Militair-Hospitälern, von denen eins der vorzüglichsten in Chatham errichtet ist, befindet sich, wie gewöhnlich, ein kleineres Regiments-Hospital bei jedem Regimente in dessen Caserne. Das Haupt-Hospital der *Ordnance* befindet sich in Woolwich, unter der unmittelbaren Direction des Dr. Webb, und ist besonders schön eingerichtet. Durch die Güte des Herrn Guthrie erhielt ich die *Instructions for the regulation of army hospitals and the concerns of the sick* (in 2 Bänden), die mir jedoch nichts besonderes Bemerkenswerthes zu enthalten scheinen. — *Naval hospitals* sind in jedem der gröfseren Hafenörter errichtet.

19. Foundling-Hospital.

Diese Anstalt wurde nach mehreren vergeblichen früheren Versuchen im Jahre 1739 gegründet, vorzüglich durch die Bemühungen von Thomas Coram, einem nach Amerika handelnden Schiffseigenthümer. Das jetzige schöne und freundlich gelegene Gebäude besteht aus einem mittleren Hauptgebäude und zwei Flügeln, und hat aufser dem grofsen Vorhofe auf jeder Seite einen mit Blumen und Buschwerk bepflanzten Platz, auf der einen Seite *Mecklenburgh-*, auf der anderen *Brunswick-square*, so dafs es also an der hier so nöthigen reinen Beschaffenheit der Luft nicht fehlt. Die Kinder, welche aufgenommen werden, dürfen nicht über ein Jahr alt sein, und die Aufnahme wird nur bewilligt, wenn die Verlassung von Seiten des Vaters nachgewiesen, und von der Mutter nach den ihr gegebenen Zeugnissen ein guter Lebenswandel für die Zukunft zu erwarten ist. Die kleinen Kinder werden nicht im Hause behalten, sondern aufs Land an Pflegeeltern, so viel als möglich an Ammen, gegeben, über welche eine fortwährende Aufsicht geführt wird. Die Zahl dieser Kinder beträgt jetzt gewöhnlich 180 bis 200. Späterhin, nachdem sie ein gewisses Alter erreicht haben, werden sie in der Regel wieder in das Haus aufgenommen, und hier bis zu ihrem 14ten Jahre behalten. Die Zahl der im Hause befindlichen Kinder beträgt auch etwa 200 *). Ursprünglich war der Anschlag gröfser gemacht, allein die Ausgaben überstiegen

---

*) Nach einem 1816 erschienenen Berichte wurden am 31. December 1814 von der Anstalt unterhalten 352 Kinder.
Im Laufe des Jahres 1815 aufgenommen . 58 -

Summe 410 Kinder.

Von diesen wurden im Jahre 1815 bei Handwerkern in die Lehre gegeben und zur See geschickt - 26.
Es starben - - - - - - - - - - - 13.
Am 31. December waren in dem Hause befindlich 192.
Dagegen auf dem Lande bei Pflegeeltern - - 179.

Summe 410.

bald die Einnahme, und es wurde deshalb bei dem Parlamente um Unterstützung angehalten. Diese wurde auch bewilligt, und die Anstalt dadurch in den Stand gesetzt, zu Zeiten 5 bis 6000 Kinder zu unterhalten. Späterhin fiel jedoch diese Unterstützung wieder weg, und man sah sich deshalb genöthigt, auch die Anzahl der Kinder zu reduciren. Sie werden übrigens im Hause nicht nur ernährt und gekleidet, sondern auch in allem Erforderlichen unterrichtet, und nachher die Knaben bei Handwerkern, Manufakturisten u. s. w. in die Lehre gegeben, oder auf Schiffen untergebracht, um zu Seeleuten gebildet zu werden. Eben so werden auch den Mädchen passende Dienste verschafft, und über ihr Betragen auch in späterer Zeit Erkundigungen eingezogen. Bei ihrer Entlassung kann den Kindern eine kleine Aussteuer, in Kleidung, Geld u. s. w. bestehend, mitgegeben werden, deren Werth jedoch nicht 10 Pfund Sterling übersteigen darf. Die in dem Hause befindliche Kirche, in welcher alle Sonntage öffentlicher Gottesdienst gehalten wird, wird zahlreich besucht, und da jeder Besuchende etwas bezahlt (und meistens nicht ganz wenig), so bringt dies der Anstalt jährlich eine nicht unbedeutende Summe ein. Die schöne Orgel der Kirche, welche ihr von Händel geschenkt wurde, der hier selbst öfters die Aufführung seines Messias dirigirte, so wie mehrere vorzügliche Gemälde, z. B. das von West gemahlte Altarblatt, ziehen vorzüglich viele Fremde herbei. Nach dem Vormittags-Gottesdienste werden die Kinder in den Sälen öffentlich gespeist, wobei dann ebenfalls viele Besuchende gegenwärtig zu sein, und die einem jeden gern gezeigte Anstalt zu besehen pflegen. — Als Aerzte sind dabei angestellt: Dr. Stanger und Dr. Hue, als Wundarzt Mr. Earle. Es versteht sich, dafs ein besonderer Theil des Gebäudes zur Aufnahme der etwa erkrankenden Kinder bestimmt ist. Die Sterblichkeit unter den auf das Land gegebenen soll übrigens nur gering sein, und sich wie 1 zu 6 verhalten.

20. Asylum for the deaf and dumb.

Diese Taubstummen-Anstalt, in Kent-road gelegen, kam im Jahre 1792 durch die Bemühungen des Rev. John Townsend zu Stande. Auf mancherlei Weise, durch die Vertheilung gedruckter Listen von Taubstummen, welche um Hülfe nachgesucht hatten, u. s. w., wurde das Interesse des Publikums dafür rege gemacht, so dafs im Jahre 1807 der Bau eines neuen ansehnlichen Gebäudes beschlossen werden konnte, in welches die Kinder am 9. October 1809 wirklich aufgenommen wurden. In den ersten vierzehn Jahren ihres Bestehens sind in dieser Anstalt etwa 100, und in den darauf folgenden 14 Jahren 500, im Ganzen aber bis jetzt 784 Kinder unterrichtet worden. Das neue Gebäude war zur Aufnahme von 150 eingerichtet; es hat aber seitdem schon wieder erweitert werden müssen, so dafs es jetzt 200 Kinder und darüber fassen kann. Im Jahre 1823 befanden sich in der Anstalt 126 Knaben und 88 Mädchen. Aus dem vor mir liegenden Berichte von 1823 hebe ich folgende Liste aus, welche zeigt, wie oft in derselben Familie sich Taubstummheit bei mehreren Kindern findet.

Name des Vaters oder der Mutter.	Zahl der Kinder.	Darunter waren taubstumm.
William Coleman - - -	11	5
David Thomson - - -	10	5
George Franklin - - -	8	5
Silas Vokins - - - -	7	6
Thomas Baynes - - -	6	5
Thomas Pounceby - - -	12	4
Henry Tattler - - -	10	4
Abraham Murgatroyd - -	9	4
William Baynes - - -	8	4
James Cousens - - -	8	4
Mary Lovegrove - - -	8	4
Elizabeth Cherry - - -	7	4
William Counton - - -	6	4
William Nicholls - - -	10	3
Anna Carnou - - - -	8	3
Henry Hall - - - -	8	3
Robert Mortimer - - -	7	3
Francis Hancock - - -	6	3
Susannah Rye - - -	3	3
Eliza Fox - - - -	3	3
Summa	155	78

Der erste Lehrer und Vorsteher der Anstalt ist Joseph Watson, dessen Bemühungen sehr gerühmt werden. Die aufzunehmenden Kinder müssen sich in einem Alter zwischen 9 und 12 Jahren befinden, dürfen nicht an Verstandesschwäche leiden, und müssen entweder die Menschen- oder Kuhpokken gehabt haben. Sie erhalten in der Anstalt aufser dem Unterrichte auch Essen und Trinken und Wäsche; für ihre Kleider aber müssen die Angehörigen sorgen. Sollten die Eltern wohlhabend sein, so kann von ihnen die Bezahlung der Kost verlangt werden. Die Gegenstände des Unterrichts sind auf die allgemeine Ausbildung des Geistes berechnet. Besondere, zum künftigen Broderwerb dienende Handarbeiten werden nicht gelehrt. Die Fertigkeit, welche die Kinder im Sprechen erlangen, ist gröfser, als ich sie in ähnlichen Anstalten anderer Länder gefunden habe, wozu die Beschaffenheit der englischen Sprache einiges beitragen mag. Eines der Kinder, welche sämmtlich bei dem jährlich gefeierten Stiftungsfeste der Anstalt erscheinen müssen, hatte, um es dort vorzutragen, ein Gedicht auswendig gelernt, welches es verständlich und nicht ohne Ausdruck deklamirte. — Nach Beendigung des Unterrichts werden die Kinder entweder ihren Eltern oder sonstigen Angehörigen zurückgegeben, oder es sorgt, wenn sie keine Verwandte haben, die Anstalt für ihr Unterkommen. Wie reichlich übrigens dieselbe unterstützt wird, erhellet aus der 195 Seiten langen Liste der Governors. Als Arzt ist bei dem Institute angestellt Dr. Babington, einer der am meisten beschäftigten Aerzte Londons; als consultirender Wundarzt Sir William Blizard.

21. School for the indigent blind.

(*St. George's-Fields, Surrey.*)

Wurde 1799 errichtet, und hat den Zweck, arme Blinde in irgend einem Handwerke zu unterrichten, wodurch sie in den Stand gesetzt werden, späterhin, entweder ganz oder doch zum Theil für ihre Subsistenz selbst zu sorgen. Der Zweck ist also verschieden von dem bei der Taubstummen-Anstalt beabsichtigten. Im Verlaufe von 22 Jahren sind aus der Anstalt 120 Personen ihren Familien wieder gegeben worden, die sich nun im Stande befinden, wöchentlich 5 Schilling bis 1 Pfund 18 Schilling zu verdienen. Im Jahre 1800 wurden zuerst 18 Knaben aufgenommen; gegenwärtig beträgt die Anzahl der Knaben 47, die der Mädchen 42. Die von ihnen im Jahre 1821 fabricirten Artikel wurden für 1183 Pfund 19 Sch. 6 Pence verkauft. Kein Kind wird in einem Alter unter 12 Jahren aufgenommen; zwischen 12 und 18 Jahren wird die Aufnahme für am zweckmäſsigsten gehalten. Kein Kind wird ferner aufgenommen, welches mehr als Licht und Finsterniſs mit seinen Augen unterscheiden kann. Auch werden nicht gern gänzlich Arme zugelassen, da der Nutzen, den die Anstalt zu stiften beabsichtigt, vorzüglich davon abhängt, ob die Personen die Mittel besitzen, späterhin das Gewerbe fortzusetzen, welches sie in dem Institute gelernt haben. Die Gegenstände, welche in der Anstalt fabricirt werden, sind hauptsächlich folgende: von den Mädchen, Zwirn, Garn und grobe Leinwand zu Fenster-Vorhängen u. s. w., auf einem eigenen, für Blinde eingerichteten Webestuhle bereitet; — von den Knaben: Körbe mancherlei Art, Wiegen, Matten, Decken, wie sie vor Kamine und in die Kutschen gelegt werden, Schuhmacher-Arbeit u. s. w. Ein ansehnliches Lager von diesen Sachen befindet sich in dem Hause, aus welchem täglich eine groſse Menge verkauft wird. Unterricht in anderen, zur allgemeinen Bildung erforderlichen Gegenständen, scll zwar auch gegeben werden, doch scheint man hierauf kein grofses Gewicht zu legen. In der Musik haben es jedoch einige recht weit gebracht. Gewöhnlich bleiben die Blinden 3 bis 4 Jahre in der Anstalt, indessen richtet sich dieses nach den Fertigkeiten, die sie sich erworben haben. Wenn sie das Haus verlassen, erhalten sie einen Theil von dem, was sie verdient haben, und in der Regel auch das nöthigste Geräth zur Fortsetzung ihrer Arbeit. Einige der geschicktesten hat man in der Anstalt zurückbehalten, um durch ihre Arbeiten den Credit des Instituts aufrecht zu erhalten. Die Herren Back, Sterry und Ware bilden das ärztliche Personale desselben.

22. Greenwich-Hospital.

In Greenwich, am Ufer der Themse. Bekanntlich zur Aufnahme derjenigen Seesoldaten bestimmt, welche durch Alter, Wunden oder andere Gebrechen zum ferneren Dienste untauglich geworden sind. Aber nicht blofs diejenigen werden aufgenommen, welche im Königlichen Dienste gestanden haben, sondern auch andere Seeleute, welche im Kampfe gegen die Feinde des Vaterlandes oder gegen Seeräuber verstümmelt worden sind. Die vortreffliche Anstalt wurde von William und Mary gegründet, aber der Bau des prachtvollen Gebäudes, welches, von Inigo Jones und Christopher Wren aufgeführt, ursprünglich zu einem Palaste für Carl II. bestimmt war, wurde erst unter der Regierung

rung **Georgs** II. beendigt. Die Zahl der in der Anstalt selbst befindlichen Invaliden betrug bei meiner Anwesenheit 3700; eine bei weitem gröſsere Zahl aber lebt auſser dem Hause, und bezieht eine Pension von 12 bis 80 Pfund jährlich. Die in dem Hospitale wohnenden erhalten, auſser der Wohnung, auch Essen und Trinken, Kleidung und wöchentlich einen Schilling zur Bestreitung von anderen kleinen Ausgaben. In langen hohen und hellen Sälen ist an der Seite eine Reihe von kleinen Zellen, von denen jede einen Bewohner hat. Alles ist darin höchst compendiös und bequem (*comfortable*) eingerichtet, und namentlich sind die Betten gerade so, wie die *Births* auf den Schiffen, so daſs also die Seeleute ganz in ihren alten Gewohnheiten fortleben können. Auſserdem ist mit der Anstalt noch eine andere verbunden, in welcher die Wittwen gebliebener Seesoldaten aufgenommen werden; ferner ein *Naval Asylum*, in welchem die Kinder von Seesoldaten aufgezogen werden und Unterricht erhalten. Von diesen sind in der Regel etwa 1000 vorhanden, und von den Wittwen einige hundert. Eine Abtheilung des Gebäudes ist zum Hospital für Kranke eingerichtet, und bei diesem sind als Aerzte: Dr. **Beatty** und Dr. **Gladstone**; als Wundärzte: **Vance**, **Domville** und **Gilchrist** angestellt. Die alten Krieger scheinen auf das, an einem queer durch den Hofraum laufenden Säulengange in *alto rilievo* angebrachte Denkmal Nelsons, so wie auf den in ihrem Besitze befindlichen, nach Art eines Schiffes gebauten, Leichenwagen Nelsons, auf dem seine Leiche nach der Paulskirche gebracht wurde, mit Recht nicht wenig stolz zu sein. Verstümmelt, wie sie zum grofsen Theile sind, wissen sie doch häufig sehr kunstreiche Arbeiten zu verfertigen, wovon z. B. eine von einem Einarmigen in Holz gearbeitete Seeschlacht einen merkwürdigen Beweis liefert.

23. Chelsea Hospital.

Bekanntlich für invalide Landsoldaten bestimmt, wie *Greenwich Hospital* für Seesoldaten. Das Gebäude wurde von Jacob I. angefangen, und war von ihm zur Aufnahme von Geistlichen bestimmt, welche über die zwischen den verschiedenen Kirchen statt findenden Uneinigkeiten Untersuchungen anstellen sollten. Daher erhielt auch die Anstalt den Namen *Chelsea College*, welchen sie noch bis jetzt behalten hat. Der Plan Jacobs I. konnte wegen Mangel an Geld nicht ausgeführt werden, und Karl II. bestimmte darauf die Anstalt für invalide Soldaten. Unter seiner Regierung, so wie unter der von Jacob II., wurde der Bau fortgesetzt, und unter Wilhelm und Maria von Wren vollendet. So sehr sich auch das Hospital im Aeufsern auszeichnet, so steht es doch dem *Greenwich Hospital* bei weitem nach. Die Zahl der in der Anstalt befindlichen Invaliden beträgt im Durchschnitt 400. Sie erhalten, aufser der Wohnung, Essen und Trinken, Kleidung u. s. w., und wöchentlich noch acht Pence Taschengeld. Eine viel gröfsere Anzahl wohnt aufser dem Hause; von ihnen erhält jeder jährlich

7 Pfund 12 Sch. 6 Pence. — Um in das Hospital aufgenommen zu werden, mufs der Soldat entweder im Königlichen Dienste verstümmelt, oder sonst Alters halber u. s. w. unfähig geworden sein, oder er mufs über 20 Jahre gedient haben. Auch invalide Offiziere werden in die Anstalt aufgenommen. Ein Theil des Gebäudes ist für die etwa Erkrankenden bestimmt, und ist hierbei als Arzt angestellt Dr. Sommerville, und als Wundarzt Sir Everard Home, dessen Stellvertreter John Leeds ist.

24. The general Penitentiary, Millbank.

Da die übrigen Gefängnisse in London, z. B. *Newgate*, vermöge ihrer Einrichtung wenig geeignet sind, die in ihnen befindlichen Verbrecher zu bessern, diese selbst in der Regel nur noch verderbter werden, so wurde vor einigen Jahren die hier in Rede stehende Anstalt errichtet, deren Hauptzweck darin besteht, durch angemessene Beschäftigung und humane Behandlung weniger verdorbene, besonders jüngere Individuen und solche, die eigentlich nach Botany-Bay transportirt werden sollten, zu einem moralischen Lebenswandel zurückzuführen. Die Anstalt liegt ganz am südwestlichen Ende von London, in der Nähe von *Vauxhall-Bridge*, und ist zur Aufnahme von etwa 300 Individuen beiderlei Geschlechts eingerichtet. Jeder neu ankommende Gefangene wird erst in einem Aufnahmszimmer von Aerzten untersucht, dann gewaschen, gebadet und neu gekleidet. Seine eigene Kleidung wird entweder ver brannt, oder, wenn sie noch brauchbar ist, verkauft, und das Geld für den Gefangenen bis zu seiner Entlassung aufbewahrt. Sämmtliche Gefangene sind in zwei Klassen getheilt. In der Regel gehören sie während der ersten Hälfte ihrer Gefangenschaft zur ersten, und während der zweiten zur zweiten Klasse. Zeichnen sie sich durch gutes Betragen aus, so können sie früher zur zweiten Klasse versetzt werden; lassen sie sich hingegen irgend ein Vergehen zu Schulden kommen, so werden sie aus der zweiten Klasse wieder zurück in die erste versetzt. Alle Gefangene befinden sich des Nachts einzeln, in abgesonderten Zellen; die der ersten Klasse arbeiten auch bei Tage in diesen Zellen, die der zweiten dagegen mit anderen Gefangenen zusammen, in gemeinschaftlichen Zimmern. In den ersten fünf Tagen nach der Aufnahme wird jeder durchaus separirt in seiner Zelle gehalten. — Eine genaue Stundenordnung setzt für die Wochentage die Zeit des Aufstehens, Sich-Reinigens, des Essens, der Arbeit, der Erholung, des Schlafengehens u. s. w. fest. Durch eine Glocke im mittleren Theile des Gebäudes wird zu allem diesen ein Zeichen gegeben. Eine andere Stundenordnung ist für den Sonntag vorhanden; an diesem werden die Gefangenen zwei Mal in die zu der Anstalt gehörende schöne Kirche geführt. Aufserdem werden Sonntags alle Gefangene zu gewisser Zeit in die Hofräume gelassen, um frische Luft zu schöpfen, und sich Bewegung zu machen; in den Wochentagen geschieht dies nur mit den Gefangenen der zweiten

Klasse. Bei schlechtem Wetter werden die im Gebäude befindlichen Gänge hierzu benutzt. Die beiden Klassen von Gefangenen unterscheiden sich ferner von einander durch verschiedene Kleidung, welche aber bei beiden so beschaffen ist, daſs die etwa entwichnen leicht daran erkannt werden können. Stirbt einer ihrer nahen Verwandten, so dürfen die Männer einen schwarzen Flor an einem Arme, die Weiber schwarzen Flor oder Band an der Mütze tragen. Alle Sonntage erhalten die Gefangenen reine Leibwäsche und Handtücher, alle fünf Wochen reine Bettwäsche. Ihr Haar muſs kurz abgeschnitten sein, zu gewissen Zeiten müssen sie sich sämmtlich die Füſse waschen u. s. w. Die zu reichenden Nahrungsmittel sind nach Art und Gewicht genau festgesetzt; sollte einer der Gefangenen glauben, daſs ihm zu wenig gereicht sei, so wird es sogleich nachgewogen und die Sache untersucht. Sonntags erhalten sie auch Thee, und Weihnachten, so wie an des Königs Geburtstage, Braten und Pudding. — Jeder Gefangene bekömmt bei der Entlassung 12½ pro Cent von dem Ertrage seiner Arbeit. Hat er sich aber etwas zu Schulden kommen lassen, so können ihm hiervon Abzüge gemacht, oder auch das Ganze ihm vorenthalten werden. Die auſserdem angeordneten Strafen bestehen in Einsperren in dunkele Zellen, in Darreichung von Wasser und Brot, und in Versetzung in die erste Klasse. Bei seiner Entlassung erhält Jeder eine anständige Kleidung, und zu den Procenten, die er sich verdient hat, noch eine gröſsere oder kleinere Summe Geldes, oder Handwerkszeug, je nachdem es die Committee des Hauses für passend hält; der Werth dieser Werkzeuge oder das Geld, was er bekömmt, darf aber nicht über 3 Pfund betragen. Producirt einer nach Verlauf eines Jahres glaubwürdige und befriedigende Zeugnisse seines guten Betragens während dieser Zeit, so erhält er alsdann noch einmal eine Summe Geldes, bis zu drei Pfund. — Die Arbeiten, mit denen die Gefangenen beschäftigt werden, sind sehr mannigfach. Diejenigen, welche früher irgend ein Handwerk gelernt haben, werden zur Fortsetzung desselben in den Stand gesetzt; sonst werden sie häufig mit Mattenflechten beschäftigt, so wie auch die Besseren zum Kornmahlen und Brotbacken (welches in der Anstalt selbst geschieht), ferner im Waschhause, in der Küche und im Garten gebraucht werden. Die besseren aus der zweiten Klasse werden zu Aufsehern über die Gänge und Zellen (zu *Wardsman* und *Wardswomen*) ernannt, und müssen besonders für die Reinlichkeit in denselben sorgen. Die beiden Geschlechter sind streng von einander geschieden, und die weiblichen Gefangenen haben nur weibliche Aufseher. Ein Theil des Gebäudes ist zur Aufnahme der etwa Erkrankenden bestimmt; für diese ist als Wundarzt angestellt: John Pratt; als consultirende ärztliche Personen: A. C. Hutchison und A. White *).

*) Noch während meines Aufenthalts in London brach in der *Penitentiary* eine eigne, sehr gefährliche, scor-

Bei dieser Gelegenheit glaube ich noch einer besonderen Vorrichtung erwähnen zu dürfen, welche während meines Aufenthalts in England in mehreren Gefängnissen, namentlich in London in dem *House of Correction* oder *Cold Bath fields prison*, eingeführt wurde, und viel Aufsehen erregte, nachher auch zu mancherlei Verhandlungen vor dem Parlamente Veranlassung gegeben hat. Es ist dies die sogenannte *Treaumill.* Sie wurde von einem Herrn Cubit angegeben, und besteht aus einer breiten Treppe, welche rund um eine grofse Walze geht. Die Gefangenen werden der Reihe nach eine gewisse Zeit hindurch auf diese Treppe gebracht, und indem sie darauf treten, drehet sich die Walze, und somit die Treppe, herum, so dafs die Gefangenen fortwährend zu steigen genöthigt sind, wobei sie sich mit den Händen an einem, in der erforderlichen Höhe angebrachtem, Geländer halten. Hierdurch werden dann mancherlei Maschinerieen in Bewegung gesetzt, z. B. in Edinburg (wo ich in dem

butähnliche Krankheit aus. Dies gab Veranlassung, dafs von dem *House of Commons* eine Committee ernannt wurde, um den gegenwärtigen Zustand der Anstalt zu untersuchen. Die dabei statt gefundenen Verhandlungen sind gedruckt worden, und, wegen der sehr verschiedenen ärztlichen Gutachten über die Natur der Krankheit, höchst interessant. S. *Report from the select Committee on the state of the Penitentiary at Millbank. Ordered by the House of Commons to be printed.* 8th July 1823. Ferner: *P. Mere Latham's account of the disease lately prevalent at the general Penitentiary London.* 1825. Dem Vernehmen nach wird, wegen seiner ungesunden Lage, das ganze Gebäude abgebrochen, und die Anstalt nach einem anderen Orte verlegt werden.

durch seine Bauart merkwürdigen *Bridewell* eine solche *Treadmill* genau zu sehen Gelegenheit hatte), eine Korkschneidemaschine. Auf diese *Treadmill* zu steigen, soll aber, wie sich auch leicht erachten läſst, eine der härtesten Strafen sein, und eine so schwere Arbeit, daſs manche Personen ihr gar nicht gewachsen sind. Deshalb sind denn auch schon seit einiger Zeit die Weiber nicht mehr dazu verurtheilt worden, und es sind neuerlich ärztliche Untersuchungen angestellt, und mehrere Schriften erschienen, in denen gezeigt wird, wie nachtheilig diese Strafe für die Gesundheit werden kann *).

Von dem eigenthümlichen Bau der *Penitentiary* giebt die nebenstehende Zeichnung eine ohngefähre Ansicht.

III. Von den Unterrichts-Anstalten für Medizinal-Personen.

Im Allgemeinen glaube ich hier zuvörderst bemerken zu müssen, daſs Medizin (innere Heilkunde) in London, und eigentlich in ganz England, fast gar nicht studirt wird. Die Schule für diese ist Edinburg, nächstdem auch Glasgow; (die beiden anderen Schottischen Universitäten, St. Andrews und Aber-

---

*) S. *Sir John Cox Hippisley's prison labour. Correspondance and communications addressed to his Majesty's principal Secretary of State for the Home-Departement, concerning the introduction of Treadmills into prisons, with other matters connected with the subject of prison-discipline. London.* 1823.

deen, kommen wenig in Betracht). In Oxford und Cambridge, den beiden englischen Universitäten, wird zwar die medizinische Doktorwürde ertheilt, und auch von manchen ein besonderer Werth dem hier erlangten Doktorgrade beigelegt; allein sich zum praktischen Arzte auf diesen Universitäten allein zu bilden, möchte wohl nicht möglich sein, da nur wenige und unvollständige Vorlesungen daselbst gehalten werden, und Gelegenheit zur praktischen Ausbildung gänzlich mangelt. Dagegen haben meistens die Doktoren von Oxford und Cambridge eine gute wissenschaftliche Bildung, und sind in der alten classischen Litteratur wohl bewandert, welche Kenntnisse sie auch freilich gröſstentheils nur durch Selbststudium sich haben erwerben müssen. — Was hier von den beiden englischen Universitäten gesagt ist, gilt auch so ziemlich von der irländischen in Dublin, und wird weiter unten noch ausführlicher davon die Rede sein. — Für das Studium der Chirurgie ist dagegen London der Ort, indem hier eine Menge der trefflichsten Unterrichts-Anstalten für Wundärzte sich befinden, ja so ziemlich mit jedem Hospitale eine solche verbunden ist. — Eine besonders nennenswerthe Unterrichts-Anstalt für Geburtshülfe ist eigentlich, wie ich auch schon früher bemerkte, weder in Groſsbrittanien, noch in Irland vorhanden. Auf den schottischen Universitäten, namentlich in Edinburg und Glasgow, existirt zwar eine Professur der Geburtshülfe, allein es fehlt an einer obstetricischen Klinik, und der Professor dieses Fachs gehörte bisher in Edinburg nicht einmal mit zur medizinischen Fakultät. Dagegen ertheilen die vorzüglicheren Geburtshelfer, namentlich in London, privatim Unterricht, und leiten auch in der Privat-Praxis ihre Schüler zur Ausübung der Geburtshülfe an *). — Was die Apotheker betrifft, so sind sie meistens zugleich Chirurgen (auch wohl praktische Aerzte und Geburtshelfer), und es werden deshalb, um dieselben Individuen zu diesen verschiedenen Geschäften fähig zu machen, in den chirurgischen Schulen gewöhnlich auch Vorlesungen über Pathologie und Therapie, so wie über Chemie, Pharmacie u. s. w. gehalten, welche von den jungen Leuten besucht werden, während sie sich bei den *Apothecaries* gewissermaſsen in der Lehre befinden. Auſser von diesen *Apothecaries* werden dann auch Arzeneien bereitet und verkauft, von den Chemikern und Droguisten (*Chemists and Druggists*), und diese erlangen die erforderlichen Kenntnisse in den bei anderen Chemikern und Droguisten zugebrachten Lehrjahren und in gelegentlich besuchten Vorlesungen über chemische und pharmaceutische Gegenstände. Ausführlichere Nachricht über alles dieses wird weiter unten folgen. — Eine kurze Uebersicht der in London in den verschiedenen chirurgischen Schulen, so wie auſser denselben, theils in anderen Anstalten, theils von einzelnen Aerzten und Chirurgen,

*) Daſs in einigen der oben beschriebenen Londoner Entbindungshäuser einige Schüler zugelassen werden, habe ich dort angeführt. Dieses ist jedoch von keinem Belange.

gehaltenen Vorlesungen über medizinische und verwandte Wissenschaften, ist in Folgendem enthalten:

1, Schule des St. Bartholomäus-Spitales.

Sie ist, wie sämmtliche mit den Hospitälern Londons verbundene chirurgische Schulen, noch nicht gar alt, und verdankt ihr Dasein vorzüglich den Bemühungen Abernethy's. Es werden Vorlesungen in derselben gehalten: von Abernethy über Anatomie des gesunden und kranken Baues, und über Physiologie; von demselben über Theorie und Praxis der Chirurgie; von Stanley über Anatomie, mit Uebungen im Präpariren; vom Dr. Hue über Theorie und Praxis der Medizin, so wie über allgemeine und pharmaceutische Chemie und über Arzneimittellehre; endlich noch vom Dr. Gooch über Geburtshülfe und über Weiber- und Kinder-Krankheiten *). Aufserdem nehmen, wie bereits oben bemerkt wurde, sowohl die Aerzte, als die Chirurgen des Hospitales Schüler an, die sie in der Praxis selbst, und zwar bei den Hospitalkranken, unterrichten (*Physicians pupils* und *Surgeons pupils*). Beide sind aber nur mit den Auscultanten unserer Kliniken zu vergleichen. Die Chirurgen haben jedoch auch Schüler, die ihre Assistenten sind, also

*) In der *Lancet*, einem neuen, merkwürdigen medizinischen Wochenblatte, welches in London erscheint, finde ich auch den Dr. Hue, so wie den Dr. Wright als Aerzte des Bartholomäus-Spitales aufgeführt. Veränderungen in dem ärztlichen Personale treten überhaupt sehr häufig ein.

wirklich praktisiren; (*Dressers to the surgeons*, Praktikanten). — In der Regel werden im Bartholomäus-Spitale, wie in den übrigen Hospitälern, jährlich zwei Curse von Vorlesungen gehalten, von denen jeder nur ein viertel Jahr dauert, und wovon der eine im October, der andere im Januar beginnt. Dabei wird über die meisten Gegenstände wöchentlich nur zwei oder drei Mal gelesen, und sehr wenige Vorlesungen werden täglich gehalten. Das Honorar, welches die Lehrer sich zahlen lassen, ist bedeutend; z. B. wer Praktikant im Bartholomäus-Hospitale sein will, zahlt für ein Jahr 52 Pfund 10 Schilling; für ein halbes Jahr 37 Pfund 16 Sch. An Freibitten oder Freigeben wird nicht gedacht.

2. Schule des St. Thomas-Spitales.

Auch dieses Hospital erfüllt seit einiger Zeit einen doppelten Zweck, indem es nicht blofs zur Heilung der Kranken dient, sondern auch eine der berühmtesten chirurgischen Schulen damit verbunden ist, welche ihren Glanz hauptsächlich dem trefflichen Astley Cooper verdankt. Vorzüglich auf dessen Veranlassung vereinigten sich die Chirurgen des St. Thomas- und Guys-Spitales zur Gründung einer chirurgischen Lehranstalt, von welcher Zeit an diese Hospitäler auch *the united Hospitals* genannt werden. Anatomie wird hier gelehrt von Bransby Cooper und John South, welcher letztere auch die Uebungen im Präpariren leitet. Da es, nur mit wenigen Ausnahmen, gesetzlich nicht erlaubt ist, menschliche Leichname hierzu zu benutzen, auch nicht die von den im Hospitale verstorbenen Personen, so ist der Mangel an Cadavern (*subjects*) immer sehr fühlbar, und die Versuchung Leichen zu stehlen, sehr grofs. Es giebt Leute dort, welche blofs hiervon leben (die sogenannten Auferstehungsmänner, *Resurrection-men*), und nicht selten wird ein Leichnam mit 15 Guineen und darüber bezahlt. Die vielfachen Vorstellungen, welche von mehreren Seiten, namentlich auch von Abernethy in einem eigenen Programm, gegen das Verbot, Leichen zu anatomischen Uebungen zu benutzen, gemacht worden sind, haben bisher noch immer nichts gefruchtet; man hat vergebens vorgestellt, wie es unangemessen sei, Chirurgen wegen fehlerhaften Verfahrens zu bestrafen, und ihnen doch die Mittel zur Erwerbung der nöthigen Kenntnisse zu entziehen u. s w. Deshalb hat denn nun auch bekanntlich Mr. Brookes einen Leichenhandel mit den Pariser Hospitälern angefangen.

Chirurgie wird ferner im Thomas-Spitale gelesen von Astley Cooper und Green. Die Vorlesungen des ersteren finden in der Regel nur zweimal wöchentlich Statt, und der ganze Cursus wird dennoch in nicht viel mehr als einem viertel Jahre beendigt. Dafs dieses Collegium das besuchteste von allen ist, läfst sich leicht denken. Auch sind die Vorlesungen A. Coopers schon vor einiger Zeit von einem seiner Schüler, gegen seinen Willen, herausgegeben worden *), und neuerlich hat der Her-

*) *C. W. Jones, a series of lectures on the most approved principles and practice of modern Surgery, principally*

ausgeber der *Lancet* angefangen, in die Vorlesungen der berühmtesten Aerzte und Chirurgen Londons Tachygraphen zu schicken, deren Handschrift er sodann in seinem Journale abdrucken läſst. Es hat dies natürlich zu mancherlei Debatten Veranlassung gegeben; jedoch hat ihm bisher sein gewiſs unrechtmäſsiges Verfahren nicht verwehrt werden können, und man findet daher in dem genannten Journale ganz ausführlich die Vorlesungen A. Cooper's, Abernethy's u. a. Eine Folge davon ist jedoch gewesen, daſs Tyrrell, ein Neffe A. Cooper's, dessen Vorlesungen unter seiner Autorität besonders herausgegeben hat *), von denen freilich der Herausgeber der *Lancet* behauptet, daſs sie nur ein fast wörtlicher Abdruck aus seinem Journale seien.

Green lieset auch Ophthalmologie, und neuerlich haben die Chirurgen der *united Hospitals*, also auch Travers, angefangen, gelegentlich klinische Vorlesungen über merkwürdige Fälle, welche in den Hospitälern vorkommen, zu halten. — Uebrigens ist das Verfahren bei diesen Vorlesungen ganz eigenthümlich; sie sind alle höchst cursorisch, und hat einer ein Collegium angefangen, und kömmt vielleicht an eine Materie, die von einem anderen genauer bearbeitet worden ist, so läſst er diesen dann an seine Stelle treten,

---

derived from the lectures delivered by Sir A. Cooper. Second Edit. London. 1821.

*) *The lectures of Sir Astley Cooper on the principles and practice of Surgery, as delivered at St. Thomas's and Guys-Hospitals. London. 1824. Vol. I. 8.*

bis er ihn später wieder ablöst; überhaupt hängt alles, da das Ganze ziemlich als Privatsache zu betrachten ist, von der jedesmaligen Uebereinkunft der Lehrer unter einander ab.

3. Schule des Guys-Spitales.

Nachdem die Chirurgen des St. Thomas- und Guys-Hospitales sich zur Stiftung einer chirurgischen Schule mit einander vereinigt hatten, fingen die Aerzte des Guys-Hospitales ebenfalls an, in den medizinischen Wissenschaften Unterricht zu ertheilen, wobei sie sich aber nicht mit denen des Thomas-Spitales vereinigten, diese vielmehr ausschlossen, weshalb denn auch jetzt noch ein gespanntes Verhältniſs zwischen den Aerzten beider Anstalten obzuwalten scheint. In der medizinischen Schule des Guys-Hospitales werden nun Vorlesungen gehalten: vom Dr. Cholmeley über praktische Medizin; von demselben und dem Dr. Back über theoretische Medizin und Arzeneimittellehre; von Mr. Allen, Dr. Bostock und Mr. Aikin über theoretische und Experimental-Chemie; und von Mr. Allen und Professor Millington über Experimental-Physik (*Experimental Philosophy*).

Auſserdem las der nun verstorbene Dr. Haighton über Geburtshülfe und Weiber- und Kinder-Krankheiten, so wie auch in Verbindung mit dem Dr. Blundell über Physiologie. — Mr. Bell (nicht Charles Bell) hält Vorlesungen über den Bau und die Krankheiten der Zähne, wozu er eine Reihe sehr schöner Präparate besitzt, die im Guys-Hospitale aufbewahrt werden, und Mr. Salisbury, der bei dem botanischen Garten in Chelsea angestellt ist, liest im Sommer Botanik. — Der verstorbene Dr. Marcet, welcher Arzt beim Guys-Hospitale war, hielt im Winter auch klinische Vorlesungen.

4. Schule des London-Hospitals.

Gehört zu den weniger besuchten, schon wegen der Abgelegenheit des Hospitals. Dr. Robinson hält hier Vorlesungen über theoretische und praktische Medizin; Dr. Billing über *Materia medica* und die Institutionen der Medizin; Dr. Ramsbotham über Geburtshülfe und Krankheiten der Weiber und Kinder; Dr. Gordon über allgemeine und pharmaceutische Chemie; Mr. Headington über Anatomie und Physiologie, so wie über theoretische und praktische Chirurgie; Mr. Luke endlich über praktische Anatomie. Auſserdem nehmen sowohl die drei Aerzte des Hospitals: Frampton, Robinson und Billing, als auch die Wundärzte: Blizard, Headington und Andrews Schüler zum Unterrichte in der Praxis an, und Dr. Robinson und Billing, so wie Sir William Blizard, hatten gelegentlich klinische Vorlesungen.

5. Schule des Middlesex-Hospitals.

Wie die Schule des Guys-Hospitales, so ist auch diese vorzüglich zum Unterricht in der Medizin, und auſserdem auch in der Geburtshülfe bestimmt, da der vorzüglichste Chirurg des Hospitals, Charles Bell, seine eigne eigene chirurgische Unterrichts-Anstalt in *Great Windmill-street* hat. Es werden hier Vorlesungen gehalten vom Dr. Southey über Theorie und Praxis der Medizin (*Theory and Practice of Physic*), d. h. allgemeine und specielle Pathologie und Therapie. Ferner von Mr. Wood über Chemie, Materia medica und Pharmacie, verbunden mit chemischen Erläuterungen der Londoner Pharmakopoe; und von den Doctoren Merriman und Ley über Geburtshülfe, so wie über Weiber- und Kinder-Krankheiten. — Charles Bell giebt hier nur, so wie die übrigen Aerzte und Wundärzte des Hospitals, Anleitung zur Praxis.

6. Schule des Georgs-Spitales.

Ist ebenfalls nur für Medizin, so wie für Chemie bestimmt, indem Brodie, der unter den Wundärzten dieses Hospitals am meisten in Betracht kömmt, seine chirurgischen Vorlesungen in einer anderen Schule hält, die, wie die Bellsche, in *Great Windmill-street* gelegen ist. Auch die Vorlesungen, welche die *St. Georgs medical and chemical School*, von der hier die Rede ist, bilden, werden nicht in dem Hospitale selbst, sondern in anderen Lokalen gehalten. Es gehören dahin die Vorlesungen des Dr. Pearson über die Gesetze der thierischen Oekonomie (Physiologie) und über praktische Heilkunde, so wie desselben Vorlesungen über Materia medica und Therapie. Beide werden in *George-street, Hanover-square* gehalten. Ferner die Vorlesungen von W. T. Brande (Secretair der

Royal Society und Professor an der *Royal Institution*) über Chemie und gerichtliche Medizin; dieser liest in der *Royal Institution.* Aufserdem hält in dem Hospitale, wie schon oben bemerkt wurde, Sir Everard Home jährlich zwölf unentgeldliche Vorlesungen über die wichtigsten chirurgischen Operationen, und sowohl die Aerzte als Chirurgen des Hospitals nehmen *Pupils* für die Praxis an.

Letzteres ist auch in dem Westminster-Hospitale der Fall, in welchem sonst keine Vorlesungen gehalten werden.

7. Theatre of Anatomy.
(*Great Windmill-street.*)

Eine der berühmtesten chirurgischen Schulen Londons, welche jedoch früher in gröfserem Ansehen stand, als jetzt, und ihren Ruhm vorzüglich dem Dr. William Hunter, Cruikshank, Baillie und Wilson verdankt. Gegenwärtig ist Karl Bell der vorzüglichste Lehrer daran, welcher auch den Verlust des nach Glasgow gebrachten Hunterschen Museums durch eine andere reichhaltige Sammlung zu ersetzen gewufst hat. — In Verbindung mit seinem Schwiegersohne Shaw, liest er über Anatomie, Physiologie, Pathologie und Chirurgie, und bei der Deutlichkeit und Bestimmtheit seines Vortrages zweifele ich nicht daran, dafs seine Vorlesungen für die Studierenden von besonders grofsem Nutzen sein werden. Mr. Shaw leitet aufserdem die Uebungen im Präpariren.

8. Medical Theatre.

(42, *great Windmill-street.*)

In einem eigens dazu eingerichteten Privathause, der Bellschen Schule gegenüber, werden hier Vorlesungen gehalten vom Dr. Harrison über physiologische Pathologie (*physiological Pathology*) und praktische Heilkunde; vom Dr. Paris über Materia medica, mit Inbegriff der Pharmakologie und Therapie, und von Brodie über Chirurgie. Letzterer ist besonders beliebt, und einer von den wenigen Londoner Lehrern, die eine streng wissenschaftliche Anordnung in ihren Vorträgen beobachten. Meistens werden die Vorlesungen, abgesehen von ihrer grofsen Kürze, sehr desultorisch behandelt, und oft erzählen die Lehrer, wenn von praktischen Gegenständen die Rede ist, nur einzelne, ihnen vorgekommene Fälle, indem sie das Allgemeine nur kurz berühren, und dem eigenen Studium ihrer Zuhörer überlassen. Zu läugnen ist hierbei freilich nicht, dafs diese bei solchem Verfahren in der Regel eben so weit kommen, als sie sonst wohl gekommen sein würden; durch die Erzählungen des Lehrers werden sie zu eigenem, mit Nachdenken nothwendig verbundenem Studium veranlafst, und die durch dieses erworbenen Kenntnisse scheinen fest zu haften. — Die hier in Rede stehende Schule steht übrigens in Opposition mit der Bellschen, so wie überhaupt zwischen den verschiedenen chirurgischen Schulen Londons eine grofse Rivalität Statt findet. — Seit kurzem hält auch Dr. Macleod Vorlesungen in dem *medical Theatre* von *great Windmill-*

street; vielleicht Statt eines der anderen, oben genannten Lehrer, welche während meines Aufenthalts in London in dieser Anstalt docirten.

9. Theatre of Anatomy and Medicine.

(*Webbstreet*, *Mazepond*, *Borough*.)

An der Spitze dieser Anstalt steht Armstrong, der, wie ich schon bemerkte, eine Reform in den geltenden pathologischen und therapeutischen Lehren zu bewirken bemüht ist. Er liest mit grofsem Beifall vor einem sehr zahlreichen Auditorium über Pathologie, Arzneimittellehre und Therapie. — Aufserdem hält Mr. Grainger Vorlesungen über Anatomie und Physiologie, Dr. D. D. Davis über Geburtshülfe, Weiber- und Kinder-Krankheiten, und Mr. Richard Phillips über Chemie und Pharmacie. Mr. R. Hutchinson hält anatomische Demonstrationen, und bisher las auch Dr. Elliotson über menschliche und vergleichende Physiologie, so wie über gerichtliche Medizin. Chirurgie ist demnach hier ganz ausgeschlossen.

10. Theatre of Anatomy.

(*Blenheim-street*, *great Malborough-street*.)

Wird von Joshua Brookes dirigirt, einem Manne, welcher die ganze Zeit seines Lebens der Anatomie gewidmet zu haben scheint. Durch seine unablässigen Bemühungen hat er eine aufserordentlich reiche Sammlung, vorzüglich für pathologische und vergleichende Anatomie, zusammen gebracht, die jedoch leider für den Besuchenden von wenig Nutzen ist, da wegen des beschränkten

Raumes alles hat dicht zusammen gedrängt und über einander gepackt werden müssen. Ueberhaupt ist die hier herrschende beispiellose Unordnung und Unreinlichkeit, die mit der eleganten Einrichtung der meisten anderen Londoner Sammlungen, und der Reinlichkeit in den übrigen anatomischen Anstalten, einen um so auffallendern Contrast bildet, wenig geeignet, das Studium der Anatomie anziehend zu machen. Merkwürdig ist dabei, dafs gerade Brookes ankündigt, er mache durch ein eigenes Verfahren gegen die Fäulnifs (*a peculiar antiseptic procefs*), worüber er, nach Anno 1782 in Paris von ihm angestellten Untersuchungen, der *Royal Society* im Jahre 1784 eine Abhandlung vorgelesen habe, die anatomischen Untersuchungen angenehmer, als sie gewöhnlich zu sein pflegen.

Seine Vorlesungen sind über Anatomie, Physiologie und Chirurgie. Mit ihm verbunden hat oder hatte*) sich Dr. Ager, welcher über Chemie, Arzneimittellehre, Pathologie und Therapie lieset.

Aufser diesen gröfseren Lehranstalten für Medizin und Chirurgie, werden aber nun noch von vielen einzelnen Aerzten Vorlesungen über diesen oder jenen Zweig der Heilkunde gehalten, worunter die nennenswerthesten folgende sein möchten: In der *Royal Westminster Infirmary for the diseases of the eye*, lieset Guthrie über Chirurgie und Augenheilkunde, Dr. Henry Davies über Geburts-

*) Denn jetzt kündigt Dr. Ager Vorlesungen an, *at his own Theatre, Margaretstr., Cavendishsq.*

hülfe, Dr. John Gordon Smith über *Medicina forensis*, und Dr. Emerson über medizinische Botanik. Sonst auch Dr. Forbes über Pathologie und Therapie; dieser ist jedoch häufig abwesend, und befand sich namentlich während meines Aufenthalts in London bei der englischen Gesandschaft in Wien. Auch Dr. Gordon Smith wird häufig am Lesen verhindert, da er als Arzt des Marquis of Stafford einen grofsen Theil des Jahres auf dem Lande, in Richmond u. s. w., zubringen mufs.

In der *London Ophthalmic Infirmary* lieset, wie ich bereits oben bemerkte, Lawrence über Augenkrankheiten, und der Rev. Thomas Gill über Optik. — Dr. George Gregory hält Vorlesungen über *Materia medica and the theory and practice of physic.* Besonders ausführlich behandelt er hierbei die Lehre von den Pocken-Ausschlägen, indem er zugleich über die im Smallpox-Hospital vorkommenden Fälle eine Art Klinik hält. Aufserdem leitet er seine Zuhörer in dem *St. George's* und *St. James's general Dispensary*, wobei er Arzt ist, zur Praxis an, so wie überhaupt in den verschiedenen *Dispensaries*, wie in den Hospitälern, Studierende zur Praxis zugelassen werden.

Ferner hat Dr. D. D. Davis, abgesehen von den Vorlesungen, die er, wie oben bemerkt, in der Schule von *Webbstreet*, *Maze-pond*, hält, in seiner Wohnnng, *George-street*, *Hanover-square*, eine förmliche Unterrichts-Anstalt für Geburtshülfe errichtet, und es möchte hier wohl in London die beste Gelegenheit zum Studium derselben gegeben sein. Eine zahlreiche Sammlung von Instrumenten zeigt, daſs Dr. Davis sich mehr mit der Geschichte der Geburtshülfe, und mit dem, was auſserhalb England darin geleistet ist, bekannt gemacht hat, als sonst die englischen Geburtshelfer es zu thun pflegen. Da auch er, wie fast alle seine Landsleute, sehr gegen den Kaiserschnitt ist, auch wohl mit der Zange nicht so viel auszurichten vermag, als deutsche Geburtshelfer, so hat er um so öfter in seiner ausgebreiteten Praxis die Perforation und Zerstückelung zu machen gehabt, und hierzu selbst mehrere, zum Theil sehr schwerfällige Instrumente angegeben *). Uebrigens ziehen seine Schüler groſsen Nutzen von den häufigen Uebungen am Phantome, die er mit ihnen vornimmt, und von den zahlreichen Fällen, die sie in seiner Privat-Praxis zu sehen bekommen.

Dr. Ramadge, Arzt der *Infirmary for Asthma, Consumption and other diseases of the lungs*, hält im Winter Vorlesungen über die Erkenntniſs und Kur der Lungenkrankheiten, wobei ihm die in der Anstalt vorkommenden Fälle zur Erläuterung dienen. Im Frühjahre lieset er über Chemie, Materia

*) S. die Abbildungen Fig. 4, 5, 6 und 7. — Fig. 4. a. b. c. ist ein Instrument zum Fassen und Herausziehen von einzelnen Kindestheilen. Fig. 5. a. b. ein schneidendes Werkzeug zum Zerbrechen der Knochen. Fig. 6. a. b. c. d. eine Zange mit einem Messer zwischen den Armen, zum Zerschneiden von Kindestheilen. Fig. 7. a. b. c. eine Hakenzange zum Fassen und Herausziehen von einzelnen Kindestheilen. Von den wissenschaftlichen Bestrebungen des Dr. Davis zeugen die Fragen, welche er neulich den deutschen Geburtshelfern zur Beantwortung vorgelegt hat. S. Siebolds Journal. 1825. Bd. 5. Stck. 1,

medica, Pathologie und Therapie. Richard Blagden und Thomas Arthur Stone lesen über Geburtshülfe, Frauenzimmer- und Kinder-Krankheiten. Ueber dieselben Gegenstände auch Dr. Power, und zwar an verschiedenen Orten in der Stadt: in *Warwick-street, Goldensquare*, für die Schüler der Hospitäler im Westende Londons, und in *Weston-street, Borough*, für die Schüler der Borough-Spitäler. Ueberhaupt ist es nicht ganz selten, daſs derselbe Lehrer über einen und denselben Gegenstand in verschiedenen Theilen der Stadt Vorlesungen hält. Sir George Tuthill ferner, hält Vorlesungen über Chemie und Materia medica, so wie über Therapie. Dr. Uwins trägt die theoretische und praktische Heilkunde vor, und leitet seine Zuhörer in dem *City Dispensary* zur Praxis an. Dr. Clutterbuck liest über Chemie, Materia medica, Pathologie und Therapie. Mr. Carpue über Anatomie und Chirurgie; derselbe hat eine förmliche Unterrichts-Anstalt in seinem Hause errichtet: ein anatomisches Theater, auf welchem von einer Menge Schüler sehr fleiſsig präparirt wird, dabei eine Sammlung anatomischer Präparate *), chi-

*) Die unter den Wundärzten Englands ziemlich allgemein herrschende Sitte, Sammlungen von anatomischen Präparaten anzulegen, hat sie veranlaſst, statt des kostspieligen Weingeistes mancherlei andere (an anderen Orten freilich auch schon versuchte) Substanzen in Anwendung zu bringen. — So nimmt Carpue eine Auflösung des Sublimats, worin sich zwar die Präparate halten, woraus sich jedoch ein die Gläser trübender Niederschlag absetzt; in dem London-Hospitale wird eine concentrirte Auflösung von Kochsalz genommen. Macartney in Dublin nimmt eine Auflösung von Alaun und Salpeter, die er *Pickle* nennt u. s. w. An-

rurgischer Instrumente, die er bei seinen Vorlesungen benutzt, u. s. w. — Mr. Pettigrew hält Vorlesungen über Anatomie, Physiologie, Pathologie und Chirurgie; Dr. John Mason Good über praktische Heilkunde; Dr. Conquest über Geburtshülfe; der bekannte Herbert Mayo und Caesar Hawkins über Anatomie und Physiologie; Mr. Curtis über Anatomie, Physiologie und Pathologie des Ohres, in dem oben benannten *Dispensary* für Gehörkranke, u. s. w. — Mr. Collier kündigt eine im Jahre 1818 ganz neu erfundene Methode beim Studium der Medizin an, und ein Dr. Abell hielt während meines Aufenthalts in London in der *Crown and Anchor Tavern* Vorlesungen über die Schädellehre.

Hier möchte auch wohl der passendste Ort sein, noch einige andere, in grofsem Rufe stehende, öffentliche Vorlesungen und Unterrichts-Anstalten, die Medizin und ihr verwandte Wissenschaften betreffend, zu erwähnen.

Dahin gehören zuvörderst die alljährlich im März und April in dem *Royal College of Surgeons* gehaltenen Vorlesungen. Es sind bei dem Collegio der Wundärzte zwei Professoren angestellt, der eine für menschliche Anatomie und Chirurgie (bisher Thomas Che-

---

dere machen nach Swans Anweisung mehr trockne anatomische Präparate. (S. *Swan, account of a new method of making dried anatomical preparations. London,* 1820.)

valier*)), der andere für vergleichende Anatomie (jetzt Benjamin Collins Brodie). Aufserdem noch zwei Professores honorar.: Sir William Blizard und Sir Everard Home, die aber nicht lesen. Ich hatte Gelegenheit, diesen lehrreichen Vorlesungen, welche vor dem gesammten Collegio der Wundärzte und einer grofsen Anzahl Studierender gehalten werden, beizuwohnen; sie betrafen die Struktur der Haut **), und die vergleichende Anatomie und Physiologie des Nervensystems, wobei die vortrefflichen Präparate des Hunterschen Museums und zahlreiche Zeichnungen zur Erläuterung dienten.

Aufserdem wird bekanntlich alle Jahr die *Hunterian oration* im Collegium der Wundärzte gehalten, bestimmt das Andenken John Hunters zu feiern, durch Erinnerung an seine Verdienste und Aufklärung irgend eines anatomischen oder chirurgischen Gegenstandes. Diese Rede wurde 1814 zum ersten Male von Sir Everard Home gehalten; nach ihm von Blizard, Cline, Norris, Dundas (dem ältesten Wundarzte Londons, ehemals Leibchirurgen des Königs, jetzt zurückgezogen in Richmond lebend); ferner von Abernethy, Carlisle und Chevalier. Es ist aber oft nur eine leere Lobrede auf John Hunter, ohne einen besonderen wissenschaftlichen Werth.

---

*) Ist plötzlich am 9. Juni 1824 gestorben.

**) Bekanntlich nachher herausgegeben unter dem Titel: *Lectures on the general structure of the human body and on the anatomy and functions of the skin, by Thom. Chevalier. London.* 1823. 8.

Ferner werden in dem *College of Physicians* jährlich gewisse Vorlesungen gehalten, welche nach denen, welche sie gestiftet haben, benannt werden. Es sind dieses

1) Drei *Gulstonian lectures*, vom Dr. Theodore Gulston (+ 1632) gestiftet; sie werden in englischer Sprache über irgend einen medizinischen Gegenstand gehalten.
2) Eben so viel *Croonian lectures*, vom Dr. William Croone, Professor des Gresham-Collegiums, gestiftet; müssen über Muskelbewegung handeln, und werden Latein gehalten.
3) Ebenfalls drei *Lumleian lectures*, vom Dr. Richard Caldwell und Lord Lumley gestiftet. Müssen einen anatomischen oder chirurgischen Gegenstand betreffen. Anno 1615 wurden sie von Harvey gehalten, welcher hier zuerst seine Lehre vom Blutumlauf vortrug.
4) Vier Vorlesungen über *Materia medica*.

Diejenigen, welche diese verschiedenen Vorlesungen zu halten haben, werden in jedem Jahre dazu besonders erwählt; Anno 1822 waren es die Doctoren Willis, T. Young, Powell und Paris. Aufserdem wird, so wie in dem *College of Surgeons* die *Hunterian oration*, so hier alljährlich die *Harveyan oration* gehalten; gewöhnlich die Biographie von einem verstorbenen ausgezeichneten Mitgliede des Collegiums, welches sich um dasselbe verdient gemacht hat.

Eine der berühmtesten Unterrichts-Anstalten Londons ist bekanntlich die *Royal In-*

stitution of great Britain, in *Albemarle-street*. Wenn schon sie eigentlich keine medizinische Lehranstalt ist, so möchte doch wohl eine Erwähnung derselben hier nicht unpassend sein. Sie wurde 1800 gegründet, und ist bestimmt, die Kenntnifs von nützlichen mechanischen und ähnlichen Erfindungen und Verbesserungen zu verbreiten, und ihre allgemeine Einführung zu befördern, zugleich durch Vorlesungen über naturwissenschaftliche (physikalische und chemische) Gegenstände, die Benutzung der in den genannten Wissenschaften erlangten Kenntnisse bei den verschiedenen Künsten und Handwerken zu lehren. Dabei angestellt ist ein Professor der Chemie; früher Sir Humphry Davy, welchem die Anstalt vorzüglich ihren grofsen Ruhm verdankt, und dessen wichtige Entdeckungen hier gemacht worden sind; jetzt lehrt Chemie: W. T. Brande, dessen Assistent Faraday ist. Ferner ein Professor der Botanik: der ausgezeichnete James E. Smith; und ein Professor der Mechanik: John Millington, welcher sich vorzüglich durch sein neuerlich erschienenes physikalisches Werk einen berühmten Namen erworben hat. Die Anstalt besitzt eine vorzügliche Bibliothek, einen reichen Apparat zu physikalischen und chemischen Untersuchungen, eine ausgezeichnete Mineralien-Sammlung u. s. w.

Die *Royal Institution* hat dann Veranlassung gegeben zur Errichtung mehrerer anderer ähnlicher Anstalten, unter denen sich vorzüglich die *London Institution* in *Moorfields* auszeichnet. Sie wurde 1807 eröfnet, und soll fast 1000 Mitglieder zählen, von denen jeder einen Beitrag von 75 Guineen zur Gründung des Instituts gezahlt haben soll. In dem prachtvollen Gebäude befindet sich eine sehr zahlreiche Bibliothek, ein ausgesuchter physikalischer und chemischer Apparat u. s. w. Zeitschriften aller Art werden hier gehalten und sehr fleifsig benutzt, und jährlich werden von jedesmal dazu erwählten Lehrern Vorlesungen über allgemein wissenschaftliche und naturhistorische Gegenstände gehalten. Im Jahre 1823 von dem Rev. T. E. Dibdin über den Ursprung und die Fortschritte der Litteratur in Grofsbrittanien, und von dem Dr. Birkbeck über die Atmosphäre und ihre Veränderungen. Vorzüglich schön schienen mir die Vorrichtungen zur Erleuchtung des ganzen Gebäudes mit Gas. Dieses wird in dem Hause selbst auf eine sehr einfache Weise aus Oel bereitet. Das Oel fällt aus dem Behälter, in welchem es sich befindet, tropfenweise in eine, im Feuer liegende, glühend heifse eiserne Röhre, wodurch es zersetzt wird, und das Gas sich entwickelt. Dieses wird in einem Gasometer gesammelt, und aus diesem in die das ganze Gebäude durchziehenden Röhren geleitet. Dabei ist die Einrichtung getroffen, dafs das nicht zersetzte Oel von selbst wieder in seinen früheren Behälter zurückfliefst, so dafs also nichts verloren gehen kann. Auch kann das Zuströmen des Gases, und damit die Helligkeit der Erleuchtung, sehr leicht vermehrt oder vermindert werden, je nachdem man von den weiteren und engeren Röhren, in welche die

Hauptkanäle an einzelnen Stellen zerfallen, die eine oder die andere durch das Umdrehen eines Hahnes öffnet.

Der *London Institution* ähnlich sind dann noch einige andere, wie z. B. die *Surrey Institution*, die *Russel Institution* u. s. w.

Mit wenigen Worten erwähnt zu werden, verdient auch wohl das *Gresham College*, im Jahre 1581 von Sir Thomas Gresham gestiftet. Dieser vermachte sein ansehnliches Vermögen der *Royal Exchange* mit der Bestimmung, dafs sieben Lehrer dafür angestellt werden sollten, um in der *Royal Exchange* täglich über verschiedene Gegenstände, unter andern auch über Arzneikunde, Vorlesungen zu halten. Der jetzige Lehrer der Medizin ist Dr. Stanger. Die Anstalt scheint aber sehr in Verfall gerathen zu sein, und die Professuren werden so ziemlich als Sinecuren betrachtet.

Endlich gehört noch hierher die Thierarzneischule, *Veterinary College, St. Pancras.* Besteht erst seit 1791, und wird unterhalten zum Theil durch die Beiträge von Privat-Personen, zum Theil durch die Regierung, indem das Parlament für dieselbe jährlich 3000 Pfund bewilligt hat, damit die Thierärzte für die Kavallerie u. s. w. darin gebildet werden können. Vorlesungen werden von dem bekannten Professor Coleman gehalten; seinem Assistenten Sewell liegen besonders die praktischen Geschäfte ob. Zur Aufnahme von kranken Hausthieren jeder

Art sind zweckmäfsige Einrichtungen getroffen, vorzüglich werden jedoch, wie sich leicht denken läfst, Pferde und Hunde hingeschickt. Jeder zur Unterhaltung der Anstalt Beitragende hat das Recht, seine kranken Pferde u. s. w. hinzuschicken, und braucht dann nur deren Futter zu bezahlen. Auch werden die ihm zugehörenden kranken Thiere auf Verlangen aufserhalb der Anstalt behandelt; nur dürfen alsdann die nöthigen Arzeneien nicht an einem anderen Orte, sondern nur in der Apotheke des *College* gemacht werden. Die Subscribenten können auch blos die Arzneien zu einem sehr billigen Preise aus der Apotheke des *College* erhalten. — Was die hier studierenden Thierärzte betrifft, so werden dieselben, nachdem sie eine gewisse Zeit hindurch die Vorlesungen des Herrn Coleman besucht, und unter der Leitung des Herrn Sewell praktisirt haben, von einer dazu ernannten Commission examinirt, und erhalten dann ein sie zur Praxis berechtigendes Zeugnifs. Präsident der Examinations-Commission ist Henry Cline; Mitglieder sind, aufser Coleman und Sewell, Babington, Home, Cooper, Abernethy, Brodie, Bell u. a. Die in der Anstalt befindliche anatomische Sammlung ist zwar noch nicht sehr grofs, aber an ihrer Erweiterung wird fleifsig gearbeitet; jedoch leidet es wohl keinen Zweifel, dafs diese Anstalt manchen anderen auf dem Festlande bei weitem nachsteht.

IV. Von der Ausübung der Medizin.

Diese befindet sich in den Händen von dreierlei Personen, nämlich in denen der Aerzte, der Chirurgen und der sogenannten Apotheker.

Die Aerzte Londons bilden zusammen das *College of Physicians.* Es wurde als eine eigne Behörde constituirt von Heinrich VIII., unter dem Titel: *the President and College or Community of the faculty of physic in London,* und besteht dasselbe aus:

1) den *Fellows,* welche entweder auf einer der beiden englischen Universitäten, oder im *Trinity College* zu Dublin (der irländischen Universität), den Doktorgrad erhalten haben müssen. In diesem letzten Falle müssen sie aber doch noch erst von der Universität zu Oxford oder Cambridge incorporirt worden sein.

2) Den *Candidates,* welche auf einer der genannten Universitäten zu Doktoren der Medizin (*Doctors of physic*) ernannt sind, auch das zur Erlangung des *Fellowships* erforderliche Examen bestanden haben, aber sich noch im ersten darauf folgenden Jahre befinden, nach dessen Ablauf sie dann *Fellows* werden.

3) Den *Inceptor Candidates,* welche auf einer der genannten Universitäten nur erst den Grad eines *Bachelors of physic* erlangt, und in dieser Eigenschaft sich um das *Fellowship* beworben haben.

4) Den *Licentiates,* welche auf einer anderen (einer von den Schottischen Universitäten) graduirt worden sind, und die Erlaubniſs erhal-

erhalten haben, in London selbst und dessen Gebiete (d. h. in einem Umfange von 7 Meilen um die Stadt herum), praktisiren zu dürfen.

5) Den *Extra-Licentiates*, welche auch auf einer anderen Universität graduirt worden sind, und die Erlaubnifs zur Praxis auf dem Lande, nicht aber in dem bezeichneten Gebiete von London besitzen. — Die Gerechtsame des *College of physicians* erstrecken sich nemlich nur auf London und die nächste Umgebung, bis zu einer Entfernung von 7 Meilen. In diesem Gebiete darf keiner als Arzt praktisiren, wenn er nicht dem Collegium der Aerzte angehört, und es hat das Collegium (die jedesmaligen Vorsteher desselben) die Verpflichtung, hier danach zu sehen, dafs die Medizin auch von den zur Praxis berechtigten nicht unzweckmäfsig ausgeübt werde (dafs keine *mala praxis* Statt finde), so wie es auch das Recht besitzt, alle Arzeneien u. s. w., die hier verkauft werden, zu untersuchen, und bei ausgemittelter Verfälschung oder Untauglichkeit, Strafe zu verhängen *).

Jährlich wird ein Präsident des Collegiums der Aerzte erwählt; (während meines Aufenthalts in London war es Sir Henry Halford, Leibarzt des Königs). Aufserdem noch sieben Vorsteher *(Elects)*; damals Sir Lucas Pepys, Dr. James Hervey, Dr. John Latham, der nun verstorbene Dr.

*) So lauten die bestehenden Vorschriften, welche aber freilich nicht genau befolgt zu werden scheinen.

Mathew Baillie, Dr. Edward Roberts, Dr. Henry Ainsly und Dr. Arthur Stone Ferner vier Censoren: Dr. Ash, Dr. Bright, Dr. Chambers und Dr. Boyton. Sodann wird zufolge einer im Jahre 1774 passirten Acte *for regulating madhouses*, zu diesem Behufe jährlich eine eigne Commission, aus fünf Mitgliedern des Collegiums der Aerzte bestehend, ernannt, welcher besonders die Aufsicht über die Privat-Irrenhäuser obliegt.

Das dem *College of physicians* gehörende Gebäude liegt in einer engen Gasse der City (*Warwicklane*); man gehet jedoch jetzt damit um, ein neues prachtvolles Gebäude in der Nähe von *Carltonhouse* zu errichten. Das Collegium besitzt eine Sammlung anatomischer Präparate, welche Dr. Baillie demselben geschenkt hat; ferner eine Sammlung für Materia medica, und eine nicht unbedeutende Bibliothek *).

---

*) Hier befinden sich auch die getrockneten und auf Holz ausgespannten Präparate vom Nerven- und Gefäfs-Systeme, von denen man, besonders weil sie in dem Besitze der Nachkommen Harvey's sich befanden, irrigerweise glaubte, dafs Harvey sie selbst verfertigt, und letztere zur Demonstration des Blutumlaufes gebraucht habe. Ganz ähnliche haben sich aber im *College of Surgeons* gefunden, und diese rühren vom Fabrizius Bartholitus von Padua, einem Gehülfen Veslings, her. John Evelyn erstand sie von diesem, brachte sie nach London und schenkte sie dem *Gresham College*; von diesem erhielt sie das brittische Museum, und späterhin wurden sie dem *College of Surgeons* zu Theil. Hiernach wird es wahrscheinlich, dafs auch jene im *Coll. of phys.*, nicht von Harvey verfertigt und von ihm zur Demonstration des Blutumlaufs gebraucht worden sind, sondern vermuthlich hat auch er sie aus Italien erhalten. S. *Grews Rarities of Gresham College.*

Die zur ärztlichen Praxis, oder eigentlich zur Praxis als Aerzte in England berechtigten Personen sind nun die oben genannten Mitglieder des *College of physicians*, und zwar die *Fellows*, *Candidates*, *Inceptor Candidates* und *Licentiates* in London und einer Runde von sieben Meilen, die *Extra Licentiates* aber nur aufserhalb dieses Gebiets, und hier haben aufserdem noch alle Doctoren von Oxford und Cambridge die Erlaubnifs zu praktisiren, wenn sie auch nicht dem Londoner Collegio angehören.

Eine ähnliche Corporation der Wundärzte ist das *College of Surgeons*, welches von Georg II. gegründet wurde, unter dem Namen der *Masters, Governors and Commonalty of the art and science of Surgeons of London*, und durch dessen Errichtung die Wundärzte von den Barbierern getrennt wurden, mit denen sie von Heinrich VIII. anno 1540 vereinigt waren. Nachher erhielt es im Jahre 1800 von Georg III. eine neue Urkunde (*Charter*), und vom Parlamente verschiedene Begünstigungen, indem ihm 25,000 Pfund zur Errichtung des jetzigen schönen Gebäudes in *Lincolns inn fields* bewilligt wurden, und zugleich die Huntersche Sammlung für dasselbe erstanden wurde. Es wird wohl keine Chirurgen in England geben, welche nicht, wegen des dadurch erhaltenen Ansehens, ihre Aufnahme in das Collegium der Wundärzte bewirkt hätten; indessen besitzt dasselbe nicht die Macht, andere Personen an der Ausübung der Chirurgie zu verhindern. Um Mitglied des Collegiums zu werden, ist ein Examen erforderlich, zu welchem jedoch nur diejenigen zugelassen werden, welche wenigstens sechs Jahre Chirurgie studiert haben; — wenigstens drei Winter-Curse über Anatomie besucht, und ein oder mehrere Male in London, Dublin, Edinburg oder Glasgow Chirurgie gehört haben; — wenigstens ein Jahr hindurch der chirurgischen Praxis in einem der folgenden Hospitäler obgelegen haben: Bartholomeus-, Thomas-, Westminster-, Guys-, Georgs-, London- oder Middlesex-Hospital in London; Richmond- oder Steevens-Hospital in Dublin; Königl. *Infirmary* in Edinburg, oder Königl. *Infirmary* in Glasgow. — Aufserdem müssen sie zwei und zwanzig Jahre alt sein. Candidaten von diesem Alter werden aufserdem noch zugelassen, wenn sie bereits Mitglieder von einem anderen gesetzmäfsig constituirten Collegium der Wundärzte in dem vereinigten Königreiche sind; wenn sie auf einer der Universitäten des vereinigten Königreichs in der Medizin graduirt worden sind, und dabei zwei oder mehrere anatomische Curse durchgemacht, auch wenigstens ein Jahr hindurch der chirurgischen Praxis in einem der vorhin genannten Hospitäler obgelegen haben *).

*) In einer neueren Verordnung vom 19. März 1824 sind diese Vorschriften noch in manchen Punkten modificirt worden. Es heifst darin: die allein von dem Collegium der Wundärzte anerkannten chirurgischen Schulen sind die von London, Dublin, Edinburg, Glasgow und Aberdeen. — Die chirurgische Praxis darf nur erlernt sein in den Hospitälern von diesen Schulen, und müssen die Hospitäler im Durchschnitt wenigstens 100 Kranke enthalten. — Die Vorlesungen über Anatomie,

Präsident des Collegiums in London war im Jahre 1823 Sir William Blizard; Vice-Präsidenten: Henry Cline und William Norris. Aufserdem ist noch eine gewisse Anzahl von Vorstehern ernannt. Ferner ist eine eigne Examinations-Commission niedergesetzt, bestehend aus Blizard, Cline, Norris, Dundas, Forster, Home, Harvey, Lynn, Abernethy und A. Cooper. Sieben Curatoren haben die Aufsicht über das Museum zu führen, dessen Conservator der hochverdiente William Clift ist. Von den beim Collegium angestellten Professoren der Anatomie und Chirurgie ist schon oben die Rede gewesen. Die Zahl der Mitglieder ist sehr grofs; ihre Namen füllen in der vor mir liegenden Liste vom Jahre 1823, 77 eng gedruckte Octavseiten. Ehrenmitglieder sind Cuvier und Humphry Davy.

Physiologie und Chirurgie dürfen nur gehört sein bei den Professoren der Universitäten zu Dublin, Edinburg, Glasgow oder Aberdeen, oder bei den Aerzten oder Chirurgen jener Hospitäler, oder bei Personen, die in Schulen lehren, welche von dem ärztlichen Personale jener Hospitäler anerkannt sind. — Diese Verordnung hat grofse Sensation erregt, und ist von vielen Seiten bitter getadelt worden. Man wirft den Vorstehern des Collegiums, und namentlich den Mitgliedern der Examinations-Commission vor, dafs sie den Unterricht in der Chirurgie zum Monopol machen wollten, welches um so mehr zu tadeln sei, da sich eben unter ihnen mehrere Hospital-Chirurgen und Lehrer der Anatomie und Chirurgie befänden. Besonders fühlen sich diejenigen, welche Privat-Unterrichts-Anstalten errichtet haben, dadurch zurückgesetzt, und fügen deshalb diejenigen unter ihnen, welche von den genannten Behörden anerkannt worden sind, dieses gewöhnlich bei den Ankündignngen ihrer Vorlesungen ausdrücklich hinzu, wie z. B. Grainger, Brookes,

Alle drei Jahre wird von den Vorstehern des Collegiums eine Preisfrage (*Collegial anatomical prize*) über einen Gegenstand aus der menschlichen oder vergleichenden Anatomie aufgegeben; im letzten Jahre über den Verlauf der Rückenmarks-Nerven und ihre Verbindung mit den Gehirn- und Eingeweide-Nerven. Ferner alljährlich eine andere (*Jacksonian prize*), ebenfalls über einen anatomischen Gegenstand; diesmal *Fungus haematodes.*

Aufser dem unvergleichlichen Hunterschen Museum, wovon unten ein Mehreres, besitzt das *College of Surgeons* auch noch eine ausgesuchte Bibliothek und eine zahlreiche Sammlung von Zeichnungen. —

Was endlich die Apotheker betrifft, so wurden diese zuerst von Jacob I. mit den Gewürzkrämern vereinigt, nachher aber wieder von denselben getrennt, und eine eigene Corporation aus ihnen gebildet, unter dem Namen: *the Master, Wardens and Society of the art and mystery of Pharmacopolists in London.* In einer unter Georg III. erlassenen Parlaments-Akte: *for better regulating the practice of Apothecaries throughout England and Wales*, wurde festgesetzt, dafs der *Master* und die *Wardens* der *Society*, oder andere von diesen dazu bestimmte Personen, an der Zahl nicht weniger als zwei, so oft als es für nothwendig erachtet würde, bei Tage in die Officin irgend eines Apothekers in England oder Wales sollten hineingehen, die Arzeneien untersuchen, und alle unbrauchbaren verbrennen, oder sonst vernichten können. (Diese Befugniſs erstreckt sich jedoch nicht auf die Läden der *Chemists* und *Druggists*, welche ebenfalls Arzeneien verkaufen. Diese können, wie oben schon bemerkt worden, in London und dessen Umgebung von dem *College of Physicians* untersucht werden; auf dem Lande aber sind sie auch diesen Untersuchungen nicht unterworfen, und hier findet daher gar keine Aufsicht über den Arzenei-Verkauf von Seiten der sogenannten Chemiker und Droguisten Statt.)

Vom 1. August 1815 an, heiſst es ferner in der erwähnten Akte (*Apothecaries Act*), soll keiner in England oder Wales als Apotheker praktisiren, wenn er nicht zuvor von der Examinations-Commission der *Society of Apothecaries* geprüft und approbirt worden ist. Auch die Assistenten sollen einer Prüfung unterworfen werden. — Um aber zu dem Examen zugelassen zu werden, muſs der Candidat wenigstens 5 Jahre bei einem Apotheker in der Lehre gewesen sein, ein Alter von 21 Jahren erreicht haben, und gute Zeugnisse über sein Betragen vorbringen können. Er muſs vollkommen gut Latein verstehen, und wenigstens zwei Mal Anatomie und Physiologie, so wie die theoretische und praktische Heilkunde gehört haben. Ferner muſs er einmal Chemie und Materia medica gehört, und wenigstens sechs Monate hindurch der medizinischen Praxis in einem öffentlichen Hospitale oder einer *Infirmary*, oder neun Monate der medizinischen Praxis in einem *Dispensary* beigewohnt haben. — Das

Examen selbst erstreckt sich über pharmaceutische Chemie, Materia medica, medizinische Botanik, Physiologie und praktische Heilkunde. Auch müssen die Examinanden, um ihre Kenntnifs der lateinischen Sprache darzuthun, einiges aus der Londoner Pharmacopoe und einige ärztliche Vorschriften übersetzen.

Die *Society of Apothecaries* besteht übrigens aus einem *Master* (John Baker), zwei *Wardens* (Thomas Wheeler und Edward Browne), zwanzig *Assistants*, und einer zahlreichen sogenannten *Livery* und *Yeomanry* (den übrigen Mitgliedern). Dreizehn sind zu Examinatoren ernannt, an deren Spitze William Simons steht. — Eigenthum der Gesellschaft ist der Botanische Garten zu Chelsea, welchen ihr Sir Hans Sloane geschenkt hat. Dessen Direktor ist William Anderson, und aufserdem steht er unter der Aufsicht einer gewissen Anzahl von *Managers*.

Mit dem Apotheker-Vereine in Verbindung steht dann noch eine andere Anstalt, welche zu den sehenswerthesten Londons gehört; ich meine die *Apothecaries Hall*, unweit *Blackfriars bridge*. (Das Gebäude gehört der *Society of Apothecaries*, und werden alle Verhandlungen derselben hier vorgenommen). Diese Apotheker-Halle ist auf Actien gegründet, und bestimmt, eine Normal-Apotheke für das ganze Königreich darzustellen; sie besteht aus zwei Theilen: 1) dem *Galenical Departement* für die einfachen Arzneimittel, und 2) dem *Chemical Departement* für die chemischen Präparate. Dafür, dafs alles in der besten Qualität vorhanden sei, wird vorzüglich gesorgt, und es können nicht nur die verschiedenen Apotheker Englands von hier ihre Arzneimittel in gröfseren Quantitäten erhalten, sondern es werden auch einzelne Recepte in der Anstalt gemacht, zu welchem Ende eine grofse, in mehrere Abtheilungen getheilte Officin in dem Hause vorhanden ist. Besonders bewundernswürdig ist das Laboratorium; in diesem werden auf grofsen Mühlen, Rinden, Wurzeln u. s. w. zu Pulver gemahlen, andere Substanzen zerstofsen oder zerschnitten, Pillen gedrehet, Pflastermassen angefertigt, Pulver gesiebt u. s. w., kurz, wohl ein Dutzend verschiedener Prozesse unterhalten, durch eine, in einem anderen Theile des Hauses befindliche, ohne alles Geräusch und daher unbemerkt arbeitende Dampfmaschine. Menschenhände werden dabei nur wenig erfordert. — Die Extracte werden in Kesseln mit doppelten Boden und Wänden eingedickt, wo in die Zwischenräume Wasserdämpfe geleitet werden, durch deren Hitze die Eindickung bewirkt wird. Auf diese Weise soll ein Anbrennen der Extracte nicht zu befürchten sein. Auch wird Verdünnung der Luft, durch die Luftpumpe bewirkt, zum Evaporiren benutzt.

Zwei Professoren sind bei der *Apothecaries Hall* angestellt, nämlich James Lowe Wheeler für die Botanik, und William Thomas Brande für Chemie und Materia medica. Beide halten eine gewisse Zeit des Jahres hindurch Vorlesungen. — Letzterer führt zugleich die Aufsicht über sämmtliche chemische Operationen, und kein Präparat darf in den Handel gebracht werden, bevor es nicht von ihm untersucht und approbirt worden ist *). —

Es erhellet übrigens schon aus dem vorhin Gesagten, dafs die Geschäfte der Apotheker keinesweges blos in der Bereitung und dem Verkaufe von Arzeneimitteln bestehen, sondern dafs sie zugleich ärztliche Praxis treiben. Manche, ja die meisten von ihnen, sind zugleich Chirurgen, und einige üben auch die Geburtshülfe aus, in welchem letzteren Falle besonders sie *General Practitioners* genannt zu werden pflegen Ganz kürzlich haben sie angefangen, Verhandlungen herauszugeben, unter dem Titel: *Transactions of the associated Apothecaries and Surgeon-Apothecaries of England and Wales.*

Neben den Apothekern giebt es nun noch die sogenannten *Chemists* und *Druggists*, welche sich mit medizinischer Praxis nicht befassen, sondern nur theils mit einfachen Arzeneimitteln und chemischen Präparaten handeln, theils auch von den Aerzten verschriebene Recepte anfertigen. Sie stehen in

*) Bemerkenswerth ist hierbei noch, dafs die meisten zur Bereitung der chemischen Präparate und Behandlung stark wirkender Stoffe angestellten Arbeiter Deutsche sind, und zwar wählt man vorzugsweise diese, weil man glaubt — sie könnten die Einwirkung giftiger Substanzen besser, als andere Menschen ertragen! — Uebrigens bezieht zwar nicht die *Army*, wohl aber die *Navy*, ihren gesammten Arzneibedarf aus der *Apothecaries-Hall*. Auch werden von ihr die bedeutenden Sendungen nach sämmtlichen Colonieen besorgt. *Calomel* wird Centnerweise versandt.

London einigermafsen unter der Aufsicht des Collegiums der Aerzte, auf dem Lande aber wird keine Controlle über sie geführt. Manche sind *Chemists* und *Druggists* zugleich, andere nur das eine oder das andere, und dann behaupten die *Chemists* den Rang vor den Droguisten, indem erstere sich nur mit der Bereitung chemischer Präparate und dem Verkaufe derselben im Grofsen, nicht aber wie die Droguisten mit der Anfertigung einzelner Recepte, oder dem wirklich weit getriebenen Handeln mit Geheim-Mittel befassen.

Was endlich die Ausübung der **Geburtshülfe** betrifft, so steht diese durchaus unter gar keiner Aufsicht. Geburtshelfer sind theils manche promovirte Aerzte, welche entweder vorzugsweise, oder neben ihrer ärztlichen Praxis auch geburtshülfliche betreiben, theils manche Apotheker, theils auch wohl einzelne Chirurgen. Aufserdem giebt es eine grofse Anzahl Hebammen, welche in den Privat-Unterrichts-Anstalten der Geburtshelfer gebildet worden sind, und bei ihrer Praxis die ihnen von ihren Lehrern ertheilten Atteste geltend machen.

Der gewöhnliche Gang bei der medizinischen Praxis ist nun dieser: Ein *Apothecary* oder *General-Practitioner* ist Hausarzt. Er erhält, nach eingeführter Sitte, für jeden Besuch eine halbe Krone ($2\frac{1}{2}$ Schilling), und berechnet aufserdem die Kosten der Arzeneien, die von ihm selbst geliefert werden *). Tritt

*) Eine gesetzlich vorgeschriebene Arzneitaxe giebt es in

ein bedenklicher Krankheitsfall ein, so ruft der *Apothecary* einen eigentlichen Arzt (*Physician*) oder einen Wundarzt hinzu, die sogleich für jeden Besuch eine Guinee (gewöhnlich einen Schilling in eine Pfund-Note eingewickelt) erhalten, und in der Regel nur so oft wiederkommen, als ihr Besuch ausdrücklich verlangt wird. Dafs sie merkwürdige, für sie interessante Kranke, auch wohl unaufgefordert wieder besuchen, versteht sich von selbst; eben so, dafs von den höheren Ständen, mit Uebergehung des *General Practitioners*, unmittelbar ein Arzt oder Wundarzt zu Rathe gezogen wird.

Mit den die Geburtshülfe ausübenden Aerzten (*Physician-Accoucheurs*) verhält es sich auf ähnliche Weise. Sie haben theils in den höheren Ständen ihre für sich bestehende Praxis, theils werden sie von den geburtshülflichen Praktikern in schwierigen Fällen zu Rathe gezogen *).

England nicht. Eben so wenig eine solche Medizinaltaxe. Der *Apothecary* kann die Kranken zur Bezahlung der von ihm gemachten Rechnungen gerichtlich zwingen, da er die Arzeneien zugleich hergegeben hat; der Arzt aber hat dies Recht nicht, und deshalb läfst er sich sogleich bei seinem Besuche bezahlen.

*) Da es für Manchen nicht uninteressant sein möchte, zu wissen, welche Medizinal-Personen bei der Person des Königs angestellt sind, so will ich deren Namen noch hierher setzen. Ordentliche Leibärzte sind: Sir Gilbert Blane, Sir Henry Halford, Sir William Knighton und Sir Mathew John Tierney. Aufserordentliche Leibärzte: Dr. John Latham und Sir James Macgregor; zu ihnen gehörte auch Dr. Jenner. Leibchirurgen sind: Sir David Dundas und Sir Everard Home (diese mit dem Titel *Sergeant-Surgeons*); ferner Patric Macgregor, als *Sergeant-Surgeon extraordinary*, und Sir Astley Coo-

V. Gelehrte Gesellschaften.

Von der ersten und wichtigsten unter ihnen, der *Royal Society*, hier ausführlich zu reden, möchte wohl sehr überflüssig sein. Sie hält ihre Sitzungen alle Donnerstag Abend in *Sommerset-house*, in welchem ihr neben der Königl. Academie der Künste (*Royal Academie of Arts*) ein schönes Lokale eingeräumt ist. Sämmtliche eingereichte Abhandlungen werden nach Anordnung des Präsidenten, Sir Humphry Davy, von einem der beiden Secretaire, William Thomas Brande und Taylor Combe (*Keeper of the Antiquities and Coins* im brittischen Museum), vorgelesen. (Seltsam kömmt hierbei einem Fremden das, besonders von dem Präsidenten, beobachtete Ceremoniel vor.) Jährlich wird dem, welcher die wichtigste Abhandlung eingereicht hat, wodurch die Wissenschaft am meisten gefördert ist, eine Medaille zuerkannt. Im vorletzten Jahre erhielt sie bekanntlich Professor Buckland in Oxford, für seine Untersuchungen über fossile Knochen. Das Interesse, welches mir die hier vorgetragenen Abhandlungen gewährten, wurde noch erhöhet durch die Bekanntschaft mit Männern, wie H. Davy, dem jüngeren Herschel, Wollaston, Young, Prout u. a., welche hier zu machen mir vergönnt war.

---

per, als *Surgeon to the person.* Aufserdem sind *Surgeons extraordinary:* William Wadd, Sir Anthony Carlisle und Stephen Hammick. Auch Thomas Chevalier gehörte zu ihnen. Als *Surgeon oculist* ist angestellt Henry Alexander, und als *Oculist extraordinary* Sir William Adams; endlich als *Aurists:* William Maule und John H. Curtis.

Den Arzt näher angehend, ist sodann die *Medical and chirurgical Society of London* in *Lincolns inn fields* (1805 gestiftet). Sie wird zwar vorzugsweise von den Aerzten und Chirurgen des West-Endes der Stadt besucht, indem für die City, das Ost-Ende u. s. w., andere Gesellschaften vorhanden sind, so wie überhaupt das ärztliche Personale, nach den verschiedenen Theilen der Stadt, gewissermaſsen in verschiedene Abtheilungen zerfällt; doch aber zählt die *medical and chirurgical Society*, als die vorzüglichste der medizinischen Gesellschaften, unter ihren Mitgliedern Bewohner von allen verschiedenen Gegenden Londons. Die Zusammenkünfte finden, ausgenommen in den Sommer-Monaten, alle vierzehn Tage Statt, und werden dann die eingereichten Abhandlungen, nach Anordnung des Präsidenten (damals Dr. Cooke), von einem der beiden Secretaire, Dr. Roget und Mr. Earle, vorgelesen. — Nachdem dies geschehen, wird darüber debattirt, wobei es sich von selbst versteht, daſs immer nur einer redet, und nicht ohne Erlaubniſs des Präsidenten. In dessen Abwesenheit führt einer der vier Vice-Präsidenten den Vorsitz. Die Gesellschaft besitzt eine ausgezeichnete Bibliothek, welche in dem genannten, ihr zugehörenden Lokale aufgestellt ist, und unter der Aufsicht eines eigens dazu angestellten und in dem Gebäude wohnenden Secretairs steht. Bibliothekar ist auſserdem Samuel Cooper. Auch werden hier fast alle medizinischen Journale gehalten, zu deren Benutzung den gröſsten Theil des Tages hindurch ein eignes Lesezimmer offen steht. — Von der Thätigkeit der Gesellschaft geben die von ihr herausgegebenen *Medico-chirurgical Transactions* hinreichendes Zeugniſs. Der Tod des Dr. Marcet gab mir Gelegenheit zu sehen, wie die Verdienste der Mitglieder von der Gesellschaft geehrt werden; es wurde beschlossen, eine Deputation an die hinterbliebene Wittwe abzuschicken, die ihr das Leidwesen der *Society* bezeugen, um ein in dem Versammlungs-Sale der Gesellschaft aufzuhängendes Gemälde bitten sollte u. s. w. Dergleichen Beschlüsse werden dann durch den Druck öffentlich bekannt gemacht.

Den nächsten Rang nimmt hiernach ein die *Medical Society of London*, *Boltcourt*, *Fleetstreet*, in einem der Gesellschaft von Dr. Lettsom geschenkten Gebäude. Sie existirt seit 1773, und besitzt eine Bibliothek von mehr als 30,000 Bänden. Ihre Zusammenkünfte finden ein Mal in jeder Woche Statt, und wird in ihnen mehr über einzelne in Anregung gebrachte Gegenstände debattirt, als daſs Vorlesungen gehalten würden. Wenigstens war es so, als ich die Gesellschaft besuchte. Jährlich, beim Stiftungsfest, wird von einem dazu erwählten Mitgliede über irgend einen wissenschaftlichen Gegenstand eine Rede gehalten, und alle Jahr wird, nach einem Vermächtniſs des Dr. Anthony Fothergill, demjenigen, der über einen aufgegebenen Gegenstand eine preiswürdige Abhandlung einreicht, eine goldene Medaille „*the Fothergillian medal*“ zuerkannt. Erschienen sind bekanntlich zuerst sechs Bände

Memoirs of the medical Society of London, und späterhin *Transactions of the medical Society of London*. Präsident war bei meiner Anwesenheit Dr. Uwins; späterhin wurde es Dr. Shearman.

Eine andere medizinische Gesellschaft ist die *Hunterian Society*, welche für das Ost-Ende Londons das sein soll, was die *Medical and chirurgical Society* für das West-Ende ist. Sie ist vorzüglich das Werk von Sir William Blizard, und hat eine rein praktische Tendenz. Gelehrte Untersuchungen scheinen weniger darin geführt zu werden; dagegen fehlt es nie an der Mittheilung von wichtigen Fällen, welche in diesem volkreichen Theile der Stadt, der hauptsächlich von Arbeitsleuten bewohnt wird, so häufig vorkommen. Auch geben die reichen Sammlungen von Langstaff und anderen, die sich in der Nähe befinden, immer vielfachen Stoff zu pathologisch-anatomischen Untersuchungen. Präsident der Gesellschaft war bei meiner Anwesenheit Dr. Robinson; ihm folgte Dr. Babington.

Ferner besteht in London eine *Medico-botanical Society*. Sie wurde im Jahre 1821 gestiftet, und ist bestimmt zur Förderung der Kenntnisse in der Materia medica und medizinischen Botanik. Die Zusammenkünfte derselben finden (mit Ausnahme der Monate August und September) wöchentlich ein Mal Statt. In denselben wird von dem sogenannten Direktor der Gesellschaft, Mr. John Frost, eine Vorlesung über irgend einen, mit Materia medica in Verbindung stehenden, Gegen-

Gegenstand gehalten, und dieselbe erläutert durch Vorzeigung der Gegenstände, durch Zeichnungen u. s. w. Ueberhaupt ist bei den Engländern die Autopsie immer die Hauptsache, und in manchen Vorlesungen wird viel mehr gezeigt, als gesprochen. Der genannte John Frost ist ein junger seltsamer Mensch, welcher die Stiftung dieser Gesellschaft veranlaſst hat. Das Präsidium führt Dr. Maton.

Ausgezeichnet durch ihre Thätigkeit, von welcher die erschienenen Transactionen ein Zeugniſs geben, ist die *Linnean Society*, welche 1788 gestiftet und 1802 incorporirt wurde. An ihrer Spitze befindet sich Sir James Edward Smith, welchem Männer, wie Lambert, Macleay und Taylor zur Seite stehen. Bibliothekar der Gesellschaft ist der verdiente und anspruchslose Robert Brown. Dieser verwaltet jetzt noch die in dem Hause, in welchem die Zusammenkünfte Statt finden, und in welchem Sir Joseph Banks wohnte, befindliche, ausgezeichnete Bibliothek dieses Letzteren, die ihm bis zu seinem Tode von Banks anvertraut ist, dann aber dem Brittischen Museum anheim fällt. Brown sollte vor einigen Jahren als Professor der Botanik nach Edinburg kommen, (welche sehr einträgliche Stelle jetzt Dr. Graham bekleidet); er wurde aber durch ihm gemachte Versprechungen daran verhindert, welche jedoch nachher nicht vollständig in Erfüllung gegangen sein sollen. — Neuerlich haben sich diejenigen Mitglieder der *Linnean Society*, welche sich mit Zoologie und vergleichender Anatomie beschäftigen, noch besonders unter einander verbunden, und einen zoologischen Klub gebildet, in welchem gegenwärtig der berühmte Entomologe Kirby den Vorsitz führt.

Aufserdem verdient hier erwähnt zu werden die *Geological Society*, in *Bedford-street, Coventgarden.* Sie wurde 1813 gestiftet, und steht unter der Leitung der Herren Babington, Buckland, Wollaston, Pepys u. a. Secretair für das Ausland ist der bekannte Mineralienhändler Henry Heuland. Die Gesellschaft besitzt ein reiches mineralogisches und geologisches Cabinet, welches letztere besonders durch die neueren, vielfachen Untersuchungen, über die in den merkwürdigen Höhlen Englands, bei Plymouth, Kirkdale u. s. w., gefundenen fossilen Knochen, manchen Zuwachs erhalten hat. Buckland, dessen eigenthümliche Theorie, wie die in den genannten Höhlen gefundenen fossilen Knochen in diese hineingekommen sein sollen, bekannt ist, und der sich damals besonders mit der Beschreibung der in der Nähe von Oxford gefundenen Reste eines grofsen eidexenartigen Thieres (von ihm Megalosaurus genannt) beschäftigte, zeigte mir unter anderen eine Ulna von einem angeblich fossilen Menschenskelette, welches neulich neben Knochen von Elephanten und anderen Thieren in einer Höhle in Wales gefunden worden ist. Der Knochen war roth gefärbt, wie es der Boden ist, in dem er gefunden, scheint aber deutlich neueren Ursprungs zu sein.

Von den übrigen zahlreichen wissenschaftlichen Vereinen Londons will ich nur noch die *Horticultural Society* hier nennen. Der *Phrenological Society* ist schon oben Erwähnung geschehen.

Eben so habe ich bereits früher bemerkt, daſs in den verschiedenen Hospitälern und bei mehreren chirurgischen Schulen, Gesellschaften gestiftet sind, vorzüglich für die daselbst Studirenden bestimmt, aber auch von den Aerzten und Chirurgen der Hospitäler, so wie von den Lehrern besucht. Die vorzüglichsten unter ihnen scheinen die des Bartholomäus-Spitales, des Thomas-Spitales, die von *Great Windmill-street* und die des London-Hospitales zu sein. Der Nutzen, welchen sie stiften, ist gewiſs sehr groſs, und es wäre wohl zu wünschen, daſs ähnliche Vereine auch bei uns zu Stande kommen könnten.

Ganz neuerlich (am 17. Juni 1824) hat sich in London noch eine, die Vervollkommnung der Medizin bezweckende, *Society of physicians of the united Kingdom* gebildet, welche schon zu mancherlei Verhandlungen Veranlassung gegeben hat, und von mehreren Seiten bitter getadelt worden ist. Es sollen nämlich nur solche darin aufgenommen werden, welche auf einer der in Ruf stehenden Universitäten des Königreiches, nach den bestehenden Vorschriften, ihre Studien absolvirt haben, und zu *Bachelors* oder *Doctors of physic* promovirt worden sind; ferner diejenigen Mitglieder des Collegiums der Aerzte, welche schon vor dem Jahre 1800 demselben

L 2

angehört haben. Nach diesem Jahre sind nämlich auch die von der Universität zu Aberdeen promovirten Aerzte in das *College of physicians* aufgenommen worden, und diese sollen eben von der *Society* ausgeschlossen bleiben, weil zu Aberdeen ein nicht zu billigender Handel mit den Diplomen getrieben werden soll. Eben so sind auch alle diejenigen ausgeschlossen, welche Chirurgie oder Pharmacie oder Geburtshülfe ausüben, und letztere, die *Physician-Accoucheurs*, unter welchen sich manche ausgezeichnete Aerzte befinden, sind es nun, welche vorzüglich gegen die neue Gesellschaft zu Felde gezogen sind. Man sieht hieraus, wie wenig die geburtshülfliche Praxis in England geachtet wird, von der man geradezu behauptet, daſs sie nur für Frauenzimmer sich zieme! —

VI. Sammlungen.

Die Museen für vergleichende und pathologische Anatomie sind ohne Zweifel dasjenige, was in London für den fremden Arzt das gröſste Interesse haben, und ihm die meiste Belehrung gewähren kann, und ein genaues Studium von ihnen habe ich mir deshalb auch vorzüglich angelegen sein lassen, wobei ich die Bereitwilligkeit, mit welcher mir Alles gezeigt und zur eignen Untersuchung überlassen worden ist, nicht genug rühmen kann. Die Bericht-Erstattung darüber ist aber mit eigenthümlichen Schwierigkeiten verbunden, da das von mir Gesehene und Aufgezeichnete nur erst im Zusammenhange wissenschaftlicher Arbeiten Werth und

Bedeutung gewinnen kann, und ich hier nur eine Reihe aphoristischer Notizen zu geben im Stande sein werde, die ohnehin als bloſse Beschreibung immer der bildlichen Darstellung des mir vorschwebenden Gegenstandes entbehren. — Jede der zahlreichen Sammlungen Londons hat ihr Eigenthümliches. So ist Hunters Museum besonders wichtig für vergleichende Anatomie und Physiologie; das Museum in *Windmill-street* lehrreich für die Krankheiten der Harnwerkzeuge; im Bartholomäus-Spitale befinden sich besonders viel Präparate von Krankheiten des Herzens und der groſsen Gefäſse, so wie von *fungus haematodes, medullaris* und anderen krankhaften Geweben; eben so in dem Museum von Langstaff; im Thomas-Spitale zeichnen sich aus die Präparate von Hernien, Knochenkrankheiten, Luxationen u. s. w. Unter allen nimmt aber ohne Zweifel den ersten Rang ein:

Das Huntersche Museum im Collegium der Wundärzte. So sehr auch sonst die Zeit, in der es besucht werden darf, beschränkt ist, so wurde es mir doch zu jeder Stunde geöffnet, und sowohl der von Hunter selbst geschriebene Catalog, als auch der von Clift späterhin angefertigte, mir anvertrauet. Es ist sehr zu wünschen, daſs Clift noch im Stande sein möge, den Catalog zum Drucke zu vollenden, da nur er von allem Bescheid weiſs, und die getroffene Ordnung nicht einem Jeden verständlich sein möchte. Clift ist überhaupt für das Museum völlig unschätzbar; er ist der alleinige Schlüssel dazu, und die Reinlichkeit und Eleganz, in welcher er alles erhält, sucht ihres Gleichen. — Im Winter wöchentlich einmal, im Sommer zweimal, wird das Museum denen, die von den Vorstehern Einlaſskarten erhalten haben, geöffnet, und dann geht Clift mit ihnen das Ganze erklärend durch, so daſs ein solcher Umgang eine sehr lehrreiche Vorlesung abgiebt. Die Sammlung ist noch so geordnet, wie es von Hunter geschehen, als er sie zuerst im Jahre 1786 seinen Freunden zeigte. Alles was seitdem hinzugekommen, ist am gehörigen Orte eingeschaltet worden. Sie zerfällt in drei Hauptabtheilungen, von denen die eine für vergleichende Anatomie, die andere für pathologische Anatomie, und die dritte für Naturgeschichte bestimmt ist. In der die Präparate für vergleichende Anatomie enthaltenden Gallerie, sind diese immer so geordnet, daſs bei jedem Organe des Körpers mit der einfachsten Beschaffenheit, in der es sich findet, der Anfang gemacht, und allmälig bis zu dem zusammengesetztesten Zustande desselben hinauf gestiegen wird. Es zerfällt diese Abtheilung des Museums in zwei Theile, von denen der erste Präparate enthält von denjenigen Organen, welche sich auf das Leben des Individuums selbst beziehen, die zweite dagegen Präparate von den zur Fortpflanzung dienenden Organen. Der erste Theil ist sodann in zwölf Reihen geordnet. Von diesen zeigt die erste die zur Bewegung dienenden Theile. Hier sieht man zuvörderst verschiedene Arten von Säften und Blut (geronnen, injicirt, und deutlich darin verlaufende Gefäſse zeigend); — dann alle die verschiedenen festen Theile, welche aus dem Blute u. s. w. gebildet werden, zusammengestellt, um eine allgemeine Uebersicht zu gewähren; — dann die Muskelfasern insbesondere, wie sie verschieden geordnet sind; — ferner die Art, wie sich die Muskeln an die zu bewegenden Theile befestigen; — wie elastische Bänder u. s. w. die Action der Muskeln unterstützen; — wie die Knochen und Schalen gebauet sind und wachsen; — wie sich beides bei den Geweihen der Hirsche u. s. w. verhält, welche Präparate besonders schön sind; — dann, wie die Knochen bei ihrem Wachsthum ihre ursprüngliche Gestalt behalten (erläutert durch Präparate von Thieren, die mit *rubia tinctorum* gefüttert worden); — wie der zellige Bau der Knochen bei verschiedenen Thieren beschaffen; — wie die Zähne gebauet sind; — was für andere Substanzen bei manchen Thieren, die keine Knochen haben, zur Unterstützung der weichen Theile dienen u. s. w. — Alsdann folgen Präparate von Gelenken, geordnet nach ihrer mehr oder weniger complicirten Beschaffenheit; — besonders beschaffene Gelenke in den Füſsen einiger Thiere, und überhaupt eigenthümlich gebauete Füſse. — Hierauf Präparate, welche den Bau der Flossen zeigen, und endlich solche, welche zeigen, wie elastische Bänder zuweilen für Muskeln substituirt sind. (Apparat zur Zurückziehung der Krallen beim Katzengeschlechte).

In der zweiten Reihe folgen sodann die Organe zur Verdauung, und überhaupt die zur Verarbeitung der Nahrung dienenden

Theile. Den Anfang macht eine Reihe verschiedener Mägen, einfacher und zusammengesetzter; — dann kommen Mägen in ihrer Lage; — dann der Oesophagus mit seinem verschiedenen Baue bei verschiedenen Thieren; — dann Mägen, die nur eine Oeffnung haben, durch welche die aufgenommenen Nahrungsmittel auch wieder ausgeworfen werden (*Actinia*, *Asterias* [*Starfish*]); — dann eine Reihe von einfachen Mägen mit zwei Oeffnungen; — dann solche, denen noch ein Kropf hinzugefügt ist; — hierauf Mägen, die aus mehr als einer Höhle bestehen, und insbesondere solche von wiederkäuenden Thieren. (Hierbei sehr schöne Präparate von den Wasserbehältern im Kameel-Magen.) — Dann folgen Präparate von gastrischen Drüsen, und Mägen, deren Häute durch den Magensaft zerstört worden sind. (Hier alle Gradationen; erst Mägen, in denen nur die innere Haut zerstört ist; dann solche, bei denen die Zerstörung schon etwas weiter, bis aufs Peritonaeum, gediehen ist, und endlich solche, deren Häute, besonders am Fundus, gänzlich zerstört sind.) — Hierauf kommen dicke muskulöse Vögelmägen (*Gizzards;* bei diesen eine Collektion von Steinen und anderen ähnlichen Sachen, die im Magen eines Straufses gefunden wurden; darunter Dinge, die das Thier nur am Vorgebirge der guten Hoffnung, wo es früher gewesen, verschluckt haben konnte, und doch hatte es nachher vier Jahre in *Exeter change* in London gelebt). Endlich die verschiedenen Arten von Zähnen: Zähne im Magen; Zähne aus kalkartiger

Schale bestehend (*Echinus mammillatus*); Zähne aus hornartiger Substanz (*Echinorhynchus gigas; Limax; Gryllus; Sepia; Petromyzon; Squalus; Alca arctica; Anas spectabilis; Balaena rostrata*); Zähne aus Knochen-Substanz und Emaille bestehend, und endlich solche, die aus Emaille und einer weicheren und härteren Knochenmasse zusammengesetzt sind. (Hier besonders Hunters bekannte und schöne Präparate von Elephantenzähnen.)

Die dritte Reihe enthält Präparate vom Darmkanal und den damit verbundenen Drüsen. — Zuvörderst Präparate vom Darmkanal überhaupt und seinem verschiedenen Baue; — dann vom *Coecum*, und hierauf vom *Colon* und Mastdarm. Alsdann folgen die am After gelegenen Drüsen; — die Leber in ihrer Lage bei den verschiedenen Klassen von Thieren, wobei auch Präparate, welche den inneren Bau derselben zeigen, und endlich Präparate von der Gallenblase und ihren Gängen, von dem Pankreas, der Milz und dem Netze.

Die vierte Reihe betrifft die Saugadern. Hier finden sich erstlich einige Präparate von Pflanzen, namentlich den Wurzeln derselben, und dann von den Saugadern und Saugader-Drüsen bei verschiedenen Thieren und in verschiedenen Theilen.

In der fünften Reihe folgen hierauf das Herz und die Blutgefäſse. — Zuerst das Herz in seiner Lage bei den verschiedenen Thierklassen; sodann Gefäſse, welche sich vom Nahrungskanal aus verbreiten, und wahrscheinlich zugleich die Verrichtung der

Saugadern, des Herzens und der Arterien haben; dann Herzen, die nur aus einem einfachen Gefäſse bestehen, in welchem das Blut undulirt (Rückengefäſs vom Seidenwurm); hierauf mehrere Gefäſse, welche den Umtrieb des Blutes bewirken (Blutegel); sodann Circulation durch Arterien, die mittelst *Auricles* mit Venen in Verbindung stehen (*Lumbricus*); dann Herzen, die aus zwei Höhlen zusammen gesetzt sind, (wobei sich jedoch auch Herzen befinden mit drei oder vier Höhlen, die aber sonst noch unvollkommner sind. (*Limax ater*, *Mya pictorum*, *Sepia*, *Lophius piscatorius*, *Acipenser sturio*, *Gadus morrhua*, *Squalus alopecias*, *Siren lacertina*, *Lacerta alleghaniensis* [der Proteus am Alleghanyfluſs]). Hierauf solche, die aus vier Höhlen bestehen, wo aber zwischen den Herzkammern noch eine Communikation Statt findet, und endlich Herzen mit vier Höhlen und ohne Communikation zwischen den Herzkammern. Dann folgen noch Präparate, welche die Klappen am Ursprunge der Arterien, den Bau der Arterien und den der Venen zeigen. — Alle diese Präparate sind so schön, daſs sie auch als Kunstwerke bewundert werden müssen.

Die sechste Reihe enthält dann die zur Aëration des Blutes dienenden Organe: Kiemen bei Thieren, welche im Wasser leben; Kiemen und Lungen, wodurch die Thiere im Wasser und in der Luft zu leben in den Stand gesetzt werden (*Siren*); Lungen zum Leben in der Luft, und verschieden gebaute Luftröhren.

In der siebenten Reihe befinden sich die zur Absonderung des Urins dienenden Organe. Zuerst die Nieren in ihrer Lage, bei Thieren von verschiedenen Klassen; dann Präparate, welche den äufseren und inneren Bau der Nieren zeigen, von ihrer einfachsten Beschaffenheit an, bis hinauf zu ihrer zusammengesetztesten, und endlich eine ähnliche Reihe von Nebennieren.

In der achten Reihe sind die Präparate vom Gehirn und Rückenmark aufgestellt. Zuerst das Nervensystem von Thieren, denen eigentliches Gehirn fehlt, und wo nur Nervenknoten vorhanden sind. Präparate von Zoophyten (*Sipunculus*), von Würmern, Insekten und Crustaceen, mit einer am Bauche herunterlaufenden Reihe von Doppelknoten: Blutegel, Seidenraupe, Krebs, Scorpion u.s.w. Ferner von Mollusken mit ein Paar gröfseren Knoten am Oesophagus u. s. w., *Limax*, *Sepia octopodia*. Dann Gehirne: grofses Gehirn, kleines Gehirn; hierauf eine Reihe von Rückenmarks-Präparaten aus den verschiedenen Thierklassen, und endlich Präparate von den Gehirnhäuten, den Nerven und Nervenknoten.

Die neunte Reihe enthält die Sinnesorgane. Erstlich die Organe des Gefühls. — Gefäfsreichthum der Haut, im Verhältnifs stehend mit dem Grade ihrer Empfindlichkeit; verschiedener Bau der Haut bei verschiedenen Thieren und an verschiedenen Theilen des menschlichen Körpers. Haut, die beinahe 400 Jahre erhalten ist; (die beiden Hände von Thomas Beaufort, zweitem Sohne von

John of Gaunt. *Obiit* 1424. *Aet.* 52. *Effoss. d.* 26. *Febr.* 1772. S. *Philosoph. Transactions, Vol. LXII. p.* 465.); Haut mit künstlichen Zeichnungen u. s. w.

Zweitens die Organe des Geschmacks. Hier zuerst eine Reihe verschiedener Zungen, geordnet nach den Nebenverrichtungen derselben; dann Präparate von den Theilen des Mundes und des Rachens bei verschiedenen Thieren, von Zungenbeinen u. s. w.

Drittens die Organe des Geruchs. — (Innere) Nase von Thieren, welche keine Riech-Nerven haben. — Hierbei kann ich nicht unterlassen, ihrer Merkwürdigkeit wegen, eine Bemerkung anzuführen, welche J. Hunter in den von ihm selbst angefertigten Catalog geschrieben hat: „*The operation of smell*, sagt er, *is performed in the act of respiration. I believe in all animals, that breathe air, and in all Quadrupeds, excepting man, this operation of respiration is principally performed through the nose, so that the passage in them answers two purposes. Smelling is no more, than the atmosphere or medium, in which an animal lives, being impregnated with such matter, as to make an impression on this organ. Therefore the air becomes the medium to the aërial and water to the aquatic. But there are a tribe of animals, whose construction is that of the most perfect, yet live entirely in water, who search and catch their food in water, yet from their general construction they must breathe air. Here arises a difficulty: an animal to breathe air, which it need not smell, and not to breathe water, which it should smell (if smelling is necessary); and to make a waternose was making it in this respect like a fish, which would be deviating from the first principle. Therefore nature made them entirely without the organ of smell.*" — Nach diesen Nasen von Thieren ohne Riechnerven folgen dann solche, die zum Riechen im Wasser dienen, und alsdann Nasen, die zum Riechen in der Luft dienen, nach ihrer mehr oder weniger complicirten Beschaffenheit geordnet.

Viertens die Organe des Gehörs. — Inneres Ohr, geschickt zum Hören im Wasser; inneres Ohr, geschickt zum Hören in der Luft, nach der einfacheren oder complicirteren Beschaffenheit geordnet; sodann verschiedene, durch ihren besonderen Bau merkwürdige äußere Ohren.

Fünftens die Organe des Sehens. — Zuerst Augen, die zum Sehen im Wasser, dann solche, die zum Sehen in der Luft dienen. Hierauf Augen von sehr weitsichtigen Thieren: Struthio, Strix, Casuar aus Neu Süd-Wallis, Turdus u. s. w.; alsdann Präparate von den Augenlidern, der *membrana nictitans*, der Thränendrüse und den Thränenkanälen. —

Die hierauf folgende zehnte Reihe betrifft das Zellgewebe und die thierischen Fette. — Hier zuerst die verschieden beschaffene Zellhaut von verschiedenen Thieren, und Specimina von besonderen Fettansammlungen in derselben; dann die verschiedenen Arten thierischer Fette (auch Fettmassen, die mit dem Stuhlgange ausgeleert wurden), und hierauf *adipocire*, aus allen Arten von weichen Theilen, entweder während des Lebens, oder nach dem Tode entstanden. (Mehrere Präparate dieser Art sind vom Dr. Kidd in Oxford geschenkt, wo sich nämlich neben dem anatomischen Theater ein Brunnen befindet, in welchem eine solche Veränderung besonders leicht vor sich geht.)

In der eilften Reihe sind sodann die verschiedenen Arten von äuſseren Hautbedekkungen (*cuticle*) enthalten. — Oberhaut von Pflanzen, von Thieren, und zwar von verschiedenen Theilen. *Rete mucosum*, verschieden gefärbt. (*Mackrel, with a part of the scales turned down, exposing the rete mucosum; cuticle and rete mucosum of the leg of a land-tortoise; leg of a turkey-cock* mit rothem *rete mucosum; cuticle* und *rete mucosum* von einem Schwarzen, einem Mulatten u. s. w.) Dann eine Reihe sehr schöner Präparate, welche das Wachsen der Haare, Borsten und Federn zeigen. Ferner *Cuticle*, welche innere Höhlen und Ausführungsgänge überzieht, und sodann die verschiedenen Arten von Schuppen, Nägeln, Hufen, Schnäbeln, Stacheln, Hörnern und Spornen.

Endlich die zwölfte Reihe enthält besondere Eigenthümlichkeiten mancher Pflanzen und Thiere. — Eigenthümlichkeiten bei Pflanzen: *Cercis siliquastrum*, mit den Blumen aus dem Holze wachsend; *Sarracenia purpurea*, wegen des merkwürdigen Baues ihrer Blätter u. a. Regeneration von *crustaceous coverings* bei Thieren; von *crustaceous stomachs*; von *cuticular coverings*; von ganzen Theilen der Thiere. Eigenthümlichkeiten der Knochen und des Periosteums (schwarzes Periosteum beim Negerhuhn). Eigenthümlichkeiten der *bursae mucosae* (*sacculus mucosus* am Knie des Kameels). Substanzen, welche statt des Skeletts dienen, bei Thieren, welche keine Knochen hahen. Eigenthümlichkeiten des Darmkanals (Gedärme und Fett daran, von einer Kaulquappe der *Rana ocellata*). Eigenthümlichkeiten des Arterien-Systems (*Rete mirabile* vom Wallfisch). Eigenthümlichkeiten der Urin-Blase (Blase von Fröschen mit zwei Seitenhörnern versehen u. s. w.) Besondere Fett-Deposita bei manchen Thieren (Fettschwanz eines afrikanischen Schaafes). *Tentacula* (eine Portion von der Haut des *Acipenser sturio*, wegen der beiden *Tentacula*). Werkzeuge zum Anhalten, durch Auspumpen der Luft: *Sepia, Echeneis remora* (?) u. s. w. Rüssel (*Chimaera antarctica*. Längen- und Queer-Durchschnitte vom Elephantenrüssel). Eigenthümlichkeiten des Maules (*Acipenser sturio, Cyprinus barbus, Sepia*). Fischbein statt der Zähne. Besondere Farben der *cuticle* (*cuticle* vom Beine einer Schildkröte. *Aphrodite aculeata*). Eigenthümlichkeiten, die sich nur beim männlichen Geschlechte finden (die Afterflossen und Halter des männlichen *Squalus acanthias*. Wamme vom Büffel u. s. w.) *Glands in animals, for the use of internal parts.* (*Glandula thyreoidea* und *trachea* des Elephanten, des Kameels; Milz vom Leoparden, Pferde, Kalbe u. s. w.) Drüsen, die sich im Gesichte öffnen; (mehrere Präparate von den Drüsen, die sich in der Nähe der Augen bei den Antilopen befinden. Drüsen am Unterkiefer des Bibers u. s. w.) Drüsen, die sich am Bauche öffnen. (Moschusbeutel des Bisamthiers). Drüsen, die sich auf dem Rükken öffnen. (Drüsen am After des Ganders, des schwarzen Schwans). Am After gelegene Drüsen (Tintensack der Sepien. Drüsen am After des *La Paca*, an der Schildkröte. Schleimbeutel neben dem Bibergeilbeutel des Bibers gelegen u. s. w.) Drüsen zwischen den Zehen (Hirsch, Schaaf). Besondere Substanzen, die von manchen Thieren abgesondert werden (Moschus, Zibeth, Castoreum). Luftblasen *for sailing* (*Holothuria physalis*). Luftblasen zum Schwimmen (Schwimmblasen von verschiedenen Fischen, mit dem in den Schlund führenden *Ductus pneumaticus*). Füſse zum Schwimmen. Flossen zum Fliegen. Verschiedene Arten von Korallen, Polypen zur Wohnung dienend. — *Opercula.* (*Teredo navalis, Buccinum patulum, Turbo* u. s. w.) — Thiere, welche Schalen von anderen bewohnen. (*Cancer Bernardus; Sepie* im Schnekkenhause). — Werkzeuge, die zum Beibringen von Giften dienen. (*Holothuria physalis;* Scorpion, Wespen, Bienen, Schlangen u. s. w.) — Elektrische Organe des *Silurus electricus, Gymnotus electricus, Raja torpedo.* —

Nach diesen Theilen, welche sich auf das Leben des Individuums beziehen, folgen nun in dem zweiten Theile der Gallerie für vergleichende Anatomie diejenigen Organe, welche zur Fortpflanzung dienen. Diese sind in zehn Reihen geordnet.

Erste

Erste Reihe: doppelte Geschlechts-Organe bei Pflanzen und Thieren im ungeschwängerten Zustande. — Hier kommen zuerst doppelte Organe bei Pflanzen auf demselben Thalamus. Dann doppelte Organe bei Pflanzen in getrennten Thalamis (meistens Präparate von merkwürdigen ausländischen Pflanzen: *Banksia ericoides, praemorsa;* alle in Weingeist aufbewahrt, wie es überhaupt bei sämmtlichen Präparaten der Gallerie der Fall ist). Dann doppelte Organe bei Thieren, welche sich selbst befruchten (Seesterne); endlich doppelte Organe bei Thieren, welche sich gegenseitig befruchten (*Lumbricus, Hirudo, Limax, Helix*).

Zweite Reihe: männliche Organe von Pflanzen und Thieren mit getrennten Geschlechtern, und zwar: Stamina von männlichen Pflanzen; Hoden und Penis von Insekten (*Scorpio, Apis, Cicada, Cerambix moschatus* u. s. w.); Hoden von Fischen, Fröschen und Kröten. Hoden und Penis von Schlangen, von Eidexen, von Schildkröten. Hoden von Vögeln, von verschiedener Gröſse nach Verschiedenheit der Jahreszeit; Penis von Vögeln; Hoden von Säugethieren, verschieden an Gröſse nach Verschiedenheit der Jahreszeit. Struktur derselben, so wie des Penis bei Säugethieren. Drüsen, deren Ausführungsgänge sich in die Urethra öffnen.

Dritte Reihe: weibliche Organe von Pflanzen und Thieren mit getrennten Geschlechtern, im nicht geschwängerten Zustande. — Pistille von Pflanzen. Oviducte von Würmern, von Insekten, von Fischen, von

Amphibien, von Vögeln, vom *Ornithorhynchus* (wie bei Vögeln). Eierstöcke und Uterus von Säugethieren. Endlich Clitoris und Hymen.

Vierte Reihe: Coitus. — Bei doppelten Organen: *Helix*, *Apis terrestris* und andere. — Ohne Immission: Frösche die sich blos umfassen.

Fünfte Reihe: Erzeugung von Jungen bei Pflanzen und Thieren mit doppelten Organen. — Fortpflanzung bei Pflanzen ohne deutlichen Samen; bei Thieren ohne deutliche Eier (Hydatiden, Corallen). Samen bei Pflanzen aus der Cryptogamie; bei Pflanzen, die männliche und weibliche Theile auf einem Thalamus haben; bei solchen, deren beiderlei Theile auf verschiedenen Thalamis sich befinden. Eier bei Thieren, welche sich selbst befruchten (*Asterias* u. s. w.); bei solchen, die einen doppelten Coitus haben.

Sechste Reihe: Erzeugung von Jungen bei Thieren mit getrennten Geschlechtern, und zwar aus Eiern. — Eier von Thieren, welche sie, *previously enclosed in a membranous nidus*, ins Wasser legen (verschiedene *Univalven* und *Bivalven*). Eier von solchen Thieren, welche sie ins Wasser legen, *previously furnished with the means of being retained in clusters* (Sepien). Eier von solchen Thieren, welche verschiedene Metamorphosen erleiden (Scorpion, Fliege, Biene, Termiten). Metamorphosen der Raupe in einer vollständigen Reihefolge dargestellt. Larvenzustand verschiedener Insekten. Verschiedene Aufenthaltsörter, wo Thiere ihre Verwandlung zum vollkommenen Insekt zu erleiden pflegen. Eier von Thieren, die bis zum Auskommen in den Armen der Mutter getragen werden (Spinnen). Eier, die unter dem Schwanze getragen werden (Krebse). Eier von Fischen, die zusammenhängend (als Roggen, *in the form of spawn*) gelegt werden. Eier, die einzeln gelegt werden (*Raia*, *Chimaera*). Eier von Fischen, die im Ovidukt ausgebrütet werden (*Squalus acanthias* u. a.) Eier von Thieren, welche, wenn ausgebrütet, Kiemen, nachher aber Lungen haben (*Rana*). ' Eier von Schlangen, welche aufserhalb des Körpers, und solche, welche im Ovidukt auskommen; eben so Eier von Eidexen. Eier und Ovidukte von Schildkröten, von Vögeln. Allmählige Entwickelung der Vögeleier; Entwickelung des Jungen darin. (Sehr schöne und vollständige Reihenfolge hiervon.)

Siebente Reihe: Erzeugung von Jungen bei Thieren mit einem Uterus. — Veränderungen in den Eierstöcken, in Folge geschehener Empfängnifs. Gebärmütter, mit und ohne Hörner, im geschwängerten Zustande und nach erfolgter Geburt. Placenta, deren Struktur.

Achte Reihe: Eigenthümlichkeiten des Foetus. — Der Dottersack und dessen Zusammenhang mit dem Foetus. Circulation des Blutes beim Foetus von Vögeln. Der härtere Knopf vorn am Schnabel von Vögel-Embryonen. Der Dotter in den Magen aufgenommen. Nabelstrang bei Säugethieren. *Foramen ovale*. Die Ventrikel des Herzens mit gleich dicken Wänden. Herabsteigen der

Hoden beim menschlichen Foetus. Dieselben in ihrer früheren Lage. *Membrana pupillaris. Glandula thymus.*

Neunte Reihe: Wachsthum der Jungen bei Pflanzen und Thieren. Junge Pflanzen von Schnittlingen, wie sie Wurzeln schlagen. Junge Pflanzen aus Samenkörnern. Junge von eierlegenden Thieren. Verwandlungen der Kaulquappen in Frösche. Junge Thiere aus der Klasse *Mammalia* (hierbei auch die Fünflinge, deren Fall in den *Philos. Transactions* beschrieben ist).

Endlich die zehnte Reihe betrifft die Nahrung und den Schutz, welchen die Mutter ihren Jungen gewährt. — Hier zuerst der drüsige Bau des Kropfes bei Vögeln, dessen Absonderung statt der Milch dienen soll; dann die Drüsen, welche Milch absondern, nebst den Warzen; dann Junge unter dem Schwanze der Mutter, oder in Zellen auf dem Rücken, oder in einer Tasche am Bauche, oder blos auf dem Rücken getragen. Endlich Junge in ihren Nestern. —

Ich habe hier blos eine Uebersicht der Sammlung für vergleichende Anatomie, so wie sie wirklich dasteht, gegeben, ohne alle weiteren Bemerkungen, zu denen wohl die neueren Fortschritte der Wissenschaften Veranlassung hätten geben können. Es ist dabei zu bedenken, dafs Hunter diese Sammlung in den sechsziger, siebziger und achtziger Jahren angelegt hat, wo manches noch neu und deshalb merkwürdiger war, als es jetzt uns zu sein scheint. Die Anzahl sämmtlicher zur Gallerie gehörenden Präparate beträgt circa 4000. Eine noch gröfsere Anzahl von Präparaten ist aber dann noch in dem Theile des Museums vorhanden, welcher für pathologische Anatomie bestimmt ist, und eben so in dem naturgeschichtlichen Theile, so dafs die Summe sämmtlicher Präparate jetzt auf zwanzig Tausend angeschlagen wird *).

Der pathologische Theil der Sammlung ist nun wieder eben so, wie der für vergleichende Anatomie, nach den verschiedenen Organen des Körpers geordnet. Das Ganze zerfällt in zwei Abtheilungen: in nasse, in Spiritus aufbewahrte, und in trockene Präparate. Ich will mich hier darauf beschränken, die verschiedenen Rubriken, unter welche sie geordnet sind, der Reihe nach aufzuführen. Zu den Präparaten in Spiritus gehören folgende: Blutcoagulum aus Arterien und Venen; — Heilung *per primam intentionem*; — Unterbindung der Arterien; — Verwachsung der inneren Wände der Arterien; — Entzündung; — *adhesion of foreign parts*; — *ulceration*; — *granulation*; — *cicatrisation*; — *simple fractures*; — *compound fractures*; — *artificial joints*; — *adhesion of synovial membranes in joints*; — *adhesion of intestines*; — *of pericardium*; — *of heart*; — *inflamed veins*; — *Hydrocele*; — *Corns*; — *injured brain*;

*) Nach der von Henry Cline in seiner *Hunterian Oration* vom Jahre 1824 gegebenen Versicherung, hat John Hunter bei seinem Tode 17,000 Präparate hinterlassen. Bewunderung und Staunen erregt es daher, wie ein einzelner Mensch soviel zu leisten im Stande gewesen ist! —

— *Dislocation;* — *diseased joints;* — *Exfoliation of bones and cartilages;* — *Diseases of the heart and arteries;* — *Elephantiasis;* — *Tumours;* — *Polypi of the nose;* — *of the uterus;* — *Encysted tumours;* — *Diseases of the liver;* — *Fistula;* — *Scrophula;* — *Scirrhus;* — *Cancer;* — *diseased prostata;* — *Gonorrhoea;* — *Strictures;* — *Lues venerea;* — *Gout;* — *Smallpox;* — *Intussusception;* — *strangulated hernia;* — *Hernia without strangulation;* — *Diseases of the alimentary canal;* — *of the spleen;* — *of the kidneys;* — *of the bladder;* — *of the uterus;* — *of the testicles;* — *of the nerves;* — *of the brain;* — *of the teeth;* — *of the eye;* — *of the fauces;* — *of the lungs.* — Die zweite Abtheilung enthält sodann trockene Präparate, meistens von Knochen-Krankheiten, die zum groſsen Theile von Sir William Blizard geschenkt sind. — Es finden sich hier auch viele von den Präparaten, welche Baillie in seiner pathologischen Anatomie beschrieben und abgebildet hat, — die Präparate, nach welchen John Hunter seine *Natural history of the human teeth* geschrieben hat, — die beiden Fälle von *Foetus in Foetu*, welche Young und Highmore beschrieben haben; — das Präparat von dem merkwürdigen Kinde mit doppeltem Kopfe, welches mehrere Jahre lebte, und an den Folgen eines Schlangenbisses starb; — das Präparat von dem Menschen, welchem der eine Arm einer Scheer-Deichsel durch die Brust ging, und der glücklich von dieser auſserordentlichen

Verletzung wieder hergestellt wurde *); ein anderes von einem Menschen, der sich zwischen dem Zungenbeine und Schildknorpel einen tiefen Schnitt in den Hals beigebracht hatte; eine beträchtliche Oeffnung, durch die man mit dem Daumen eingehen kann, ist geblieben, und rund umher mit langen Haaren bewachsen. (Eine Curiosität ist noch der Leichnam von der Frau des Herrn van Butchel, welchen derselbe angeblich durch Einspritzen von Terpenthinöl in die Adern und ähnliche Mittel vor der Fäulnifs bewahrt, und in einem zum Theil mit Glas bedeckten Kasten wöchentlich einige Mal den Neugierigen für Geld gezeigt hat **)).

Die Sammlung für Naturgeschichte endlich legte Hunter hauptsächlich an, damit die Unkundigen, neben den Präparaten der einzelnen Organe, zugleich das ganze Thier, von dem sie genommen, vor Augen haben möchten. Bemerkenswerth ist unter anderen ein Tapir von Sumatra, ein *Trichechus manatus* und ein *Dugong*, von welchen letzteren auch sehr schöne Skelette aufbewahrt werden. — In der Sammlung fossiler Reste organischer Kör-

---

*) Eine Beschreibung dieses merkwürdigen Falles habe ich bereits im Archiv für medizinische Erfahrung vom Jahre 1823 gegeben. Vor Kurzem ist darüber erschienen: *W. Maiden, account of a case of recovery after the shaft of the chaise had been forced through the thorax. With four plates, London.* 1824.

**) Dieser van Butchel war ein sogenannter *High german Doctor.* Der Vater seiner Frau hatte ihr ein jährliches Einkommen von 500 Pfund zugesichert, so lange sie „*above ground*" sein würde. Er erhielt sie deshalb auf die angeführte Weise über der Erde, und zog so, der Erzählung zufolge, fortwährend jene Revenue.

per befindet sich auch der von **Everard Home** beschriebene *Proteosaurus.*

Heaviside's Museum (*George-street, Hanover-square*). Herr **Heaviside** ist einer der älteren und angeseheneren Chirurgen Londons, und hat mit unendlicher Mühe und vielen Kosten diese Sammlung zu Stande gebracht, deren gedruckter Catalog, welchen ich seiner Güte verdanke, nicht weniger als 260 Octav-Seiten einnimmt. Aber nicht blos durch den Umfang, sondern auch, und noch mehr, durch die Seltenheit der darin befindlichen Präparate, besonders der pathologischen, zeichnet sich diese Sammlung aus. Beschreibung und Abbildung von einigen hat bekanntlich **Howship** in seinen verschiedenen Schriften gegeben. Dieser ist nämlich mit **Heaviside** eng verbunden, und jetzt der hauptsächlichste Förderer und Benutzer des Museums. Dasselbe besteht aus vier Abtheilungen: für die Anatomie des gesunden Baues, für pathologische Anatomie, für Naturgeschichte und für vergleichende Anatomie. — Es befindet sich darin unter andern einer von den Hoden des durch seine Schicksale merkwürdigen Chevalier D'**Eon**, nach dessen Tode in Gegenwart des Herrn **Heaviside** abgeschnitten *). Ferner mehrere

---

*) **Remer** bemerkt, in seiner Ausgabe von **Metzgers** System der gerichtlichen Medizin, hierüber Folgendes: „Ein Beispiel seltsamer Art, wie die Politik einen Menschen um sein Geschlecht bringen könne, liefert die Geschichte von **Carl Genovefa Ludwig August Andreas Timotheus D'Eon de Beaumont**,

Präparate von Menschen, denen beim hastigen Essen Stücke Fleisch und dergleichen in Kehlkopf und Luftröhre gerathen waren, und Erstickungstod verursacht hatten; Ulceration in der *Membrana chorioidea;* Verknöcherungen in derselben; aufserordentlich verdicktes Ligament am Zahnfortsatze des zweiten Halswirbels, welches zuletzt, durch Druck auf das Rückenmark, Lähmung und den Tod verursacht hatte; ein Aneurysma des linken Herz-Ventrikels; mehrere Präparate von krankhaften Samenbläschen, wobei die Wände verdickt und die Höhlen mit einer festen spekkigen Masse angefüllt sind; eine carcinomatöse Scheidenportion des Uterus, von Heaviside mit Erfolg abgebunden; der Uterus selbst, von der, lange nachher an einer anderen Krankheit verstorbenen Frau daneben. Ferner interessante Präparate von *Mollities ossium;* ein Fall von völliger Transposition der Eingeweide des Unterleibes und der Brust; aufserordentliche Verknöcherungen am linken Ventrikel des Herzens (von Baillie in

---

welcher Ecuyer, Ludwigsritter, Dragoner-Rittmeister, Hauptmann der Freiwilligen, Adjudant des Herzogs von Soubise und des Grafen von Broglio, Doctor beider Rechte, Parlaments-Advokat zu Paris, Königl. Censor im Fache der Geschichte und schönen Literatur, Geschäftsgenosse des nach Rufsland gesandten Ritters Douglas, Gesandschafts-Secretair in Petersburg und London, residirender und zuletzt bevollmächtigter Minister am Londoner Hofe war, und seit 1777 bis an seinen Tod öffentlich für ein Frauenzimmer galt, auch selbst dieser Meinung nicht widersprach. Ein Wundarzt, welcher seinen Leichnam untersucht haben will, behauptete, er sei ein Mann; der vormalige Kaiserliche Hof in Paris widersprach aber dieser Behauptung officiell."

seiner *morbid Anatomy* beschrieben und abgebildet); merkwürdig beschaffene Hautdekken eines Kindes, in Ansehung deren Folgendes, wohl nicht sehr plausibele, bemerkt wird: *the mother about the fourth month of gestation was walking on the ice, and was alarmed by feeling it crack under her. It is presumeable the impression from terror was transferred from her own skin to that of the foetus in utero, leaving a permanent disposition to contraction; for the child was born with cicatrices, the skin having been universally torn and rent asunder. In various situations the new skin was pretty dense, in some parts very thin and transparent, while in others it had not yet covered the wounds. The effect of this proceſs on the forehead was the retraction of the palpebrae to that degree, that the eyes were staring wide, as if without eyelids.* — Ferner sind Präparate von eigenthümlichen krankhaften Zuständen des Pankreas vorhanden u. s. w. *). —

Ein anderes sehr reichhaltiges anatomisches Museum ist das Bellsche in *Great Windmill-street* **). Es wurde ursprünglich zusammengesetzt aus den Sammlungen von Carl Bell und Mr. Wilson; die des letzteren war vorzüglich schätzenswerth, wegen der den inneren Bau der Theile zeigenden Präparate, welche Wilson durch die Unter-

---

*) S. *Catalogue of the Museum of John Heaviside, comprising human anatomy, natural and morbid, comparative anatomy and natural history. London.* 1818. *8vo.*

**) S. *Description of the anatomical Museum of the School of Great Windmill-street. London.* 1819. *4to.*

weisung Cruikshank's mit besonderer Geschicklichkeit anzufertigen gelernt hatte. Außserdem sind in den letzten Jahren, besonders durch die Arbeiten Shaw's, eine Menge schätzbarer Präparate hinzugekommen. Die ganze Sammlung ist in einer Reihe von Abtheilungen und Unter-Abtheilungen nach den verschiedenen Systemen und Organen des Körpers gebracht, und besteht eine jede Abtheilung wieder aus zwei Hälften, von denen die eine den gesunden Bau der Theile, die andere aber deren krankhafte Zustände zeigt. (Es ist nämlich das Museum nur für *natural* und *morbid Anatomy* bestimmt.) Die verschiedenen Abtheilungen sind folgende: *Bone* — *Joints* — *Teeth* — *Muscles* — *Brain and Nerves* — *Eye* — *Ear* — *Nose* — *Tongue* — *Skin* — *Organs of Respiration* — *Circulating System* (mit Einschlufs der Lymphgefäfse) — *Digestive Organs* — *Urinary Organs* — *Male Organs of Generation* — *Female Organs of Generation* — *Gunshot Fractures.* — Unter den trockenen Präparaten dieser Sammlung befindet sich ein höchst verkrümmtes Skelett einer rhachitischen Frau, deren Gröfse nur 30½ Zoll betrug. Sie wurde schwanger und starb im Kindbette. Ein anderes Skelett einer Frau zeigt eine allgemeine *mollities ossium.* Sie war sieben Mal schwanger geworden, und bei den drei vorletzten Schwangerschaften nur mit Mühe entbunden. Das letzte Mal aber war die Entbindung auf dem natürlichen Wege ganz unmöglich; es mufste daher der Kaiserschnitt an ihr vorgenommen werden, an dessen Folgen sie starb. Das Kind wurde erhalten. — Dann ist bemerkenswerth ein 30 Zoll langes Stück des Dünndarms, welches ohne tödtlichen Erfolg durch den Stuhlgang ausgeleert wurde; — ein Präparat, wo eine Flintenkugel in den Kopf des Schenkelbeins gedrungen war, und diesen durch den hintern Theil der Pfanne in die Höhle des Beckens getrieben hatte u. s. w. —

Nicht weniger reichhaltig ist das Museum für *Natural* und *morbid Anatomy* im Thomas-Spitale. Hier hatte ich unter andern Gelegenheit, den gröſsten Theil der für die Lehre von den Knochenbrüchen und Verrenkungen so interessanten Präparate zu sehen, welche Astley Cooper in seinem neueren Werke: *on Fractures and Dislocations* beschrieben und abgebildet hat. Eben so die, welche er bei der Ausarbeitung seines Werkes: über die Brüche, benutzt hat. Dann zeichnen sich aus die Präparate von Aneurysmen. Unter ihnen mehrere, welche durch die Natur geheilt worden; der aneurysmatische Sack selbst hatte die Arterie comprimirt, so daſs das Blut einen anderen Lauf genommen hatte, und das Aneurysma nicht nur nicht gröſser geworden war, sondern allmälig abgenommen hatte. In einem Falle von Aneurysma der *Arteria subclavia* hatte Allan Burns bei Astley Cooper angefragt, ob er die Unterbindung der *Arteria anonyma* für rathsam hielte. In der darauf erfolgten gedruckten Antwort widerrieth Cooper diese Operation, weil es möglich sei, daſs die aneurysmatische Veränderung sich bis in die *innominata* hinein erstrecke. Die Sektion nach dem Tode bestätigte diese Vermuthung. Das Präparat wird in dem Museum aufbewahrt *). — In einem anderen Falle reizte ein großes Aneurysma der *Art. coeliaca* jedesmal den angefüllten Magen, und verursachte daher nach jeder Mahlzeit Erbrechen und andere Digestions-Beschwerden, weshalb die Krankheit bei Lebzeiten des Menschen gänzlich verkannt wurde. Andere Präparate zeigen, wie nutzlos es ist, Arterien an solchen Stellen zu unterbinden, in deren Nähe (oberhalb der *Ligatur*) bedeutende Gefäßzweige abgehen. Ein hinreichender Blutpfropfen wird nicht gebildet, und Verschließung der Arterien erfolgt daher nicht. — Eine Merkwürdigkeit die hier aufbewahrt wird, ist die Aorta, welche A. Cooper unterband. — Dann findet sich hier auch das Präparat von dem Menschen, bei welchem Henry Cline jun. die Oeffnung der Rückenmarkshöhle vornahm, um das Rückenmark von dem vermutheten Drucke zu befreien. — Ein anderes von A. Cooper beschriebenes **) Präparat von einem skrophulösen Subjekte, zeigt eine auffallende Degeneration und Verdickung der Klappen im *Ductus thoracicus*. — Ein *Os humeri* befindet sich in der Sammlung, dessen Markhöhle ganz mit Hydatiden ange-

---

*) Eine Beschreibung und Abbildung dieses Falles findet sich in dem Werke von Allan Burns: über die chirurgische Anatomie des Kopfes und Halses, übersetzt von Dohlhoff, mit Vorrede von Meckel. Halle. 1821.

**) In den *Medical observations and inquiries by a Society of Physicians in London.*

füllt ist, ähnlich einem anderen im Hunterschen Museum, wo eine einzige grofse Hydatide einen Röhrenknochen vom Ochsen anfüllt; — ferner ein Pankreas, zum gröfseren Theile in *fungus haematodes* umgewandelt, u. s. w. —

Ausgezeichnet durch die Seltenheit der darin aufbewahrten Präparate ist ferner das Museum für pathologische Anatomie im Bartholomeus-Spitale. Es ist vorzüglich das Werk von Abernethy, und steht jetzt unter der unmittelbaren Aufsicht von Stanley, welcher die Gefälligkeit hatte, regelmäfsig in einigen Stunden wöchentlich das Ganze mit mir durchzugehen. Von den in meinem Tagebuche aufgezeichneten Präparaten möchten hier erwähnt zu werden verdienen: eine spongiöse Entartung des Schenkelbeines von aufserordentlichem Umfange. (Nur ein ähnliches Specimen erinnere ich mich bei Ruggieri in Padua gesehen zu haben.) — Ein Hüftbein, auf beiden Seiten mit sehr langen faserigen Auswüchsen, gleich einer Bürste, dicht besetzt. — Trennung des unteren Gelenktheils vom Femur bei einem 15jährigen Knaben, durch äufsere Gewalt verursacht, ohne anderweitige Fraktur des Knochens. (Aehnliche Präparate befinden sich auch im Bellschen Museum.) — Von der Pfanne ausgehende sternförmige Zersplitterung des Hüftbeins, durch einen Stofs gegen das Knie hervorgebracht. — Bedeutende Blut- und Markschwämme des Kniees, Oberarms, der Hüfte u. s. w., die ganze Masse der hier befindlichen Theile, mit Einschluſs der Knochen, in schwammige Substanz verwandelt. Auch von demselben Präparate ein Theil Markschwamm, und ein anderer Theil Blutschwamm darstellend. — Bruch des Schenkelbeinhalses innerhalb des Kapselbandes, wobei die Bruch-Enden zackig in einander greifen. Entfernung derselben von einander war demnach nicht erfolgt, und der Bruch bei Lebzeiten gar nicht erkannt. Dem Anscheine nach hatte Vereinigung durch Knochenmasse eintreten wollen, der Mensch war aber bald darauf an einem anderen Uebel gestorben. — Bruch der *Fibula* mit Verlust eines Theils derselben; das obere und untere Bruchende durch ein queergehendes Knochenstück mit der *Tibia* verbunden. — Potts Präparate von den Krankheiten des Rückgrathes, und dem von der Natur dabei eingeschlagenen Heilungsprozesse. — Spontane Vorschlieſsung der *Arteria femoralis* durch einen darin entstandenen Blutpfropfen. (So beobachtete auch Brookes eine spontane Verschlieſsung beider Femoral-Arterien.) — Völlig verschlossene *Arteria renalis* der einen Seite bei einem Menschen, der am *Diabetes mellitus* gestorben war. — Aneurysma der Aorta, sich öffnend in die *Arteria pulmonalis*. — Zwei Aneurysmen an derselben Aorta; beide aneurysmatische Säcke durch eine Oeffnung mit einander in Verbindung stehend. — *Arteria femoralis*, ohne in die Augen fallende Ursache bei einem Menschen mitten durchgerissen, u. s. w. *). —

---

*) Die meisten Präparate, welche Hodgson in seinem

Nach diesen beiden, zu öffentlichen Anstalten gehörenden Sammlungen, glaube ich zwei andere nennen zu müssen, welche das Eigenthum von Privat-Personen sind: nämlich die des Herrn Taunton und die Langstaffsche.

Der ältere Taunton war Chirurg bei der *City of London Truſs Society*, und von ihm vorzüglich ist das Museum für Anatomie, besonders pathologische, zusammen gebracht worden, welches sich jetzt, nach seinem Tode, in den Händen seines Sohnes befindet. Es scheint wenigen fremden Aerzten, die London besucht haben, bekannt geworden zu sein, ist aber in der That höchst sehenswerth. — Als eine Curiosität sahe ich hier unter anderen die bei der berüchtigten Johanna Southcott, als das einzige Krankhafte (auſser vielem Fette), gefundenen Gallensteine; — ferner mehrere ungewöhnlich groſse Hydatidenmolen; — eine Leber, deren Gallenblase ganz in der Substanz dieses Eingeweides verborgen lag; sie war zufällig beim Aufschneiden der Leber gefunden worden; — einen Eierstock mit einem wenigstens zwei Monate alten, regelmäſsig gebildeten Foetus darin; — mannigfache krebsartige und andere Degenerationen des Uterus und der nahen Theile; Communicationen zwischen Uterus und Rectum dadurch hervorgebracht, so daſs ein Theil der Faeces durch den Uterus ausgeleert

---

bekannten Werke abgebildet hat, befinden sich im Museum des Bartholomeus-Spitales und in dem von Langstaff.

geleert wurde. — Ein sonderbares Stück ist ein ausgetragenes Kind, in welchem durchaus nichts von Knochen wahrzunehmen sein soll. (?) Es ist von Taunton so gekauft, und nichts näheres darüber ausgemittelt worden. — Unter mehreren Präparaten von *Intussusceptionen* der Gedärme fand ich eins, wo auf der inneren Fläche des Darms ein *tumor* safs, der den oberen Darmtheil in den unteren hineingezogen zu haben schien. — Dann waren auffallend: ganz aufserordentliche Ausdehnungen der *Ureteren*, des *Colons* von einem Frauenzimmer u. s. w. — Ferner der Schädel eines Schmidts, von welchem sich, in Folge einer erlittenen Verletzung, ein sehr grofses Stück abgesondert hatte. Dies war, der Erzählung nach, unerwartet abgefallen, das Gehirn demnach in einem bedeutenden Umfange nur von der harten Hirnhaut bedeckt geblieben, und der Mensch hatte so noch 14 Jahre lang gelebt, selbst sein Gewerbe fortgesetzt u. s. w. —

Das Langstaffsche Museum ist zugleich für vergleichende Anatomie bestimmt, und sind Herrn Langstaff in dieser Hinsicht die Verbindungen, welche er früher bei seinem Aufenthalte in Neu-Holland angeknüpft hat, besonders nützlich. Es enthält diese Sammlung unter anderen eine interessante Reihe von Mägen vergifteter Personen, wobei eine Verschiedenheit in der Wirkung der verschiedenen Gifte auf die Häute des Magens deutlich wahrzunehmen ist. Untersuchungen hierüber wurden eben während meiner Anwesenheit in London angestellt. —

Dann findet sich hier eine ziemlich vollständige Reihe von Melanosen in den verschiedenen Gebilden des Körpers; eben so vom *fungus haematodes* und *medullaris;* — ein Präparat von einer Frau, welche sich in einem heftigen Anfalle von Epilepsie die Zunge geradezu abgebissen hatte, und an der dadurch verursachten Blutung gestorben war; — ein Schädel, dessen beide Augenhöhlen gänzlich mit einer, noch bedeutend aus ihnen hervorragenden, elfenbeinartigen Masse angefüllt sind; — andere Knochen-Präparate, den Vorgang bei der Nekrose, Caries, dem Winddorn u. s. w. betreffend; — mehrere Fälle von Brüchen des Schenkelbeinhalses, unter denen ein sehr interessanter, indem derselbe Knochen zweimal, einmal innerhalb und einmal aufserhalb des Kapselbandes, gebrochen ist; der Bruch aufserhalb der Kapsel ist geheilt, der innerhalb derselben dagegen nicht. Aufserdem enthält das Museum eine bedeutende Anzahl von Skeletten, so wie auch weiche, in Weingeist aufbewahrte Theile von gröfstentheils seltenen ausländischen Thieren. —

Was das Museum des Herrn Brookes betrifft, so ist dieses, abgesehen von dem Hunterschen, vielleicht das reichste von allen, sowohl für pathologische, als auch besonders für vergleichende Anatomie; allein leider kann es, wie auch schon oben bemerkt wurde, wegen der grofsen Unordnung, die darin herrscht, und wegen des beengten Raumes, wenig oder gar nicht benutzt werden. Eine Zierde desselben ist ein schönes Skelett vom Hippopotamus. Aufserdem sah ich darin Fälle von doppeltem Uterus (wovon auch ein interessantes Präparat mit einem schwangeren Horne sich im Hunterschen Museum befindet); ferner auffallende krankhafte Entartungen des Magens, durch den Misbrauch geistiger Getränke verursacht, Degenerationen des Pankreas u. s. w. —

Die Sammlung für *Natural* und *morbid Anatomy* im London-Hospital ist nicht gar groſs, und gröſstentheils, wenn nicht ganz, Privat-Eigenthum des Herrn Headington. Geschwülste in und am Rückenmarke, Tuberkeln im Gehirn, Krankheiten der Gelenke, lose Knorpel in denselben u. s. w. waren es, welche hier vorzüglich meine Aufmerksamkeit auf sich zogen.

Zum Schlusse mögen hier dann noch einige Bemerkungen über das brittische Museum eine Stelle finden. Als Gründer desselben wird gewöhnlich Sir Hans Sloane betrachtet, dessen Sammlung von Büchern und anderen Sachen Anno 1753 von dem Hause der Gemeinen gekauft, und mit der schon früherhin von Sir Robert Cotton dem Publiko vermachten Bibliothek, unter dem Namen des brittischen Museums, vereinigt wurde. Der spätere Zuwachs ist sehr mannigfach und zahlreich gewesen; besonders ausgezeichnet aber sind bekanntlich darunter die *Elgin marbles.* Das ganze Museum ist in drei Theile getheilt: 1) die untere Etage enthält in sechszehn Zimmern die, sowohl durch ihre Gröſse, als auch durch den Werth der Bücher ausgezeichnete Bibliothek. 2) In der oberen Etage werden die Manuscripte, die naturhistorischen Sammlungen und vermischte Gegenstände aufbewahrt. Namentlich sind in dem ersten und zweiten Zimmer vermischte Gegenstände, als: zu verschiedenen Zwekken verarbeitete Mineralien; Geräthschaften zum Fischen vom Nutkasund und Alaschka; Kleidungsstücke, Waffen und Hausgeräthe eben daher; Körbe, Matten u. s. w. von anderen Theilen der Westküste Nordamerikas; Kleider von den Bewohnern von Otaheiti; Geräthschaften zum Fischen, Waffen und andere Werkzeuge von den Sandwichs-Inseln; eben daher auch mancherlei Kleidungsstücke. Aehnliche Gegenstände von den Marquesas und Freundschafts-Inseln, von Neu-Seeland u. s. w. Dann folgen im dritten Zimmer die Landsdownschen Manuscripte. Im vierten Sir Hans Sloane's Sammlung von Manuscripten, so wie die, welche Dr. Birch dem Museum vermachte, u. a. — Im fünften und sechsten werden die Harleyschen Manuscripte aufbewahrt, von dem R. H. Secretary Harley erstanden; aufserdem zahlreiche Manuscripte, die Geschichte von England, die Parlaments-Verhandlungen u. s. w. betreffend. — Im siebenten Zimmer endlich sind die königlichen und die Cottonischen Manuscripte, bei denen sich auch das Original der *magna charta* befindet. — Dann folgen die naturhistorischen Sammlungen, und zwar zuerst in einem grofsen Saale die Mineralien, welche ohne Zweifel den schönsten Theil der Sammlungen für Naturgeschichte ausmachen. Sie sind systematisch geordnet, und in Glaskasten so aufbewahrt, daſs sie deutlich gesehen werden und zur Belehrung dienen können. Besonders reich ist der Theil, welcher die Metalle enthält, bei denen sich auch eine zahlreiche Sammlung von Aërolithen befindet. — In dem dann folgenden achten Zimmer sind die Vögel, Crustaceen, Schalen von Mollusken u. s. w. enthalten. — In dem neunten die Sammlung fossiler Reste von organischen Körpern, unter denen sich auch das berühmte menschliche Skelett von Guadeloupe befindet. — Das zehnte und eilfte Zimmer endlich ist für die Naturgeschichte Groſsbrittaniens bestimmt, und zwar enthält ersteres eine sehr vollständige und schöne Sammlung brittischer Mineralien, letzteres aber die in Groſsbrittanien lebenden Thiere, vorzüglich Vögel. — 3) Den dritten und unvergleichlichsten Theil des Museums endlich bildet die Gallerie der Alterthümer. Hier machen den Anfang Terracottas; dann folgen Werke griechischer und römischer Sculptur; dann römische Monumenta sepulchralia; — ferner ägyptische Alterthümer, von denen das unter dem Namen des jungen Memnons bekannte, wohl besonders genannt zu werden verdient *). — Hierauf kömmt die so reiche Sammlung von Medaillen und Münzen, besonders aus dem Nachlasse von Sir Hans Sloane, Sir Robert Cotton und C. M. Cracherode zu-

*) Das brittische Museum verdankt es, wie bekannt, vorzüglich dem Unternehmungsgeiste Belzoni's. S. Dr. Georg Heinrich Nöhden über das sogenannte Memnonsbild im brittischen Museum zu London. Leipzig. 1822.

sammengesetzt; — dann die Sammlung hetrurischer Gefäfse u. s. w. von Sir William Hamilton, und endlich die *Phigalian* und *Elgin marbles*. — In einem eigenen Zimmer wird die berühmte barberinische oder Portland-Vase aufbewahrt.

Obgleich nun hier im brittischen Museum eine allerdings recht schöne Sammlung für Naturgeschichte vorhanden ist, so kann dieselbe doch nicht mit der in Paris befindlichen, und auch nicht mit dem zoologischen Museum hiesiger Universität verglichen werden, und es ist auffallend, wie so wenig hierfür an einem Orte, wie London, hat geschehen können, wo sich doch die mannigfachste Gelegenheit darbietet, naturhistorische Gegenstände aus allen Weltgegenden zu sammeln.

Angestellt sind übrigens bei dem brittischen Museum, und zwar bei der Bibliothek und den Manuscripten: Planta, Ellis, Maurice, Baber. und Bean; bei den Antiquitäten und Medaillen: Combe und Noehden; bei den naturhistorischen Sammlungen; Koenig, Children und Ellis *).

*) Die Zuwüchse, welche das brittische Museum in der letzten Zeit erhalten hat, besonders dadurch, dafs Georg IV. ihm die 15,000 Bände starke Bibliothek des verstorbenen Kön gs geschenkt hat, so wie durch das reiche, aus Sammlungen von griechischen und römischen Münzen, alten Bronzen, etruscischen Vasen u. s. w. bestehende Legat des Ritters Payne, haben einen gröfseren Raum nothwendig gemacht, und deswegen ist jetzt ein ganz neues Museum im Bau begriffen, auf welches eine Summe von etwa einer halben Million Pfund St. (über viertehalb Millionen Thaler) verwendet werden soll.

Oxford und Cambridge.

Jede dieser beiden Universitäten Englands bildet eine eigene Corporation, und besteht aus 1) einem gewissen Personale und verschiedenen Anstalten, welche der Universität im Ganzen angehören; 2) einer Anzahl von Collegien und Hallen, nebst dem dazu gehörigen Personale, welche zwar den allgemeinen Gesetzen der Universität unterworfen sind, übrigens aber für sich bestehen. Folgendes wird, wie ich glaube, eine Uebersicht des Ganzen gewähren, dem sich dann einige allgemeine Betrachtungen auf eine schickliche Weise anreihen lassen werden.

Was zuerst Oxford betrifft, so besteht der allgemeine Theil der Universität, dem Personale nach, aus: 1) dem *Chancellor*, welcher die höchste Würde bekleidet und auf Lebenszeit gewählt wird; er hält sich in der Regel nicht auf der Universität auf, und besucht dieselbe auch nur selten. 2) Dem *Vice-Chancellor*, welcher gewöhnlich die Stelle von jenem vertritt, und Vorsteher von einem der Collegien sein muſs. Er ist die höchste Person, welche an dem Universitäts-Orte wohnt, und die Aufsicht über das Ganze führt. Ihm zur Seite stehen 3) vier *Pro-Vice-Chancellors*, zu welchen ebenfalls nur Vorsteher von Collegien ernannt werden. 4) Der *High-Steward*; ist dazu bestimmt, die Gebräuche und Privilegien der Universität aufrecht zu erhalten, so wie 5) zwei *Proctors* die Aufsicht über das Betragen sämmtlicher Universitäts-Mitglieder zu führen beauftragt sind, und etwanige Vergehungen zu bestrafen das Recht haben, in sofern diese nämlich ausserhalb der verschiedenen Collegien begangen sind. Jeder von ihnen hat zwei Mitglieder von irgend einem Collegium oder einer Halle, als *Pro-Proctors*, zu Gehülfen. — Andere Personen, zur Administration gehörig, sind die *Bedels*, nämlich drei *Esquire Bedels* und eben so viel *Yeoman Bedels*; ferner die Bibliothekare, Aufseher der Museen und andere untergeordnete Officianten, welche hier wohl übergangen werden können. — Ausserdem ist bei der Universität im Ganzen noch eine gewisse Anzahl von Professoren (*University Professors*) angestellt, deren Professuren theils Königliche sind, theils von Privat-Personen gestiftete. Die den Arzt angehenden sind folgende: 1) *Regius Professor of Medicine*, Dr. John Kidd; derselbe ist auch zugleich *Aldrichian Professor of Anatomy* und *Lee's Lecturer in Anatomy*; 2) *Professor of Natural Philosophy*, George Leigh Cooke; 3) *Regius Professor of Botany*, Dr. George Williams; 4) *Lord Lichfields Clinical Professor*, Dr. Martin Wall; 5) *Aldrichian*

Professor of Medicine, Dr. Robert Bourne; 6) *Aldrichian Professor of Chemistry*, Dr. C. Giles Bridle Daubeny; 7) *Reader in Experimental Philosophy*, Stephen Peter Rigaud; 8) *Reader in Mineralogy*, William Buckland. —

Die übrigen Universitäts-Professoren (welche so genannt werden, zum Unterschiede von den Lehrern, *Tutors*, in den verschiedenen Collegien, die auch *College Professors* heifsen), so wie den *Public Orator* der Universität u. s. w. glaube ich, als den Arzt nicht angehend, hier übergehen zu dürfen.

Von den genannten Professoren werden nun zwar während der Studien-Zeiten (*Terms*) Vorlesungen gehalten, doch scheinen dieselben nicht sehr besucht zu sein, und kein grofser Werth darauf gelegt zu werden *).

Die der Universität im Ganzen angehörenden Anstalten sind dann ferner folgende: 1) Der botanische Garten. Wurde gegründet von Henry Lord d'Anvers, *Earl of Danby*, und existirt seit 1633. Er ist der älteste botanische Garten in England, und enthält in der dabei befindlichen Bibliothek unter anderen die Herbarien von Sherard und Dillenius. 2) Die *Radcliffe Library*, in einem prachtvollen Gebäude. Wurde vom Dr. Radcliffe gegründet und Anno 1749 eröffnet. Sie enthält nur naturwissenschaftliche und medizinische Werke, und steht unter der unmittelbaren Aufsicht des Dr. George Williams. 3) Die

*) Wie oberflächlich es darin zugehen mufs, erhellet daraus, dafs z. B. die ganze Anatomie in 16 Vorlesungen vorgetragen wird.

sogenannten *Schools*, ein Gebäude, worin die Candidaten zu den verschiedenen, von der Universität verliehenen Würden, examinirt werden, und in welchem sich aufserdem befindet: 4) die *Bodleian Library*, die allgemeine Bibliothek der Universität, so genannt nach ihrem Stifter Sir Thomas Bodley. Aufser durch Ankäufe wird sie noch jährlich bedeutend dadurch vermehrt, dafs von jedem in England gedruckten Buche ein Exemplar an sie abgeliefert werden mufs; 5) die Gemälde-Gallerie (ebenfalls in den *Schools*), vorzüglich reich an Portraits von den Stiftern der verschiedenen Collegien und anderen merkwürdigen Personen; 6) befinden sich in den *Schools* auch die berühmten *Arundel marbles* und *Pomfret Statues*, von denen jene auf Veranlassung von Thomas, *Earl of Arundel and Surry*, in Asien gekauft, diese aber von der *Countefs Dowager of Pomfret* der Universität geschenkt wurden. Ferner 7) gehört zu der Universität im Ganzen das *Sheldonian theatre* (nach dem Erzbischoff Sheldon, dem Gründer desselben, benannt), ein Gebäude, in welchem ein grofser Hörsaal befindlich ist, bestimmt zur Ertheilung der verschiedenen Würden, zu öffentlichen Reden, wie z. B. der jährlich zur Gedächtnifsfeier der Wohlthäter der Universität gehaltenen, und zu anderen öffentlichen Feierlichkeiten. 8) Das berühmte *Clarendon Printing Office*, welches schöne Gebäude die Universität bekanntlich dem Earl of Clarendon verdankt. 9) Das *Ashmolean Museum*, für naturhistorische Gegenstände und andere Merkwürdigkeiten. Anno

1677 versprach Elias Ashmole der Universität die ihm zugehörende schätzbare Sammlung der bekannten Botaniker Tradescant (des Vaters und des Sohnes) zu vermachen, wenn sie ein passendes Gebäude dazu errichten lassen wollte. Dieses geschah; im Jahre 1682 wurde das Gebäude vollendet, und das Museum darin aufgenommen, welches nachher noch durch mancherlei Beiträge, wie z. B. durch die von Reinhold Forster von den Südsee-Inseln mitgebrachten Merkwürdigkeiten, vermehrt worden ist. Es befindet sich hier unter andern ein angeblicher Kopf vom *Didus ineptus*; ein 3 Zoll langes Horn von dem Kopfe einer alten Frau (wozu ein Seitenstück in dem Museum des Thomas-Spitales zu London aufbewahrt wird) u. s. w. Die eigentlichen naturhistorischen Gegenstände sind übrigens nicht zahlreich, und ein ordentliches zoologisches Museum fehlt demnach auch hier. 10) Besitzt die Universität auch ein astronomisches Observatorium, und 11) ein anatomisches Theater, welches zum Theil den Vermächtnissen der Doctoren Freind und Lee sein Dasein verdankt. Es enthält eine zwar nicht grofse, aber recht ausgesuchte Sammlung für die Anatomie des gesunden und krankhaften Baues, und steht gegenwärtig unter der Aufsicht des Dr. Kidd *).

Aufser diesen zur Universität im Ganzen gehörenden Personen und Anstalten, be-

*) Hier möchte auch wohl am passendsten die mit der Universität freilich in keiner Verbindung stehende *Radcliffe Infirmary* genannt werden können; ein kleines, seit 1770 bestehendes, Krankenhaus, ebenfalls vom Dr. Radcliffe gegründet.

steht dieselbe nun ferner aus einer Anzahl einzelner Collegien und Hallen und dem zu diesen gehörenden Personale, welches aus Lehrenden und Lernenden zusammengesetzt ist. — Was zuvörderst die Collegien und Hallen *) betrifft, so sind deren vier und zwanzig vorhanden, nämlich 19 *Colleges* und 5 *Halls*, unter denen die berühmtesten sein möchten: das *Queens College*, *University College*, *Christ Church College* (vom Cardinal Wolsey gegründet), *All Souls College* (in welchem Sydenham studirte); ferner *Magdalene College*, *Corpus Christi College*, *New College*, *St. Johns College*, *Trinity College* u. s. w. — In jedem derselben befindet sich, aufser den Wohnungen für die Fellows und das übrige Personale, eine Kirche, eine grofse Halle zum gemeinschaftlichen Essen u. s. w., und eine mehr oder weniger reiche Bibliothek.

Was sodann das Personale derselben betrifft, so hat jedes zuvörderst einen Vorsteher, welcher *Dean*, *Rector*, *Provost*, *Warden*, *President*, *Master* oder *Principal* genannt wird. Ferner zerfallen die Mitglieder überhaupt in *Members on the foundation* oder *Dependent Members*, und *Members not on the foundation* oder *Independent Members*. Jene erhalten ein gewisses Einkommen aus dem Fond des Collegiums, diese nicht; vielmehr leben sie während ihres Aufenthalts in dem Collegium oder

*) Der Unterschied zwischen Collegien und Hallen besteht darin, dafs die Collegien sämmtlich Corporationen sind (*incorporated bodies*), und oft beträchtliche Güter und Einkünfte besitzen; beides ist bei den Hallen nicht der Fall, obgleich mit Einigen Stiftungen zum Unterhalten einer gewissen Anzahl Studirender verbunden sind.

der Halle von eigenen Mitteln. Zu den *Dependent Members* gehören, aufser dem Vorsteher: 1) die *Fellows* (welche im *Christ-Church College*, *Students* heifsen); 2) die *Scholars* (im *Magdalene College*, *Demies* genannt); 3) die *Chaplains*, *Bibleclerks* und sonstige Officianten. — Die Vorsteher werden in den meisten Collegien von den *Fellows* erwählt. Die Wahl der *Fellows* ist nach den Statuten der verschiedenen Collegien verschieden. Entweder werden solche genommen, welche sich in öffentlichen Schulen oder in den Collegien als Studirende ausgezeichnet haben, oder die Wahl ist auf gewisse Provinzen eingeschränkt, oder die Verwandten von dem Gründer des Collegiums haben besondere Vorrechte u. s. w. Immer aber bilden die Vorsteher und die *Fellows* die dirigirende Behörde des Collegiums. Was die in den Collegien Studirenden, die *Scholars*, betrifft, so sind dieselben in einigen *Probationary Fellows*, d. h. sie haben die Aussicht, demnächst Fellow-Stellen zu bekommen; in anderen aber erhalten sie nur während ihrer Studienzeit eine gewisse Summe jährlich, ohne weitere Emolumente für die Folge. Zu den *Dependent Membres* können dann auch noch gerechnet werden die *Exhibitioners*, obgleich dieselben nicht eigentlich *on the foundation* sind. Es sind dieses nämlich solche Studirende, welche nicht aus dem Fond des Collegiums unterhalten werden, sondern Stipendien (*Exhibitions*) erhalten, welche von einzelnen Privat-Personen, oder von Corporationen den Collegien vermacht worden sind. — In dieselbe Kategorie gehören auch noch die sogenannten *Servitors*, welchen gewisse auſserordentliche Emolumente von den Collegien zufliesſen. — Von den *Fellows* übernehmen nun einige die speciellere Aufsicht über die Studien der Schüler, und diese heiſsen *Tutors;* manche von den Studirenden haben auch ihre *Privat-Tutors*, welche nicht zu den *Fellows* gehören.

Ferner die *Independent Members* sind entweder 1) *Noblemen*, oder 2) *Gentlemen-Commoners* (im *Worcester College Fellow-Commoners* genannt), oder 3) *Commoners*. — Zu den *Noblemen* gehören die Söhne der Pairs von England, Schottland und Irland, welche jedoch durchaus denselben Gesetzen unterworfen sind, wie alle übrigen Studirenden. — *Gentlemen Commoners* sind die Söhne besonders angesehener bürgerlicher Familien, welche, so wie die *Noblemen*, eine gröſsere Summe für ihre Studien bezahlen, als die *Commoners*, zu denen alle die übrigen, von eigenen Mitteln lebenden, gerechnet werden. — Uebrigens wohnen diese *Independent Members*, eben so wie die *Dependents*, in den Collegien oder Hallen. Die Zahl von sämmtlichen Mitgliedern der Universität (welche in die Bücher derselben eingetragen sind) beträgt zwischen 4 und 5000.

Nicht das ganze Jahr hindurch brauchen jedoch die Studirenden sich auf der Universität aufzuhalten, sondern es ist dieses nur während der bestimmten Studienzeiten (*Terms*) erforderlich. Deren giebt es aber in Oxford im Verlauf eines jeden Jahres viere, nämlich:

1) *Hilary Term*, vom 14. Januar bis zum 30. März; 2) *Easter Term*, vom 17. April bis zum 5. Mai; 3) *Trinity Term*, vom 30. Mai bis zum 6. Juli; 4) *Michaelmas Term*, vom 10. October bis zum 17. December. Während dieser *Terms* studiren nun die Schüler gröſstentheils für sich, nach Anleitung ihrer *Tutors*, von welchen sie auch wohl besonderen Privat-Unterricht erhalten, so wie sie auch die von den *University Professors*, dem Anschein nach nicht sehr regelmäſsig, gehaltenen Vorlesungen besuchen können.

Uebrigens wird in Oxford, wie ich auch schon früher bemerkt habe, vorzugsweise die alte klassische Literatur und Theologie studirt.

Endlich möge hier noch einiges über die zu Oxford ertheilten Würden eine Stelle finden. Dieselben bestehen in Folgenden: 1) *Bachelor of Arts*. Um diese zu erlangen, muſs der Studirende 16 *Terms* auf der Universität zugebracht haben, welche jedoch unter Umständen bis auf 12 verringert werden können. Nach Verlauf dieser Zeit muſs er sich zweien Prüfungen, den sogenannten *Responsions* und einer *Public Examination* unterwerfen. 2) *Master of Arts*. Zu dieser Würde gelangt der *Bachelor* zwölf *Terms* später, und ohne weitere Prüfung; auch braucht er nicht diese ganze Zeit hindurch, sondern nur einen *Term* auf der Universität sich aufgehalten zu haben. 3) *Bachelor of Civil Law*. Hierzu sind 28 *Terms* erforderlich, die jedoch durch Dispensationen bis auf 17 reducirt werden können. 4) *Doctor in Civil Law*, welche Würde 5 Jahre später ertheilt wird. 5) *Ba-*

chelor in Divinity. Hierzu können nur solche gelangen, welche bereits *Masters of Arts* sind, und erst 7 Jahre, nachdem sie dieses geworden (*seven years from the time of their Regency**)), wird ihnen die Würde eines *Bachelors in Divinity* ertheilt. 6) *Doctor of Divinity*, welches sie wiederum 4 Jahre später werden. 7) *Bachelor in Medicine.* Hierzu ist ebenfalls erforderlich, daſs der Candididat *Master of Arts* (Doctor der Philosophie) sei, und erst ein Jahr, nachdem er dieses geworden, kann er sich um die Würde eines *Bachelors in Medicine* bewerben. Nachdem er dieses 3 Jahre gewesen, erhält er 8) das Diplom eines *Doctors in Medicine.* — Endlich werden auch noch die Würden eines *Bachelors* und *Doctors of Music* ertheilt, und hierzu ist erforderlich, daſs Compositionen der Candidaten von dem Professor der Musik geprüſt, gebilligt und dann öffentlich aufgeführt worden sind.

Noch ist zu bemerken, daſs sämmtliche Mitglieder der Universität, je nachdem sie bereits eine Würde erlangt haben oder nicht, in *Graduates* und *Undergraduates* unterschieden werden. Jeder der verschiedenen *Degrees* hat, wie bekannt, seine eigene Kleidung.

---

*) *The Regency is taken out the first Act after the Masters degree, and the Act is the first Tuesday in July. No one is entitled to vote in the University, until he has taken his Regency.*

Die

Die Universität **Cambridge** ferner, besteht wiederum aus einem gewissen Personale und verschiedenen Anstalten, welche dem Ganzen angehören, und sodann aus den einzelnen Collegien und Hallen, und den zu ihnen gehörenden Vorstehern, *Fellows* und Studirenden.

Das allgemeine Personale ist ein *Chancellor*, ein *High-Steward*, ein *Deputy High-Steward*, zwei *Proctors*, zwei *Pro-Proctors*, zwei *Taxors* (welche auch die Aufsicht über die Märkte in Cambridge führen), zwei *Moderators* (die den philosophischen Disputir-Uebungen und den der Würde eines *Bachelor of Arts* vorhergehenden Prüfungen vorstehen), und zwei *Scrutators* (denen besondere Geschäfte in der einen Abtheilung des Senats, wovon sogleich die Rede sein wird, obliegen); außerdem ein öffentlicher Redner (*public Orator*), zwei Bibliothekare, drei *Esquire Bedels*, ein *Yeoman Bedel* u. s. w. Sodann werden die allgemeinen Angelegenheiten der Universität noch von zwei Behörden verhandelt: nämlich von dem sogenannten *Caput* und dem Senate. Ersteres besteht aus dem *Vice-Chancellor*, einem *Doctor of Divinity*, einem *Doctor of Law*, einem *Doctor of Physic* u. s. w.; letzterer aus den *Masters of Arts*, *Bachelors of Divinity*, *who have been Masters of Arts*, *and Doctors in any of the faculties of Divinity*, *Civil Law or Physic*, *having there names upon the College boards or resident in the town of Cambridge.* Er zerfällt in zwei Abtheilungen (*Regent or Upper-*

house und *Non regent or Lowerhouse*), je nachdem nämlich die Mitglieder schon eine gewisse Zeit hindurch ihre Würden besessen haben oder nicht. (Nach der hiervon abhängigen verschiedenen Kleidung, heifst auch jene Abtheilung *White Hood House*, diese *Black Hood House.*)

Aufserdem ist dann wieder eine Anzahl von Universitäts-Professoren vorhanden, von denen folgende den Arzt interessiren: 1) *Regius Professor of Physic*, Dr. John Haviland; 2) *Professor of Chemistry*, J. Cumming; 3) *Professor of Anatomy*, William Clark; 4) *Professor of Botany*, Thomas Martin; (diese vier Professuren sind von der Universität gestiftet); 5) *Woodwardian Lecturer of Geology*, A. Sedgwick (nach dem Stifter dieser Stelle, Dr. John Woodward, benannt); 6) *Jacksonian Professor of Natural and Experimental Philosophy*, William Farish; 7) *Downing Professor of Medicine*, C. Hewett. (Jene Professur wurde von Richard Jackson, diese von Sir George Downing gegründet; daher die Benennungen.) Endlich 8) *Professor of Mineralogy*, E. D. Clarke.

Die allgemeinen Anstalten ferner, welche die Universität besitzt, sind folgende:

1) Das *Senat-House*. Bei öffentlichen Feierlichkeiten und den die Universität betreffenden Verhandlungen dem Senate zum Versammlungsorte dienend.

2) Die *public Schools*. Zu den von den Studirenden der verschiedenen Facultäten an-

zustellenden Disputir-Uebungen bestimmt. Es befindet sich darin ein Hörsaal für die *Philosophy School*, ein anderer für die *Divinity School*, und ein dritter für die *School for Law and Physic*. Aufserdem wird in diesem Gebäude die von John Woodward der Universität geschenkte Sammlung von Fossilien u. s. w. aufbewahrt (*the Woodwardian Collection of fossils*).

3) Die *University Library*; befindet sich in demselben Gebäude, und enthält angeblich über 100,000 Bände; darunter die ersten Ausgaben der griechischen und lateinischen Klassiker, und mehrere orientalische Manuscripte von grofsem Werthe.

4) Der botanische Garten; unter der Aufsicht von Arthur Biggs. Das Studium der Botanik schien jedoch in Cambridge etwas zu leiden, da der 90 Jahr alte Professor derselben, Thomas Martyn, auf dem Lande wohnte und nicht mehr las. (Wenn ich nicht irre, so ist er seitdem gestorben.)

5) *The Fitzwilliam Museum.* Eine höchst schätzbare Sammlung von Gemälden, Zeichnungen, Kupferstichen, Büchern u. s. w., vom Lord Viscount Fitzwilliam der Universität vermacht. Sie ist vorläufig in einem Schulgebäude untergebracht, bis sie in einem eigenen prachtvollen Gebäude, zu dessen Errichtung Lord Fitzwilliam ebenfalls eine bedeutende Summe hinterlassen hat, wird aufgestellt werden können.

6) *The Anatomical School*, unter der Direction des Professors der Anatomie, Wil-

liam Clark. Ein unansehnliches Gebäude, enthaltend eine kleine Sammlung anatomischer Präparate und einen Hörsaal, in welchem die Vorlesungen über Anatomie, Medizin u. s. w, gehalten werden.

Obgleich nicht zur Universität gehörig, wird doch wohl hier am besten zu nennen sein: das *Addenbrookes Hospital*, ein sehr freundlich gelegenes und gut eingerichtetes Krankenhaus, zu dessen Errichtung Dr. John Addenbrooke Anno 1719 eine nicht unbedeutende Summe hinterlassen hat. Es wurde Anno 1766 eröffnet, und nimmt jährlich im Durchschnitt 700 Kranke auf.

Was dann ferner die einzelnen Collegien und Hallen betrifft, so sind deren siebenzehn vorhanden, nämlich 13 *Colleges* und 4 *Halls*, unter denen das *St. Peters College*, 1257 gegründet, das älteste ist. Aufser den Wohnungen für die *Fellows* und *Scholars*, ist, wie in allen übrigen Collegien, so auch in diesem, eine Kapelle, eine gemeinschaftliche Halle und eine Bibliothek, wovon besonders die Kapelle hier manches Merkwürdige darbietet. Ausgezeichnet sind ferner: *Pembroke Hall*, worin William Pitt studirte; *Gonville et Caius College* (auch *Key's College* genannt), welches William Harvey zu seinen Schülern zählt; *Kings College*, dessen wunderschöne Kapelle oder Kirche eine vorzügliche Zierde von Cambridge ist; *Jesus College*, worin

Lawrence Sterne, und *Christs College*, worin John Milton wohnte; ferner *St. Johns College*, aus welchem Thomas Otway und Ben Johnson hervorgegangen sind; *Magdalene College*, dessen Eigenthum die berühmte *Bibliotheca Pepysiana* ist, von Samuel Pepys dem Collegio geschenkt; *Sidney Sussex College*, welchem Oliver Cromwell angehörte, und *Trinity College*, das gröſste und berühmteste Collegium der Universität. Ihm gehörte Newton an, von welchem sich eine Marmor-Statue mit der Inschrift: *Qui genus humanum ingenio superavit*, in der schönen Kapelle befindet. Die Bibliothek des Collegiums ist durch Reichthum und Seltenheit der darin befindlichen Werke ausgezeichnet; auch werden hier noch einige besondere Merkwürdigkeiten aufbewahrt, z. B. physikalische Instrumente, welche Newton gebrauchte, von Cook mitgebrachte Geräthschaften der Südsee-Insulaner u. s. w. Ein hier befindliches Gemälde von Newton führt die Inschrift: *Nature and Nature's laws lay hid in night, God said: let Newton be, and all was light.* Auſser Newton verdienen von den ausgezeichneten Mitgliedern dieses Collegiums noch besonders genannt zu werden: Sir Francis Bacon Lord Verulam, Bentley, Fletcher und Dryden. — Neueren Ursprungs ist das *Downing College*, welches seit 1800 besteht, und allein von Sir George Downing gegründet wurde.

Das Personale dieser Collegien und Hallen besteht dann wieder aus einem Vorsteher

(*Master*, *Provost* oder *President* genannt), aus einer gewissen Anzahl von *Fellows* und aus den Studirenden, welche nach ihrem Range und den Emolumenten, die sie von der Universität beziehen, in *Noblemen*, *Fellow-Commoners*, *Pensioners* und *Sizars* unterschieden werden. Die Zahl sämmtlicher Mitglieder der Universität war im Jahre 1819 folgende:

	Members of the Senate.	*Members on the boards.*
Trinity College	451	995
St. John's College	355	909
Emmanuel College	90	191
Jesus College	64	189
Queens College	68	157
Christ College	42	156
Caius College	64	154
St. Peters College	39	134
Clare Hall	49	129
Trinity Hall	27	122
Pembroke Hall	38	109
Kings College	74	103
Benét College	24	95
Sidney College	39	86
Catharine Hall	19	86
Magdalene College	36	71
Downing College	10	12
Oppidants	6	—
	1495	3698

Uebrigens werden, wie ich schon früher bemerkte, in Cambridge, aufser der alten klassisehen Literatur, besonders mathematische Wissenschaften getrieben. — Die Rechte, so wie die Heilkunde zu studiren, sind daher die englischen Universitäten nicht geeignet. Jene werden vielmehr in London praktisch erlernt, und die Heilkunde wird, was die Chirurgie anbelangt, ebenfalls in London, die eigentliche Medizin aber auf den schottischen Universitäten studirt. — Mit den akademischen Würden, welche in Cambridge ertheilt werden, verhält es sich übrigens ziemlich eben so wie in Oxford.

Wenn man nun gleich bei dem Gedanken an die vielen ausgezeichneten Männer in allen Zweigen des menschlichen Wissens, welche aus diesen Unterrichts-Anstalten hervorgegangen sind, bei der Erinnerung an das hohe Alter der meisten von ihnen, und bei dem imponirenden Aeufseren, welches, besonders in Oxford, auf jeden Fremden einen tiefen Eindruck machen wird, mit einer gewissen Ehrfurcht nothwendig erfüllt werden mufs, so läfst sich doch auf der anderen Seite nicht leugnen, dafs die aus früheren Zeiten sich herschreibende Einrichtung dieser Universitäten keinesweges den Forderungen entspricht, welche wir jetzt an solche Anstalten zu machen uns für berechtigt halten. Zur Erlernung mancher Wissenschaften, und namentlich der medizinischen, bedarf es besonderer Institute, an welche hier nicht gedacht worden ist; dem eigenen Fleifse der Studirenden ist das Meiste überlassen, und wenn gleich ein guter Kopf durch Selbsstudium allein, vieles zu gewinnen und die im Wege stehenden Hindernisse zu überwinden im Stande sein wird, so wird er doch Manches ohne zweckmäfsige Hülfsmittel nicht zu erreichen im Stande sein, und nicht wenige werden das beabsichtigte Ziel ganz und gar verfehlen. Fast mehr als auf alles andere, scheint darauf gehalten zu werden, dafs die Studirenden nur die vorgeschriebene Zeit auf der Universität zubringen, und die zur Erlangung der verschiedenen akademischen Würden angeordneten Prüfungen möchten wohl nicht geeignet sein, um sich von der Tüchtigkeit der Candidaten eine hinreichende Ueberzeugung zu verschaffen. Es ist deshalb auch in der That schon eine Reform der englischen Universitäten als wünschenswerth in Anregung gebracht worden.

Edinburg *).

Die schottischen Universitäten, von denen ich Edinburg und Glasgow genauer kennen

*) Auf dem Wege nach Edinburg verweilte ich auch einen Tag in York, vorzüglich um die berühmte Irren-Anstalt der Quäker (*the Retreat*) zu sehen. (S. *Samuel Tuke's description of the Retreat, an institution near York for insane persons of the Society of friends, containing an account of the origin and progreſs, the modes of treatment and a statement of cases.* 1815. 4., und Jacobi's Sammlung für die Heilkunde der Gemüths-Krankheiten. Bd. 1.) Die Anstalt ist von Quäkern gegründet, und auch vorzugsweise für Quäker bestimmt. Sie hat eine sehr schöne Lage auſserhalb der Stadt, und enthält im Durchschnitt etwa 70 Irre. Die gröſste Reinlichkeit und Ordnung herrscht in dem Hause, und darin, daſs hierauf mit der gröſsten Genauigkeit gehalten wird, so wie in dem eigenthümlichen gutmüthigen Benehmen, welches die Auſseher gegen die Irren beobachten, besteht die ganze Behandlung. (Es werden unter anderen mancherlei Thiere, Kaninchen, Federvieh u. s. w., gehalten, mit denen sich die Gemüthskranken beschäftigen und belustigen; auch für musikalische Unterhaltungen wird vorzügliche Sorge getragen.) Von anderweitigem, eigentlich medizinischem Heilverfahren ist nicht die Rede, und es soll der Erfolg von jener Behandlung so günstig sein, daſs im Durchschnitt von zehn Kranken sieben geheilt werden. Hierbei möchte jedoch wohl sehr zu fürchten sein, daſs häufig nur eine Beschwichtigung des Uebels, keine wirkliche Hei-

zu lernen Gelegenheit hatte, sind bekanntlich in ihrer Einrichtung den deutschen Universitäten ziemlich ähnlich. Es sind namentlich vier Fakultäten vorhanden: *Literature and Philosophy*, *Theology*, *Law* und *Medicine*; die Studirenden haben ihre Privat-Wohnungen in der Stadt, besuchen nach einem mehr oder weniger genau vorgeschriebenen Studienplane die von den Professoren regelmäſsig gehaltenen Vorlesungen, (welche jedoch mit wenigen Ausnahmen nur im Winter Statt finden), und werden dann zur Erlangung der akademischen Würden den erforderlichen Prüfungen unterworfen.

An der Spitze der Universität zu Edinburg steht der Stadtrath (*Town Council*), dessen Mitglieder Beschützer (*Patrons*) der Hochschule sind. Dann folgt der *Chancellor*, welches der *Lord Provost* von Edinburg ist; ferner der *College Baillie*, welcher als *Vice-Chancellor* betrachtet werden kann; dann der *College Treasurer*, der *Rector*, *Secretary*, *Librarian* u. s. w.

Als Professoren der Medizin und Naturwissenschaften sind aber jetzt folgende angestellt: 1) John Leslie, Professor der Physik; bekannt durch seine Untersuchungen über die Wärme, die Feuchtigkeit der Luft u. s. w.

---

lung, Statt findet. — Auſser diesem *Retreat* ist noch ein anderes Irrenhaus (*Asylum*) in York, in welchem früherhin eine nicht blos strenge, sondern selbst grausame Behandlung der Irren statt gefunden haben soll. Sie ist in Folge der Untersuchung von Seiten des Parlaments im Jahre 1815 abgeschafft. Als Zwangsmittel wird hier häufig die lederne Muffe gebraucht.

2) Robert Jameson, Professor der Naturgeschichte; ist ein Schüler Werners, und eine besondere Zierde der Universität. 3) Alexander Monro (tertius), Professor der Anatomie. Anno 1720 wurde Dr. Alexander Monro primus Professor der Anatomie in Edinburg; ihm folgte sein Sohn Dr. Alexander Monro secundus, der Vater des jetzigen. 4) T. Charles Hope, Professor der Chemie und chemischen Pharmacie. Er ist der Nachfolger des berühmten Joseph Black und selbst bekannt, hauptsächlich durch die Entdeckung des Strontians (welchen er bekanntlich zu gleicher Zeit mit Klaproth nachwies). Seine Fertigkeit im Experimentiren ist besonders groſs, und dieses, so wie das allgemeine Bedürfniſs chemischer Kenntnisse, macht seine Klasse zu einer der besuchtesten. 5) Robert Graham, Professor der Botanik, Nachfolger des Daniel Rutherford. Er ist zugleich, und fast noch mehr, praktischer Arzt, und als solcher auch bei uns hinlänglich bekannt. 6) Andreas Duncan jun., Professor der Diätetik, Materia medica und Pharmacie. Auſserdem bekleidet er die Stelle des Bibliothekars und Secretairs der Universität. 7) Andreas Duncan sen., Professor der theoretischen Heilkunde (der medizinischen Institutionen). Diese Professur wurde im Jahre 1724 errichtet, und damals dem Dr. Porterfield übertragen. Ihm folgten St. Clair, Whytt, Cullen, John und James Gregory. Der jetzige Professor Andreas Duncan sen. ist einer der ältesten unter allen europäischen Aerzten; er lehrt

Medizin nun beinahe seit sechszig Jahren. Adjungirt ist ihm jetzt Dr. William Pulteney Alison. 8) James Home, Professor der praktischen Heilkunde. Ihm voran gingen in dieser Professur: Dr. John Rutherford, Dr. John Gregory, Dr. Cullen und Dr. James Gregory, und solchen Vorgängern gleich zu kommen, ist dem Dr. Home freilich bis jetzt noch nicht gelungen. 9) James Hamilton, Professor der Geburtshülfe. Er folgte seinem Vater Alexander Hamilton, und ist nicht zu verwechseln mit dem in Edinburg lebenden ausgezeichneten praktischen Arzte gleiches Namens, welcher sich durch sein vorzügliches Buch: *on purgative medicines*, einen verdienten Namen erworben hat. 10) Robert Christison, Professor der gerichtlichen Arzneikunde. Diese Professur existirt erst seit einigen Jahren, und wurde zuerst vom Dr. Andreas Duncan jun. bekleidet. Früherhin hielt nur der ältere Duncan am Ende eines jeden Cursus einige Vorlesungen über *medicina forensis.* Zum Gebrauche bei diesen gab er 1795 einen kurzen Leitfaden heraus, unter dem Titel: *Heads of Lectures on medical Jurisprudence or the institut. medic. legalis.* 11) James Russel, Professor der klinischen Chirurgie. Er ist der erste Lehrer dieser Doctrin, welchen Edinburg besessen hat. 12) Georg Ballingall, Professor der Militair-Chirurgie. Diese Professur wurde auch erst kürzlich, während der letzten Kriege, gegründet, und zuerst dem Dr. Thomson übertragen, welcher jedoch vor nicht langer Zeit seinen Abschied genommen hat, da es ihm nicht gelang, nach dem Tode Gregory's die Professur der praktischen Heilkunde, um die er sich bewarb, zu bekommen. —

Was die medizinische Klinik, welche in der Königl. Infirmary gehalten wird, betrifft, so ist diese nicht einem bestimmten Professor übertragen, sondern sie wird abwechselnd von den Professoren der medizinischen Fakultät gehalten, namentlich von Duncan jun., Home, Alison und Graham, indem nämlich Alison sie für Duncan sen. hält, und Monro so wie Hope darauf resignirt haben, Russel aber, als Professor der klinischen Chirurgie, auf die medizinische Klinik keine Ansprüche hat. Die übrigen von den oben genannten Professoren gehören nicht mit zur medizinischen Fakultät, indem sie theils der philosophischen Fakultät angehören (Leslie und Jameson), theils etwa wie extraordinaire Professoren zu betrachten sind; (Christison und auch Hamilton, indem besonders der vor Kurzem verstorbene Gregory dagegen war, daſs der Professor der Geburtshülfe in die Fakultät aufgenommen würde) *).

Von diesen Professoren werden nun die meisten Vorlesungen in einem gemeinschaftlichen Gebäude, *the College*, gehalten, wel-

*) Eine eigene Sitte ist es bei Bewerbungen um Professuren, so viel Zeugnisse, als nur irgend möglich, zu sammeln, und diese gedruckt an den *Lord Provost* und die *honourable Patrons of the University of Edinburgh* einzusenden. So habe ich zwei Fascikel von Zeugnissen vor mir liegen, die der Dr. Duncan jun. eingesandt hat, als er sich um seine jetzige Stelle bewarb. —

ches nach einem sehr ausgedehnten Plane angelegt, aber noch nicht vollendet ist. Was für Vorlesungen von einem jeden gehalten werden, erhellet schon aus dem Obigen, und ist in dieser Hinsicht nur noch zu bemerken, daſs Dr. Monro nicht nur über Anatomie, sondern auch über Pathologie (eigentlich wohl pathologische Anatomie), so wie über Chirurgie liest. Zu diesen Vorlesungen über Chirurgie sind aber nur wenige Stunden bestimmt, und da auch Russel keine vollständigen Vorträge darüber hält, und beide keine praktische Chirurgen sind, so fehlt es eigentlich bei der Universität ganz an einer genügenden Gelegenheit, Chirurgie zu studiren *). — Die medizinische Klinik wird, wie gesagt, in der *Royal Infirmary* gehalten, in welcher einige Säle dazu besonders bestimmt sind. Diese sind aber für die groſse Menge von Studirenden viel zu klein, so daſs immer nur wenige die Kranken zu sehen Gelegenheit haben. Jeder von den oben bezeichneten Professoren leitet die Klinik ein Viertel-Jahr hindurch, so daſs also in jedem Winter zwei daran kommen. Während des Umganges iu den Krankensälen wird übrigens gar kein klinischer Unterricht ertheilt, sondern der Kranke blos examinirt, und ihm das Nöthige verordnet. Dagegen wird aber zweimal wöchentlich in einem Auditorium des Universitäts-Gebäudes eine kli-

---

*) Monro hat von seinen Vorlesungen einen kleinen Conspectus herausgegeben, unter dem Titel: *Syllabus of a course of lectures on the principles and practice of Surgery*. Derselbe ist jedoch weiter nichts, als ein Inhaltsverzeichniſs.

nische Vorlesung gehalten, worin die merkwürdigsten Kranken, die vorgekommen sind, genauer durchgenommen, ihr Krankheits-Zustand erklärt und die Gründe des Verfahrens entwickelt werden. — Aehnlich verhält es sich mit der chirurgischen Klinik, jedoch sind für diese keine eigenen Säle bestimmt, sondern der Professor der Chirurgie folgt nur mit seinen Zuhörern den Wundärzten des Hospitals, und hält alsdann in zwei Stunden wöchentlich erläuternde Vorlesungen über die merkwürdigsten Kranken, welche so gesehen worden sind. Diese klinischen Vorlesungen, sowohl die medizinischen als die chirurgischen, dauern auch im Sommer fort, und werden alsdann auch Vorlesungen gehalten über Botanik, Geburtshülfe und gerichtliche Medizin; alle übrigen Collegia werden, wie ich schon oben bemerkte, nur im Winter gelesen. — Vorlesungen über medizinische Polizei, so wie über vergleichende Anatomie, finden bei der Universität gar nicht Statt. Dem Mangel der letzteren wird einigermaſsen durch die Vorträge des Dr. Barclay abgeholfen, wovon weiter unten. Physiologie wird übrigens theils in Verbindung mit der Anatomie, theils zugleich mit der allgemeinen Pathologie und Therapie (*Theory of Physic*) vorgetragen.

In dem Universitäts-Gebäude befindet sich dann auch die Bibliothek *), der chemische und physikalische Apparat, und das natur-

*) Eine andere ansehnliche und berühmte Bibliothek ist die im *Parliamenthouse* befindliche *Advocate's Library*.

historische und anatomische Museum, nebst dem anatomischen Theater. — Jenes, das naturhistorische Museum, ist gröſstentheils das Werk des Professors Jameson, und eigentlich (was den zoologischen Theil betrifft) das einzige, welches in Groſsbrittanien und Irland existirt. Es ist hauptsächlich in zwei groſsen Sälen mit der äuſsersten Eleganz aufgestellt, und enthält manche seltene Stücke, von welchen ich nur das ziemlich vollständige Skelett des *Irish Elk*, auf der *Isle of Man* ausgegraben, nennen will *). — Da es noch an einem hinreichenden Fond zur Unterhaltung des Museums fehlt, so muſs ein jeder, der es zu sehen wünscht, eine halbe Krone bezahlen; eine Einrichtung, die sehr gemiſsbilligt wird, und die auch mit der sonst allgemein Statt findenden Liberalität in einem auffallenden Contraste steht.

Das anatomische Museum ist das berühmte Monro'sche, welches jedoch leider von dem jetzigen Monro etwas vernachläſsigt zu werden scheint **). Er selbst bekümmert sich, dem Anscheine nach, wenig darum, und sein Assistent, Dr. Mackenzie, welcher die Aufsicht darüber führt, scheint auch nicht die Sorgfalt darauf zu verwenden, welche die vortreffliche Sammlung wohl verdiente. Es versieht letzterer zugleich die Stelle des Prosectors,

---

*) Eine kleine Abbildung davon hat Jameson gegeben, in dem *Supplement to the Encyclopaedia Britannica. Vol. VI. P. I. Art. Fossil organic remains.*

**) Alexander Monro secundus soll es der Universität geschenkt haben, unter der Bedingung, daſs sein Sohn Professor würde.

sectors, steht aber nur in Privatdiensten des Monro, da ein eigener Prosector von Seiten der Universität nicht angestellt ist. Von den zahlreichen interessanten Präparaten, welche ich in dem Monro'schen Museum zu sehen Gelegenheit hatte, will ich hier nur erwähnen: einen Fall, wo eine Darmschlinge durch eine im Mesenterium entstandene Oeffnung gedrungen und in dieser eingeklemmt war; einen Polypen von bedeutender Gröfse im Oesophagus; eine beutelförmige Erweiterung an einer Seite der Speiseröhre; varicöse Ausdehnungen der Saugadern; Gallensteine, in der Substanz der Leber gefunden; bedeutende Concretionen im Darmkanal, gebildet aus Magnesia, die der Mensch häufig genommen hatte, um nachtheilige Wirkungen des in Menge genossenen Weines zu verhindern; ein ansehnliches Blutcoagulum zwischen den Bauchmuskeln, nach der Paracentese des Unterleibes entstanden u. s. w.

Ferner besitzt die Universität einen botanischen Garten; zur Zeit meiner Anwesenheit eigentlich zwei, einen alten und einen neuen. Letzterer war damals noch nicht vollständig eingerichtet; sobald aber dieses der Fall sein würde, sollte jener eingehen. Das in dem neuen Garten erbauete Gewächshaus zeichnet sich durch seine elegante und zweckmäfsige Einrichtung besonders aus. Auch ist in ihm die von Holasworth angegebene Art, mittelst heifser Dämpfe und dadurch erhitzter Steine u. s. w. zu heizen, mit Erfolg in Anwendung gebracht worden.

Endlich ist hier, obgleich es eigentlich nicht mit der Universität in Verbindung steht, noch eines kleinen Entbindungs-Hospitals zu gedenken, dessen Direktor der Professor Hamilton ist. Es faſst ungefähr 15 bis 20 Schwangere und Wöchnerinnen, und werden diejenigen Zuhörer Hamiltons, welche vorzüglich Geburtshülfe studiren wollen, zu den Geburten zugelassen, ohne jedoch in der Regel selbst Hülfe leisten zu dürfen. Gewöhnlich wird alles von der Matrone des Hauses besorgt, und nur in schwierigen Fällen wird Hamilton zugerufen. Eine ordentliche geburtshülfliche Klinik findet daher bei der Universität nicht Statt, und von regelmäſsigen Touchirübungen u. s. w. kann um so weniger die Rede sein, da die Schwangeren nur erst ganz kurze Zeit vor ihrer Niederkunft aufgenommen werden. —

Zur Erlangung der medizinischen Doctorwürde ist es übrigens erforderlich, daſs der Studirende gewissen Vorschriften ein Genüge geleistet habe, und glaube ich, daſs, da manches Eigenthümliche dabei Statt findet, die Mittheilung der bisher in dieser Hinsicht bestandenen Statuten für meine Leser nicht ohne Interesse sein wird.

Nemo, heiſst es in diesen, *ad doctoratus in medicina gradum promoveatur, nisi die solenni, nempe primo mensis Augusti, vel die proximo sequente, nec priusquam ipse annum aetatis suae unum et vigesimum compleverit.* — 2. *Nemo gradum doctoratus consequatur priusquam triennium, in hac aut in alia academia, per sex saltem menses quotan-*

nis, Medicinae studio impenderit, et sequentibus, quas scientia medica complectitur, disciplinis, uni vel pluribus singulis annis, sub Medicinae Professoribus operam dederit, scilicet:

Anatomiae et Chirurgiae Chemiae Materia medicae et Pharmaceuticae Medicinae theoreticae Medicinae practicae	per curricula sex mensium.
Botanicae	per curriculum trium mensium.
Medicinae clinicae, Nosocomii publici eodemque tempore praelectionum de aegris ibi decumbentibus frequentationem amplectenti	per curriculum sex mensium, vel per duo curricula trium mensium.

3. Quicunque honores medicinae ambierit, ante diem XXIV^{tum} Martii consilium suum cum facultatis medicae Decano communicet, et illi tradat dissertationem medicam inauguralem, a seipso compositam et concinne conscriptam, ut Professor aliquis, a Decano designandus, eam perlegat, si opus fuerit emendet, et perlectae scriptam suam testificationem apponat. Cum dissertatione tradat etiam medicinae studiosus Decano facultatis studiorum testimonium in hac aut in alia academia, atque autographum his verbis: Ego, gradum doctoratus in medicina ambiens, serio et sancte medicinae Professoribus et almae Academiae Edinburgenae assevero, et hoc scripto meo testatum cupio, me unum et vigesimum aetatis annum jam complevisse (vel, si ita res se habuerit, ante diem solen-

nem esse completurum), et me esse liberum, scilicet nullius Chirurgi, aut Pharmacopolae, aut illius cuiusvis artificii Magistri servitio addictum, ut Discipulum, vel Tironem, vel Ministrum, qualis anglice dicitur Apprentice. — 4. *Postea, quaestio illi a facultate medica, vel viva voce, vel scripto, privatim habenda est, de variis quas scientia medica complectitur disciplinis; ut nemo, nisi literarum et medicinae scientia probe imbutus, Candidatorum numero adscribatur.* — 5. *Die XXIV^to mensis Junii Candidatus coram facultate medica, a duobus Professoribus interrogatus, progressum suum in variis disciplinis medicis supra enumeratis ulterius ostendat.* — 6. *Candidato hactenus probato proponatur ab aliquo Professorum unus ex Aphorismis Hippocratis, et simul ab alio Professore quaestio medica; quorum priorem a se ipso explicatum et commentario illustratum, posteriorem, una cum responsione, idoneis argumentis confirmata, die IV^to mensis Julii Professoribus proponentibus Candidatus reddat, suumque demum commentarium et responsionem die VI^to mensis Julii coram facultate medica defendat.* — 7. *Si, his rite peractis, Candidatus promoveri merebitur, illi tradantur duae morborum historiae, cum quaestionibus subjunctis, ut scriptura illas illustret, his commoda responsa reddat; tum historias ita illustratas, una cum responsis suis, die XIX^no Julii Professoribus proponentibus tradat, atque eadem die XXII^do Julii coram facultate medica defendat.* — 8. *Candidato, si post primum periculum fac-*

tum probatus fuerit, Dissertationem suam inauguralem prelo subiicere liceat, cuius accurate excusae octo exemplaria facultatis medicae Decano die XXII^{do} Julii tradat. — 9. Si Candidatus, dissertatione jam excusa, tertio a medicinae facultate fuerit probatus, eiusdem facultatis Decanus omnia quae gesta fuerint Senatui academico renunciabit, cuius approbatione et auctoritate Candidatus dissertationem suam edere, eandemque in comitiis academicis die XXXI^{mo} Julii defendere jubeatur. Tum, si Senatui placuerit, laboris tandem et studiorum praemium, summos in medicina honores, gradum nempe Doctoralem, more solenni I^{mo} Augusti consequatur. — 10. Facultas medica, quo maior sit horum omnium solennitas, semper intra Academiae Pomoeria, hora nona ante meridiem, diebus supra dictis conveniet; et si quis Candidatus, sine gravi causa, hora abfuerit statuta, occasione neglecta, ei hac vice vel ad ulteriora pericula progredi, vel gradum Doctoralem assequi, non licebit. — 11. Excercitationes omnes antea dictae lingua latina peragendae sunt.

Mit diesen bisher in Kraft gewesenen Vorschriften haben nun aber neuerlich mehrere Veränderungen vorgenommen werden sollen, hauptsächlich darin bestehend: daſs die Ausarbeitung einer Dissertation fernerhin nur wünschenswerth, nicht mehr durchaus nothwendig sein sollte; daſs die Studien-Zeit von drei auf vier Jahre verlängert werden, und ein sechs monatlicher Cursus der Geburtshülfe zu den oben erwähnten Vorlesungen noch hinzugefügt werden sollte; daſs ferner nur ein einjähriges Studium auf einer auswärtigen Universität nachgegeben werden, und die Prüfungen statt in lateinischer, in englischer Sprache vorgenommen werden sollten, nachdem der Candidat zuvor in Beziehung auf sein medizinisches Latein (*medical latin*) geprüft worden u. s. w. *). Diese Vorschläge haben, wie sich leicht denken läſst, zu mancherlei Verhandlungen und Gegenschriften Veranlassung gegeben, besonders in Betreff der Dissertationen und der bei den Prüfungen zu gebrauchenden Sprache, und die englischen Journalisten meinen, es werde hierdurch angedeutet, *that something was „rotten in the state of Denmark.“* — In der That aber ist die Frequenz der Edinburger Universität fortdauernd sehr groſs. Nach einer Durchschnitts-Rechnung von 30 Jahren werden jährlich 1623 immatriculirt, von denen 611 der *Faculty of Literature and Philosophy*, 150 der *Faculty of Divinity*, 157 der *Faculty of Law*, und 705 der *Faculty of Medicine* angehören; zu Doctoren der Medizin werden im Durchschnitt jährlich 58 creirt. Am 2. August 1824 erhielten sogar 109 die Doctorwürde. — Das gewöhnliche Honorar, welches für die Vorlesungen bezahlt wird, beträgt 4 Guineen. Für den Besuch

*) S. *Regulations for granting Degrees in Medicine, proposed by the medical Faculty to the Senatus Academicus, July 1824, and to be decided on by the Senatus in October 1824.* Die Entscheidung war jedoch vor Kurzem noch nicht erfolgt.

der Königl. Infirmary werden 5 bis 12 Guineen bezahlt.

Aufser den angeführten Universitäts-Vorlesungen werden nun aber noch von mehreren Aerzten und Chirurgen Edinburgs in eigenen, von ihnen errichteten anatomischen Theatern und anderen Unterrichts-Anstalten Privat-Vorlesungen gehalten. Namentlich befinden sich mehrere Privat-Institute der Art neben einander auf dem an das Collegium der Wundärzte angränzenden Platze, *Surgeon-Square*, und findet zwischen ihnen und den Universitäts-Lehrern immer eine bedeutende Rivalität statt.

Zu diesen Privat-Anstalten gehört 1) die des Dr. Thomson. Er hat ein eigenes, ihm gehörendes Gebäude in *Surgeon-Square* gänzlich dazu bestimmt, in welchem er selbst Vorlesungen hält über praktische Heilkunde, Dr. Maclagan über Kriegsarzneikunde, und Mr. Turner über Chirurgie. Es ist nämlich mit dem Edinburger Collegium der Wundärzte eine eigene Professur der Chirurgie verbunden, welche früherhin Dr. Thomson bekleidete; vor Kurzem hat er sie aber an seinen Schüler Turner abgetreten, und dieser hält nun seine chirurgischen Vorlesungen in dem Lokale des Dr. Thomson.

2) Das anatomische Theater des Herrn Barclay, ebenfalls in *Surgeon-Square*. Er hält im Winter zwei Vorlesungen über Anatomie, indem seine Collegia so zahlreich besucht werden, dafs sein Auditorium sämmtliche Zuhörer auf einmal zu fassen nicht vermag.

Im Sommer hält er Vorlesungen über vergleichende Anatomie. Er hat eine reiche Sammlung für *natural*, *morbid* und *comparative anatomy* zusammen gebracht, die sich durch ihre wunderliche Aufstellung auszeichnet, so wie Barclay überhaupt ein seltsamer Mensch, aber ein trefflicher Lehrer ist.

3) Die Anstalt des Herrn Liston. Hier wird Anatomie gelesen von Mr. Syme, einem noch jungen, aber tüchtigen Manne, welcher vor nicht langer Zeit ein anatomisches Museum anzulegen begonnen hat, welches zwar noch klein ist, sich aber durch den Fleiſs, womit die Präparate gearbeitet sind, so wie durch mehrere seltene Stücke sehr auszeichnet. Es befindet sich darin unter anderen ein Wasserkopf von auſserordentlicher Gröſse (wenn ich nicht irre, in Mackenzie's *Illustrations of Phrenology* beschrieben und abgebildet); ferner die 65 Pfund schwere Degeneration des Scrotums, welche Liston vor einiger Zeit mit Erfolg weggeschnitten hat; sodann das Präparat von dem Menschen, bei welchem Syme die Exartikulation des Schenkels aus dem Hüftgelenke vorgenommen hat, u. s. w. — Robert Liston selbst liest über Chirurgie; er ist ein tüchtiger Operateur, wird aber, wie es scheint, wegen anderer Eigenschaften von den übrigen Aerzten und Chirurgen Edinburgs nicht sehr geliebt. Mit ihm verbunden haben sich noch Dr. Sanders, welcher über praktische Heilkunde, und Dr. Thatcher, der über Geburtshülfe liest.

4) Lizars hat ebenfalls in *Surgeon-Square* eine solche Oppositions-Schule errich-

tet, in welcher er nicht ohne Beifall Anatomie, so wie Allan Chirurgie u. s. w. liest. Auch Lizars hat eine anatomische Sammlung angelegt, und beschäftigt sich jetzt vorzüglich mit der Herausgabe seines trefflichen anatomischen Kupferwerks.

Aufserdem werden noch von verschiedenen anderen Aerzten Privat-Vorlesungen gehalten, von denen es hinreichend sein möge, die des Dr. Fyfe über Chemie, und des Dr. Campbell über Geburtshülfe zu nennen.

Neben der Universität und den erwähnten Privat-Unterrichts-Anstalten sind dann aber noch mehrere andere Institute in Edinburg, welche für den Arzt Interesse haben, und zu denen ich mich zunächst wenden zu müssen glaube. Es gehören dahin:

1) Zwei *Dispensaries* für Kranke jeglicher Art: das *Royal public Dispensary and Vaccine Institution for the City and County of Edinburgh*, und das *New Town Dispensary*. Jenes besteht seit 1776, und hat dem vor mir liegenden Berichte zufolge, bis zum Jahr 1823, 126,492 Kranken Hülfe geleistet. Es sind dabei 15 Aerzte, 13 Chirurgen und 6 Vaccinatoren angestellt. Aufserdem eine eigene *Committee for promoting Vaccine Inoculation*. Die Vaccinatoren haben über den Erfolg der Vaccination kürzlich folgenden Bericht abgestattet, welchen ich hier um so mehr mittheilen zu dürfen glaube, da man gerade von Edinburg aus, das Vertrauen auf die Schutzkraft der Kuhpocken wankend zu

machen versucht hat. „Seit einigen Jahren,“ so lautet der Bericht, „haben die Menschenpocken ziemlich allgemein in Edinburg und der umliegenden Gegend geherrscht, und dieses hat den Unterzeichneten häufige Gelegenheit gegeben, die wohlthätigen Wirkungen der Kuhpocken zu beobachten. Obgleich die Vaccination nicht immer vor den Menschenpocken geschützt hat, so kömmt sie hierin doch der Inoculation von Menschenpocken gleich, während die dadurch verursachte Krankheit ohne Vergleich gelinder ist. Auch ist es ausgemacht, daſs in allen Fällen, wo die Kuhpocken vor den Menschenpocken nicht geschützt haben, diese doch in ihrem Verlaufe bedeutend verändert und fast gefahrlos gemacht worden sind; in jedem Falle sind die Menschenpocken unter diesen Umständen weniger gefährlich, als wenn sie, was nicht selten geschieht, ein Individuum zum zweiten Male befallen. — Es sind nämlich mehrere Fälle vorgekommen, wo in einer Familie drei oder vier nicht vaccinirte Kinder durch die Menschenpocken hingerafft wurden, während andere eben so sehr der Ansteckung exponirte, aber durch die Vaccination geschützte, entweder ganz frei von der Krankheit blieben, oder sie doch nur in einem so gelinden Grade bekamen, daſs es kaum nöthig war, darauf zu achten. — Die Ueberzeugung der Unterzeichneten von den groſsen Vortheilen, welche die Vaccination gewährt, ist daher nicht nur unerschüttert geblieben, sondern hat selbst noch zugenommen, und sie empfehlen deshalb dieselbe dringend allen Klassen von Einwohnern." Unterzeichnet von William Farquharson, James Bryce, John Aitkin, Adam Hunter und William Law. — Die ausgedehnte Wirksamkeit des in Rede stehenden *Dispensary's* erhellet übrigens daraus, dafs im Jahre 1822 46,230 Recepte in demselben verschrieben worden sind.

Das *New Town Dispensary* ist neueren Ursprungs, und besteht erst seit sehs bis sieben Jahren. Nach dem 1822 erschienenen Berichte wurden im Jahre 1822 darin behandelt:

Medizinische und chirurgische Kranke - -	5613.
Vaccinirt wurden - - - - - - - - -	506.
Summe	6119.

In den 6 Jahren und 4 Monaten, in welchen das *Dispensary* bestanden hat, sind aber überhaupt behandelt:

Medizinische und chirurgische Kranke - -	40547.
Vaccinirt wurden - - - - - - - - -	4773.
Geburtshülfliche Fälle kamen vor - - -	1113.
Summa	46433.

Von diesen sind in ihren Wohnungen behandelt: 16,306. — Consultirender Arzt der Anstalt ist Dr. Thomson; dann sind für den East-Distrikt der Stadt bestimmt: Dr. Kenney, Dr. Mac-Lagan und Mr. Turner; für den Middle-Distrikt: Dr. Alison, Dr. Hamilton und Dr. Pitcairn, und für den West-Distrikt: Dr. Moncreiff, Mr. Brown und Dr. Molison. Aufserdem sind zwei Geburtshelfer bei dem *Dispensary* angestellt.

2) Ein *Eye Dispensary*, welches erst im November 1822 errichtet worden ist, und bei welchem sich in den ersten 14 Tagen seines Bestehens bereits 56 Augenkranke gemeldet hatten. Wundärzte dabei sind John Henry

Wishart und **John Argyll Robertson**. Dem darüber erschienenen kurzen Berichte ist, um zu zeigen, wie nothwendig dergleichen Anstalten sind, eine Nachricht von dem *Eye Dispensary* in Liverpool beigefügt, woraus erhellet, daſs in diesem, gleich in dem ersten Jahre nach seiner Errichtung 758 Augenkranke behandelt worden sind *).

3) Das *Lunatic Asylum*, auf Veranlassung des Dr. **Duncan** sen. errichtet **). Durch freiwillige Beiträge ist die dazu erforderliche Summe zusammengebracht, und bemerkenswerth scheint es mir, daſs von Madras, Bengalen, Ceylon, Bombay, von Westindien und Amerika her, dazu beigetragen worden ist. Nach dem Berichte vom Jahre 1822 sind in dasselbe seit seiner Eröffnung im Jahre 1813 überhaupt Einhundert und fünf Gemüthskranke aufgenommen worden. Am ersten Januar 1821 befanden sich darin 24, und 11 neue Kranke wurden im Verlaufe des Jahres aufgenommen, wogegen neun entlassen wurden, so daſs am ersten Januar 1822 ein Bestand von 26 war. — Nach dem noch nicht ganz ausgeführten Plane wird die Anstalt aus acht, durch verdeckte Gänge mit

*) In den *Edinb. med. and surg. Journal*, *Jan.* 1824, ist der erste Jahres-Bericht des Edinburger *Eye Dispensary's* bekannt gemacht, woraus erhellet, daſs im Verlauf des Jahres überhaupt behandelt worden sind: 839 Kranke. Von diesen sind geheilt 604, gebessert 72, nicht geheilt und weggeblieben 40. — 123 blieben am Schluſs des Jahres in Behandlung.

**) S. *A Short account of the rise, progreſs and present state of the lunatic asylum at Edinburgh* u. s. w, *Edinburgh*, 1812.

einander verbundenen und in ein Viereck zusammen gestellten Gebäuden bestehen, so zwar, daſs an jeder der vier Ecken sich ein kleineres, zwei Stock hohes, zwischen diesen aber an den vier Seiten, vier gröſsere, drei Stock hohe Gebäude sich befinden. Der Bau ist besorgt von dem berühmten Architekten Reid, dessen *Observations on the structure of hospitals for the treatment of lunatics, and on the general principles on which the cure of insanity may be most succeſsfully conducted*, von einer genauen Bekanntschaft mit den Erfordernissen solcher Anstalten zeugen. Auf Trennung der Geschlechter und der verschiedenartigen Gemüthskranken, in sofern es die Kur erfordert, ist besonders Bedacht genommen. Aerzte der Anstalt sind Dr. Duncan jun. und Dr. Spens; es scheint aber nur wenig ärztliche Behandlung Statt zu finden, die Kranken jedoch zu einer ordentlichen Lebensweise ernstlich angehalten zu werden.

4) Der *Royal Infirmary* (des allgemeinen Krankenhauses) ist schon oben bei der medizinischen Klinik Erwähnung geschehen. Es ist ein schönes Gebäude in der Nähe der Universität, zur Aufnahme von Kranken jeglicher Art (Gemüthskranke ausgenommen) bestimmt. Die Zahl der Betten beträgt etwa 230, und ist das untere Stockwerk für innere, die beiden oberen aber für chirurgische Kranke bestimmt, welche Einrichtung wohl nicht ganz zweckmäſsig sein möchte. Aerzte des Hospitals sind der berühmte Dr. J. Hamilton und Dr. Spens. Consultirende Wund-

ärzte sind Gillespie und Newbigging. Ordentliche Wundärzte, und zwar ältere: Wishart und Jos. Bell; jüngere: Allan und Ballingall. — Ich hatte hier unter anderen Gelegenheit, einen Fall von Catalepsis zu sehen, mit der von den Schriftstellern gegebenen Beschreibung der Krankheit so ziemlich übereinstimmend. Die Kranke, etwa einige zwanzig Jahr alt, bekam an jedem Tage mehrere Male eine viertel bis eine halbe Stunde und länger dauernde Anfälle, in denen sie Bewufstsein, Empfindung und willkührliche Bewegung verlor, dabei in der Lage oder Stellung blieb, in welcher sie sich im Augenblicke des Anfalls befand, oder jede andere Stellung annahm, in die man sie bei der merkwürdigen Biegsamkeit ihrer Glieder brachte. Dafs sie jedoch nach Beendigung des Anfalles in ihren Reden oder Handlungen da fortgefahren hätte, wo sie zuvor stehen geblieben war, habe ich nicht bemerkt. Vielmehr schien sie sich in einem Zustande von Unbesinnlichkeit zu befinden, und mit dem Mangel des Bewufstseins von dem während des Anfalls mit ihr Vorgegangenem, auch ein Vergessen des kurz vorher sich Zugetragenen verbunden zu sein. Eine besonders in die Augen fallende Ursache konnte nicht ausgemittelt werden; jedoch schien die Krankheit mit einer regelwidrigen Thätigkeit der Geschlechts-Werkzeuge in Verbindung zu stehen.

5) Eine eigene kleine Anstalt (*Feverhospital*) für an ansteckenden, fieberhaften Krankheiten (Typhus, Pocken u. s. w.) leidende Personen, ist noch in einem an der Aufsenseite der

Stadt gelegenen, ehemals zu anderen Zwecken benutzten Gebäude errichtet. Veranlassung dazu gab eine, vor einigen Jahren in Edinburg herrschende Typhusepidemie. Die Einrichtung dieses Fieberhospitals scheint jedoch nicht die vorzüglichste zu sein; auch waren während meines Aufenthalts in Edinburg nur sehr wenig Kranke hier befindlich. Der dabei angestellte Arzt ist Dr. Home, welcher dem antiphlogistischen Heilverfahren sehr zugethan zu sein scheint.

6) Für das in Edinburg befindliche Militair ist auf dem Schlosse (*the castle*) ein kleines Hospital eingerichtet, welches unter der Leitung des durch sein Werk über Ceylon bekannten Drs. Marschall steht. Bemerkenswerth wird dasselbe dadurch, dafs hier vorzüglich Dr. Thomson seine Versuche über die Heilung der Syphilis ohne Quecksilber angestellt hat und fortwährend anstellt. Ich sah daselbst eine bedeutende Anzahl von Kranken mit syphilitischen Geschwüren im Rachen, von denen Thomson zum Theil behauptete, dafs sie durch früheren Misbrauch des Quecksilbers entstanden seien, im Allgemeinen aber versicherte, dafs ihre gründliche Heilung am besten bewirkt werde, durch eine antiphlogistische und diaphoretische Behandlung mit Antimonialien, kühlenden und abführenden Neutralsalzen, Decocten von Sarsaparille und ähnlichen Wurzeln und Hölzern, bei einer sehr strengen Diät. Bei primären venerischen Geschwüren wird äufserlich Bleiwasser, oder eine Auflösung von *zincum sulphuricum*, oder die *lotio nigra* oder *coeru-*

lea *), oder auch bloſses Wasser übergeschlagen. Bubonen werden Anfangs antiphlogistisch behandelt, und dann wird Druck angewendet, wodurch die Zertheilung derselben meistens leicht und sicher bewirkt werden soll **).

Von den übrigen Wohlthätigkeits-Anstalten in Edinburg möchten hier dann noch folgende eine Erwähnung verdienen:

Das *Trinity Hospital*, zur Aufnahme und Verpflegung von altersschwachen und gebrechlichen Personen bestimmt, von denen ungefähr 50 beiderlei Geschlechts sich darin befinden. Sie erhalten auſser der Wohnung, auch Essen und Trinken, Geld für Kleidung, etwas Taschengeld u. s. w.

Heriots Hospital. Bekanntlich im Jahre 1650 von George Heriot, dem Juwelier und Goldschmidt Jacobs VI., gestiftet. Das schöne Gebäude, nach einem Plane von Inigo Jones errichtet, dient zur Aufnahme und Erziehung von armen vaterlosen Knaben, deren jetzt etwa 170 darin aufgenommen sind. Auch für ihr ferneres Fortkommen nach ihrer Entlassung wird Sorge getragen.

Eine ähnliche Anstalt für Mädchen ist das *Merchant Maiden Hospital.* Etwa siebzig Mädchen, aufgenommen in einem Alter von 7, und

*) Jene besteht aus *aq. calcis Lib.* 1. und *submuriat. hydrargyri, Dr.* 1. Diese aus *aq. destill. Lib. sem.* und *sulphat. cupri* Gr. viii.

**) Am genauesten beschrieben ist dies Thomsonsche Verfahren in einem Auſsatze des Dr. Hill im *Edinb. med. and surg. Journal.* 1822. Daraus mitgetheilt im Archiv für mediz. Erfahrung. Novbr. Decbr. 1823.

7 und 11, und entlassen in einem Alter von 17 Jahren, erhalten hier Unterricht im Schreiben, Rechnen, in der Geographie, im Französischen, in weiblichen Handarbeiten, und zuweilen auch in der Musik. — Einen ähnlichen Zweck hat das *Trades Maiden Hospital.*

Watsons Hospital ist ebenfalls eine Anstalt dieser Art, für Knaben bestimmt. Sie hat ihren Namen von dem Gründer derselben, George Watson, und werden im Durchschnitt etwa sechzig Knaben darin erzogen.

The Orphan Hospital dient zur Aufnahme von ungefähr 160 Vater- und Mutterlosen Kindern aus dem ganzen Königreiche. Sie werden aufgenommen in einem Alter von 7 Jahren, und entlassen, wenn sie 14 Jahr alt geworden. Howard erklärte dieses Waisenhaus für eins der besten in Europa.

The Charity Workhouse. Arbeitsfähige Arme (etwa 800) erhalten hier Beschäftigung, und werden dafür gekleidet und genährt. Außerdem bekommen sie den sechsten Theil des reinen Ertrages ihrer Arbeit. Mehr als 1200 werden überdies in ihren Wohnungen auf ähnliche Weise unterstützt, und ungefähr 100 kleine Kinder bei Ammen und Pflegeeltern unterhalten.

Gillespie's Hospital (nach dem Stifter James Gillespie benannt) ist noch eine Anstalt für altersschwache und gebrechliche Personen. Nach der Bestimmung des Gründers sollten die ersten Ansprüche zur Aufnahme haben, diejenigen, welche bei ihm in

Diensten gestanden; dann die, welche den Namen Gillespie führen; hierauf alte und arme Personen aus Edinburg und der nächsten Umgebung; sodann Personen dieser Art aus Leith, und endlich altersschwache und gebrechliche Leute aus irgend einem Theile von Schottland. Die Zahl der im Hause befindlichen Männer und Weiber beträgt im Durchschnitt vierzig. Aufserdem ist noch eine Schule für 100 Knaben damit verbunden.

Auch die Blinden und Taubstummen sind nicht vergessen. Es befindet sich in Edinburg ein *Asylum for the blind* und eine *Institution for the education of the deaf and dumb children of the poor*. Die Blinden-Anstalt ist bisher nur für Knaben bestimmt gewesen, welche darin in verschiedenen Handarbeiten unterrichtet wurden, um sich nachher durch diese ihren Unterhalt erwerben zu können. Jetzt soll die Anstalt jedoch erweitert, und auch zur Aufnahme von Mädchen eingerichtet werden. — In der Taubstummen-Anstalt erhalten etwa 50 Kinder denjenigen, auf die allgemeine Ausbildung ihres Geistes berechneten Unterricht, welcher erforderlich ist, um sie für die menschliche Gesellschaft überhaupt passender zu machen. Die meisten der Kinder leben ganz in der Anstalt; einige jedoch geniefsen hier nur den Unterricht und wohnen in der Stadt.

Nennenswerth sind ferner das *Magdalen Asylum*, zur Besserung und Beschäftigung von gesunkenen Frauenzimmern bestimmt, und die *Society for the relief of the destitute sick*, welche arme Kranke mit

Geld und auf andere Weise unterstützt, und mit den obengenannten *Dispensaries* in Verbindung steht.

Endlich verdient noch das Edinburger *Bridewell**) eine besondere Erwähnung, da es durch seine eigenthümliche Einrichtung sich sehr auszeichnet. Es ist nach Art eines Theaters erbaut, so zwar, daſs an der einen Seite die Wohnungen der Aufseher u. s. w. sich befinden, und an diese die Zellen der Gefangenen, in denen sie bei Tage arbeiten, in einem Halbzirkel, gleich den Logen, angereihet sind. Hinter diesen Zellen befinden sich die Kammern, in welche sie Abends gebracht werden, und die durch einen rund umher laufenden schmalen Gang von den Arbeitszellen getrennt sind. Um den sonst leicht getriebenen Unfug zu verhüten, ist an der Scheidewand von je zwei Zellen ein vorspringendes Brett angebracht, so daſs die Gefangenen in den verschiedenen Zellen sich einander nicht sehen, wohl aber sämmtlich von der Wohnung des Aufsehers aus beobachtet werden können. Die hier befindliche *Treadmill* und die dadurch getriebenen verschiedenen Maschinerien habe ich schon oben erwähnt.

Was ferner die gelehrten Gesellschaften, Corporationen u. s. w. in Edinburg betrifft, so kommen unter diesen vorzüglich in Betracht:

*) Das Londoner *Bridewell*, ein Zucht- und Arbeitshaus, entstand aus einem alten Pallaste, in welchem König Johann und nach ihm andere residirten. Auf dessen Hofe befand sich ein Brunnen (*well*), welcher der heiligen Brigitta (*St. Bridgid or Bride*) gewidmet war. Daher entstand späterhin die Benennung *Bridewell* für alle ähnliche Anstalten.

Das *College of Physicians.* Besitzt ein schönes Gebäude in der Neustadt von Edinburg, und besteht aus einem Präsidenten (jetzt Dr. Andrew Duncan jun.), aus *Resident* und *Non resident Fellows*, *Licentiates* und *Honorary members;* (unter diesen findet sich, wie unter den Mitgliedern mehrerer gelehrten Gesellschaften, in England, noch immer der verstorbene Walter aufgeführt, zum Beweise, wie wenig die Engländer von uns Deutschen Bescheid wissen). Jeder, der auf einer schottischen Universität die medizinische Doctorwürde erhalten hat, kann gegen Erlegung einer gewissen Summe erst *Licentiate*, und dann *Fellow* des College werden. Er erhält dadurch ein gröſseres Ansehen als praktischer Arzt, aber es kann ihm die Praxis nicht verwehrt werden, wenn er auch nicht ein Mitglied des Collegiums ist.

Verbunden mit dem *College of Physicians* ist die *Medico-chirurgical Society*, welche alle 14 Tage in dem Gebäude des Collegiums ihre Zusammenkünfte hält. Zu den angesehensten Mitgliedern derselben gehört Abercrombie, welcher einer von den am meisten beschäftigten praktischen Aerzten in Edinburg ist, und seine vorzüglichen pathologisch-therapeutischen Kenntnisse auch durch seine Schriften documentirt hat. Nicht umhin kann ich jedoch zu gestehen, daſs mir besonders widrig war, eine gewisse Art von Frömmelei, welcher einige Aerzte Edinburgs sich ergeben zu haben scheinen.

Das *Royal College of Surgeons*, dessen Präsident zur Zeit meines Aufenthalts in

Edinburg William Wood war, besitzt eine nicht unbeträchtliche Sammlung, besonders für pathologische Anatomie, welche in dem Gebäude desselben, in *Surgeon-Square*, aufgestellt ist. Jeder, der Mitglied desselben zu werden wünscht, muſs Zeugnisse beibringen, daſs er gewisse Vorlesungen eine gewisse Zeit hindurch besucht, und der Praxis in einem öffentlichen Hospitale sich gewidmet hat. Sodann wird er einer Prüfung unterworfen, und erhält durch das ihm hierauf ertheilte Diplom eine angesehenere Stellung als praktischer Wundarzt, so wenig ihm auch die Ausübung der Chirurgie verwehrt werden kann, wenn er nicht Mitglied des Collegiums ist. — Eine eigene Professur der Chirurgie ist, wie ich schon oben bemerkte, mit dem Collegium verbunden, welche jetzt Turner bekleidet. (Früherhin waren die *Surgeons* und *Barbers* zusammen incorporirt; nachher aber wurden sie getrennt, und die *Surgeons* mit den sogenannten *Apothecaries* vereinigt, deren Officinen von den Mitgliedern des Collegiums der Aerzte visitirt werden dürfen.)

Die *Royal Society* bedarf wohl kaum einer besonderen Erwähnung. Präsident derselben ist Sir Walter Scott, und zu ihren thätigsten Mitgliedern gehört Brewster, welcher zugleich Secretair der Society ist. — Nicht weniger bekannt ist die *Wernerian Society for natural history*, unter dem Vorsitze von Jameson. Sie hält ihre Zusammenkünfte jeden Sonnabend in dem Universitäts-Gebäude, und zeichnet sich durch groſse Regsamkeit sehr vortheilhaft aus, wie dies auch die von ihr herausgegebenen Verhandlungen bekunden. Eine gute Sitte ist es, dafs hier, wie auch bei anderen gelehrten Gesellschaften in Edinburg, eine kurze Anzeige von dem, was in der nächsten Sitzung verhandelt werden soll, zuvor gedruckt, und den Mitgliedern als Einladung zugesandt wird.

Sehr bemerkenswerth ist ferner die *Royal medical Society*, welche zwar hauptsächlich aus Studirenden besteht, aber auch die berühmtesten Aerzte zu ihren Mitgliedern gezählt hat und noch zählt, Sie wurde 1737 gestiftet, und besitzt ein bedeutendes Vermögen. Ein schönes Gebäude in *Surgeon-Square* ist ihr Eigenthum, und in diesem befindet sich eine zahlreiche und ausgesuchte Bibliothek, eine Sammlung von naturhistorischen Gegenständen, anatomischen Präparaten u. s. w. Wöchentlich einmal versammelt sie sich, unter dem Vorsitze von einem der vier Präsidenten, unter denen Dr. Moriarty der erste ist.

Dann sind hier noch zu nennen: die *Royal physical Society, instituted* 1771, *and confirmed by Royal Charter* 1788; — die *Caledonian horticultural Society*, von welcher Andreas Duncan sen. ein besonders eifriges Mitglied ist; — die *Harveyan Society*, jetzt unter dem Vorsitze von Newbigging. Sie giebt jährlich eine physiologische Preisfrage auf, und feiert an Harvey's Geburtstage, den 12. April, ihr Stiftungsfest. — Endlich die *Phrenological Society*, welche die weitere Bearbeitung von Gall's Schädellehre zum Zweck hat. Sie besteht aus Aerzten und Nicht-Aerzten, besitzt eine nicht unbedeutende Sammlung von Schädeln, Gypsabgüssen u. s. w., und hat bekanntlich vor Kurzem angefangen, ihre Verhandlungen herauszugeben. Vorsteher derselben ist Mr. George Combe, ein Nichtarzt, welcher auch Vorlesungen über die Schädellehre hält. Er scheint allerdings besonders geeignet, das Studium der Schädellehre zu befördern, da er ein sehr nüchterner und ruhiger Mann ist, der mit Genauigkeit und ziemlicher Unbefangenheit untersucht.

Glasgow.

Die Universität zu Glasgow trat zuerst Anno 1451 in Wirksamkeit. Sie war jedoch Anfangs manchen Störungen unterworfen, und hatte fast wieder aufgehört zu existiren, als sie 1577 von Neuem gegründet und in ihren Privilegien bestätigt wurde. Sie besteht aus einem *Lord Chancellor*, *Lord Rector*, *Dean of Faculty*, *Reverend Principal*, und einer Anzahl von Professoren, die theils Königliche sind, theils von der Universität ernannt, und aus deren Fonds besoldet werden. Aufserdem werden noch für mehrere Fächer, für welche keine Professuren in dem Etat sich befinden, sogenannte *Lecturers* ernannt, welche demnach verschieden sind von den *Private-Lecturers*, deren es auch in Glasgow giebt, und die eine Art von Opposition gegen die Universitäts-Lehrer bilden.

Die den Arzt angehenden Professoren sind folgende: 1) William Meikleham, Prof. der Physik; 2) Lockhart Muirhead, Prof. der Naturgeschichte; 3) James Jeffrey, Prof. der Anatomie; 4) Robert

Freer, Prof. der praktischen Heilkunde; 5) John Towers, Prof. der Geburtshülfe, und 6) John Burns, Prof. der Chirurgie. — Aufserdem sind als Lecturers angestellt: 7) für Chemie: Thomas Thomson; 8) für Materia medica: Richard Miller; 9) für Botanik: Richard Jackson Hooker. Von den meisten derselben werden die Vorlesungen in dem Universitäts-Gebäude (*the College*) gehalten, in welchem sich auch die Bibliothek der Universität, der physikalische und chemische Apparat, das anatomische Theater u. s. w. befinden. Uebrigens wird auch hier, mit Ausnahme des Collegiums über Botanik, nur im Winter gelesen, und zwar vom 1. November bis zum 1. Mai. — Die gröfsten Zierden der Universität sind ohne Zweifel Thomson und Hooker; jener gilt auch in England für den am meisten wissenschaftlich gebildeten Chemiker, und dieser, durch sein *Journal of a tour in Iceland*, durch seine *Musci exotici*, seine *Flora scotica* u. s. w. mit Recht berühmt, hat sich um Glasgow durch die Errichtung des botanischen Gartens ein bleibendes Verdienst erworben *).

*) Eine andere Unterrichts-Anstalt zu Glasgow, welche hier genannt zu werden verdient, ist die *Andersonian Institution.* Sie wurde von dem verstorbenen Professor der Physik, John Anderson, gestiftet, und mit einem reichen physikalischen Apparate, einer Bibliothek u. s. w. ausgestattet. Es werden darin für das gröfsere Publikum Vorlesungen über verschiedene Zweige der Naturwissenschaften gehalten, über Botanik, Physik, Anatomie u. s. w., wozu eigene Lehrer angestellt sind. Zu diesen gehört unter anderen der bekannte Chemiker Dr. Ure.

Der Universität angehörend ist ferner das William Huntersche Museum. Dr Hunter hatte in Glasgow studirt, war auch daselbst promovirt worden, und vermachte deshalb seine unschätzbare Sammlung (die sich früher in *Great Windmillstreet* in London befand) der Universität zu Glasgow, zugleich mit einem ansehnlichen Kapitale zur Errichtung eines angemessenen Gebäudes für dieselbe. Das Museum enthält: 1) eine Sammlung von anatomischen Präparaten, sowohl vom gesunden als krankhaften Baue; 2) eine Mineralien-Sammlung; 3) ein zoologisches Kabinet, besonders reich an Vögeln, Amphibien, Schalen von Mollusken u. s. w.; 4) eine Sammlung von Fossilien; 5) eine überaus reiche und ausgezeichnete Münzsammlung; 6) eine zahlreiche Bibliothek; 7) eine Sammlung ausgesuchter Gemälde *), und 8) allerlei Merkwürdigkeiten von fremden Völkerschaften, besonders Südsee-Insulanern, deren Utensilien, Kleidungsstücke u. s. w. (S. *Laskeys general account of the Hunterian Museum. Glasgow*, 1812.) Am bemerkenswerthesten sind die Präparate vom schwangeren Uterus, welche Hunter bei der Herausgabe seines bekannten Werkes benutzt hat; ferner die Präparate der lymphatischen Gefäfse, von Hewson, Cruikshank und Hunter gearbeitet, und dann die aufserordentlich reiche Münzsammlung. Der Werth derselben erhel-

*) Unter diesen befindet sich unter anderen das Original-Gemälde von Vesal, von Titian gemahlt.

let daraus, daſs das brittische Museum nur für einen Theil derselben 20,000 Pfund Sterling geboten hat, mit dem Versprechen, alle Duplikate zurückzugeben, und von den übrigen Abdrücke für das Huntersche Museum besorgen zu lassen. Bei dem Reichthum dieses Museums ist es um so mehr zu bedauern, daſs es so wenig benutzt wird und benutzt werden kann, indem von den verschiedenen Vorstehern desselben keiner recht darin Bescheid zu wissen scheint, und ein Mann wie Clift hier durchaus mangelt.

Der botanische Garten wurde im Jahre 1817 angelegt, und ist vorzüglich durch die Bemühungen des Dr. Hooker zu seiner jetzigen Vollkommenheit gelangt. Die dazu erforderlichen Gelder sind durch Subscription zusammen gebracht, so daſs er also nicht ausschlieſslich der Universität angehört; jedoch hat diese eine bedeutende Summe dazu beigetragen, und wird deshalb auch der Garten zu den an der Universität gehaltenen botanischen Vorlesungen benutzt.

Das allgemeine Krankenhaus der Stadt (*the royal Infirmary*) wurde im Jahre 1794 eröffnet. Es ist ein schönes groſses Gebäude, zur Aufnahme von Kranken jeglicher Art bestimmt (Gemüthskranke ausgenommen). Seine hohe Lage macht es ohne Zweifel zu einem sehr gesunden Aufenthaltsorte. — Nach dem vor mir liegenden Berichte vom Jahre 1822

befanden sich darin am 31. December 1821	189	Kranke.
Aufgenommen wurden im Jahre 1822 -	1558	—
Summe	1747	Kranke.

Von diesen wurden geheilt entlassen	-	1015.
— — — gebessert —	-	184.
Es starben - - - - - - - -	-	190.
Auf ihren eigenen Wunsch oder aus anderen Ursachen wurden entlassen - -	-	209.
So dafs demnach am 31. December 1822 in der Anstalt blieben - - - -	-	151 Kranke.

Aufserdem werden fortwährend eine Menge *Out-Patients* von den Aerzten und Chirurgen des Hospitals behandelt. — Noch will ich bemerken, dafs seit der Eröffnung der Infirmary überhaupt 28,562 Kranke darin aufgenommen, und von diesen 19,155 geheilt entlassen worden sind. Die Gesammtzahl der behandelten *Out-Patients* beträgt, gering angeschlagen, 63,000. Unter den Kranken des Jahres 1822 befanden sich auch 11, welche an den Sibbens litten. Aerzte des Hospitals sind Dr. Millar und Dr. Robertson; Wundärzte: Anderson, Young, Cumin und Gibb. Die Studirenden der Universität besuchen, um sich praktische Kenntnisse zu erwerben, diese Infirmary, da eigene klinische Institute nicht vorhanden sind.

Eine der schönsten Anstalten in Glasgow, ja in ganz Grofsbrittanien, ist das *Lunatic Asylum.* Es wurde 1814 eröffnet, und steht, wie der beigefügte Grundrifs *) zeigt, auf einer kreisrunden Fläche. Den Mittelpunkt bildet ein, mit einer schönen Kuppel bedecktes, octogonales Gebäude, von welchem vier, drei Etagen hohe Flügel, in schräger Richtung und einander gegenüber stehend, abgehen, ähnlich den Speichen eines Rades. Von dem äufsersten Ende eines jeden Flügels

*) S. Fig. 8.

gehen zwei Mauern nach aufsen, in gleicher Richtung mit den Seiten-Mauern, und erstrecken sich bis zur äufseren Gränze des zur Anstalt gehörenden Flächenraums. Auf diese Weise ist der ganze kreisförmige Raum in vier grofse Plätze, gleich Quadranten, und in vier oblonge Höfe abgetheilt. Jeder Quadrant ist wieder in zwei gleiche Theile geschieden, durch eine Mauer, welche, wie der Radius eines Zirkels, von dem Gebäude im Mittelpunkte nach der äufseren Umgebung hinläuft. So entstehen denn acht Hofräume von beträchtlicher Gröfse, welche alle von den Zimmern des Aufsehers und der Wärter im mittleren Gebäude übersehen werden können. Diese Räume sind bestimmt für acht Klassen von Kranken, von verschiedenem Range und Geschlechte, welche entweder in dem gewöhnlichen Zustande von Irresein sich befinden, oder Reconvalescenten sind. Die vier anderen (an den äufseren Enden der Seitengebäude befindlichen) Höfe, welche nicht übersehen werden können, sind für solche Kranke, deren Beschaffenheit eine Gemeinschaft mit den übrigen nicht zuläfst, oder welche nur unter der besonderen Aufsicht eines Wärters herausgelassen werden können.

Bei der inneren Einrichtung des Gebäudes ist ebenfalls Sorge dafür getragen, dafs die Zimmer, in welchen sich die Kranken gewöhnlich während des Tages aufhalten, ebenfalls von den Wärtern übersehen werden können. Jede Etage eines jeden Flügels bildet einen grofsen Saal oder Raum (*Ward*), in welchem auf der einen Seite eine Reihe von Kammern, und auf der anderen Seite ein Corridor sich befindet. In jeder Etage der Anstalt befinden sich demnach 4 *Wards*, zwei für Männer und zwei für Weiber. Die Corridors kommen in der Mitte zusammen, und zwischen den beiden, welche zu den Männer-Abtheilungen führen, so wie zwischen denen, welche den Weiber-Abtheilungen angehören, ist ein Zimmer für den Wärter angelegt, aus welchem demnach sowohl die Gallerieen, als auch die zwischen den beiden Flügeln befindlichen Hofräume übersehen werden können. Noch näher dem Mittelpunkte des Gebäudes befindet sich ein kreisförmiger Corridor, von welchem aus der Oberaufseher (*Superintendant*) nicht nur alle Gallerieen, sondern auch die neben den *Keepers-Rooms* gelegenen, gröſseren, zum Aufenthalt für die Kranken am Tage bestimmten Zimmer (*Day-rooms*) zu übersehen vermag.

Auſser den bis jetzt erwähnten *Wards* sind dann noch vier andere in den, am äuſseren Ende der vier Flügel befindlichen, einstöckigen Gebäuden vorhanden, bestimmt für Rasende von dem einen und anderen Geschlechte, und von höherem oder niederem Range.

Die Kranken sind nun in dem Gebäude so vertheilt, daſs zwei Flügel für die höheren Klassen, und zwei für die niederen bestimmt sind. Bei beiden Abtheilungen befinden sich in dem einen Flügel die Männer, in dem anderen die Weiber, und zwar in der ersten (unteren) Etage die Unheilbaren, (mit den Rasenden in der entfernten, am Ende eines jeden Flügels befindlichen Abtheilung); ferner in der zweiten (mittleren) Etage die Reconvalescenten, und in der dritten (oberen) Etage diejenigen, welche sich in dem gewöhnlichen Zustande des Irreseins befinden. — Alle Theile des Hauses werden durch zwei im unteren Stock befindliche Feuer erwärmt; die sie umgebende und durch sie erhitzte Luft wird durch Kanäle in alle Theile des Gebäudes geleitet.

Durch die Güte des Herrn Dr. Kennedy erhielt ich sämmtliche Berichte von dem Asylum seit seiner Eröffnung; aus dem vom Jahre 1822 möge Folgendes hier eine Stelle finden:

Am ersten Januar 1822 befanden sich im Asylum;	74 Männer.	47 Weiber.	Summa 121.
Aufgenommen wurden als neue Kranke im Laufe des Jahres	51 —	30 —	— 81.
	125 Männer.	77 Weiber.	Summa 202.
Entlassen wurden:			
Geheilt	26 Männer.	7 Weiber.	Summa 33.
Gebessert	12 —	13 —	— 25.
Auf Verlangen	13 —	12 —	— 25.
Es starben	11 —	2 —	— 13.
Blieben demnach am 31. December 1822	63 —	43 —	— 106.
	125 Männer.	77 Weiber.	Summa 202.

Von den 13 Todten starben am Fieber 3, an Wassersucht 2, an Entkräftung 2, an Schlagfluſs oder Lähmung 6. — Von dem gröſsten Einflusse auf das Gelingen der Kur zeigte sich die bisherige Dauer des Wahnsinns. Vom 30. Juni 1821 bis dahin 1822 wurden 29 alte und 66 neue Fälle aufgenommen; bei diesen war der Erfolg folgender:

Alte Fälle wurden behandelt:	männliche	16, davon geheilt	1.
	weibliche	13, — —	0.
		29.	1.
Neue Fälle wurden behandelt:	männliche	45, davon geheilt	24.
	weibliche	21, — —	6.
		66.	30.

Arzt bei dem *Glasgow Asylum* ist Dr. Balmanno, ein Mann, welcher alle die geistigen und körperlichen Eigenschaften zu besitzen scheint, die zu einem solchen wichtigen und schwierigen Amte erforderlich sind. (Sein Vorgänger war Dr. Cleghorn.) Wundarzt ist William Cumin. Ueberall herrscht die gröfste Ordnung und Reinlichkeit; auch werden die Kranken möglichst zur Arbeit angehalten. Unter den zur Heilung angewandten Apparaten befindet sich ein sehr einfach eingerichteter Drehstuhl, und ein anderer, durch welchen die darauf befindlichen Kranken in eine Bewegung, wie beim Reiten, versetzt werden.

Ein eigenes Hospital für venerische Mädchen (*Lockhospital*) ist ebenfalls in Glasgow vorhanden. Es steht vorzüglich unter der Leitung des Dr. Brown. Dieser und Dr. King sind als Wundärzte dabei angestellt. Consultirender Arzt ist aufserdem Dr. Millar. Im Jahre 1822 wurden 345 Kranke darin aufgenommen, von denen 300 geheilt entlassen wurden. Die Behandlung geschieht gröfstentheils mit Quecksilber, und scheint auffallend glücklicher zu sein, als die an anderen Orten ohne Quecksilber vorgenommene. — Auch ist ein *Magdalen Asylum* vorhanden, um die gefallenen Mädchen, die sich bessern wollen, aufzunehmen und zu beschäftigen.

Seit

Seit 1801 besteht auch ein *Dispensary* in Glasgow, wo arme Kranke mit ärztlichem Rathe und Arzenei unentgeldlich versehen, und von welchem aus sie in ihren Wohnungen behandelt werden. — Unter der Direktion der *Faculty of Physicians and Surgeons* ist auch eine *Vaccine Institution* errichtet, durch welche unentgeldliche Impfungen wöchentlich einmal vorgenommen werden.

Im Jahre 1790 hat sich ferner eine *Humane Society* gebildet, zur Rettung von Scheintodten und in plötzliche Lebensgefahr Gerathenen. Sie hat ein, mit einem vollständigen Apparate versehenes Gebäude am Ufer des Clyde, wo die häufigsten Unglücksfälle sich zu ereignen pflegen.

Ausgezeichnet durch die Nettigkeit der Einrichtung und die Zweckmäſsigkeit des Unterrichts, ist die Anstalt *for the education of deaf and dumb.* Sie wurde 1819 errichtet, und hat an Herrn Anderson einen sehr fähigen Lehrer. Die Kinder, welche aufgenommen werden sollen, dürfen nicht jünger als 7, und nicht älter als 14 Jahre sein. Auch dürfen sie keinen Mangel an Verstandeskräften zeigen, und müssen entweder die Kuhpocken gehabt oder die Menschenblattern überstanden haben. Allgemeine Ausbildung ihres Geistes ist der Hauptzweck; nachher wird dafür gesorgt, daſs sie bei Handwerkern u. s. w. in die Lehre kommen. In dem Hause befinden sich unter anderen mehrere kleine Druckerpressen, mit welchen die älteren Kinder in den Freistunden beschäftigt werden, und wodurch sie der Anstalt eine nicht ganz unbedeutende Einnahme verschaffen. Dem vor mir liegenden Berichte vom Jahre 1822 sind mehrere von den Kindern geschriebene Briefe beigefügt, welche die allmähligen und guten Fortschritte derselben auf eine interessante Weise darthun.

Endlich sind hier noch zu nennen: das *Town Hospital*, worin arme und alte, schwächliche Personen aufgenommen werden. Auch wird eine grofse Anzahl von solchen Leuten aufser dem Hause unterstützt.

Ferner *Hutchisons Hospital*, ebenfalls zur Unterstützung von alten und schwachen Personen beiderlei Geschlechts bestimmt. Auch ist eine Schule für arme Kinder damit verbunden.

Das sehr zweckmäfsig eingerichtete öffentliche Schlachthaus (*Slaughterhouse*), so wie die öffentlichen Waschhäuser, scheinen mir noch in Beziehung auf die medizinische Polizei bemerkenswerth.

Die Aerzte und Chirurgen sind übrigens im Jahre 1599 zusammen incorporirt worden, unter dem Namen der *Faculty of Physicians and Surgeons*. Es ist aber mehr ein gelehrter und zur wechselseitigen Unterstützung der Mitglieder bestimmter Verein, als dafs die Ausübung der Medizin und Chirurgie davon abhängig wäre, womit es sich vielmehr so verhält, wie in Edinburg und im übrigen Schottland.

Dublin.

So wie in anderer Hinsicht Dublin sich in der letzten Zeit bedeutend gehoben hat, so ist es insbesondere für den Arzt und Chirurgen höchst interessant geworden. Ein reges Leben findet unter dem medizinischen Personale daselbst Statt; mehrere Museen sind angelegt worden und nehmen einen raschen Fortgang; die zahlreichen Hospitäler und mehrfachen Unterrichts-Anstalten bieten ergiebige Quellen der Belehrung dar, und an medizinischem Interesse dürfte daher Dublin ohne Zweifel nach London den ersten Rang einnehmen.

Zuerst und hauptsächlich kömmt wohl die Universität in Betracht. Diese ist wieder ziemlich auf dieselbe Weise eingerichtet, wie die englischen Universitäten zu Oxford und Cambridge. Das dazu gehörende Personale bestehet aus einem *Chancellor*, einem *Vice-Chancellor*, einem *Provost*, sieben *senior Fellows*, achtzehn *junior Fellows*, und einer gewissen Anzahl von *Professors* und

Lecturers. Unter diesen sind die den Arzt interessirenden: Dr. Davenport, Professor der Physik; Dr. Francis Barker, Professor der Chemie; Dr. William Allmann, Professor der Botanik; Dr. Whitley Stokes, *Lecturer* über Naturgeschichte; Dr. James Macartney, Professor der Anatomie und Chirurgie; Dr. Edward Hill, Professor der praktischen Heilkunde. Ferner gehören zur Universität siebzig *Scholars*, nebst den *Fellow Commoners*, *Pensioners* und *Sizars*. — Die *Scholars*, *Fellow Commoners*, *Pensioners* und *Sizars* sind die lernenden, die *Professors*, die *senior* und *junior Fellows* die lehrenden Personen. Alle, mit Ausnahme des Kanzlers, Vice-Kanzlers und der meisten Professoren, wohnen in einem gemeinschaftlichen Gebäude, dem *Trinity-College*. Der *Provost*, die *senior* und *junior Fellows* haben bedeutende Einkünfte aus den Fonds des Collegiums; die *Scholars* erhalten fünf Jahre hindurch den Tisch der *Pensioners*, 12 Pfund Sterling jährlich, Wohnungen zur Hälfte des gewöhnlichen Preises, u. s. w. Die Zahl der *Fellow Commoners* und *Pensioners* ist unbestimmt; sie alle müssen sich einen der *Fellows* zum *Tutor* nehmen. Die *Fellow Commoners* tragen eine eigene Kleidung, essen mit den *Fellows* zusammen, und müssen doppelte Honorare bezahlen. Die Zahl der *Sizars* ist auf 30 bis 32 beschränkt; sie erhalten freien Unterhalt und Unterricht. — Die Honorare, welche die *Fellow Commoners* und *Pensioners* zu bezahlen haben, erhalten theils ihre *Tutors*, theils das Collegium. Der

Unterricht wird zum Theil privatim von diesen, zum Theil öffentlich durch die Vorlesungen der Professoren und *Lecturers* ertheilt, und zwar finden hier, wie auf den englischen Universitäten, vier *College-Terms* Statt. —

Das Gebäude der Universität ist sehr ansehnlich; es umgiebt drei Squares (*Parliament-Square*, *Library-Square* und *Botany-bay*). Aufser den Wohnungen für die Fellows und Studirenden, befinden sich darin mehrere grofse Säle (*the Theatre*, *the Refectory* u. s. w.), eine Kirche, das naturhistorische Museum, das anatomische Theater mit der anatomischen Sammlung u. s. w.

In dem naturhistorischen Museum ist vorzüglich eine gute, systematisch geordnete Mineralien-Sammlung vorhanden. Whitley Stokes hat eine Beschreibung davon herausgegeben, unter dem Titel: *A descriptive Catalogue of the Minerals in the systematic Collection of the Museum of Trinity College. Dublin*, 1818. Es enthält die Sammlung 1204 Nummern, geordnet nach *Jameson's System of Mineralogy*. Was an zoologischen und anderen naturhistorischen Gegenständen in dem Museum sich befindet, ist von weniger Bedeutung.

Das anatomische Museum ist zum Theil Macartney's Eigenthum, und Dr. Jacob als Prosector und Aufseher desselben privatim von ihm dabei angestellt. Ein grofser Theil der Präparate ist, wie ich schon früher bemerkt habe, in einer Auflösung von Alaun und Salpeter aufbewahrt, und sollen sie sich hierin sehr gut erhalten; namentlich soll ih re Farbe unverändert bleiben. Von den einzelnen Präparaten, welche mir besonders merkwürdig erschienen, will ich hier nur erwähnen: ein Skelett von aufserordentlicher Gröfse (7 Fufs 5 Zoll hoch); ein anderes, bei welchem sämmtliche Gelenke anchylosirt und aufserdem zahlreiche Exostosen an mehreren Stellen entstanden sind; (zu beiden befinden sich ganz ähnliche Seitenstücke im Hunterschen Museum zu London); ferner die Thierchen (kleine Medusen), denen Macartney bekanntlich das Leuchten des Meeres zuschreibt (*Philos. Transact.* 1810) u. s. w.

Dr. Jacob beschäftigte sich eben während meiner Anwesenheit in Dublin mit wiederholten Untersuchungen über die von ihm angegebene eigene Haut im Auge, und steht im Begriff, hierüber, so wie über den Bau des Auges überhaupt, eine besondere Schrift herauszugeben *). Seine Art, Augenpräparate auf einer schwarzen Unterlage unter Glaskugeln aufzustellen, scheint mir besonders zweckmäfsig.

Aufser dem unter Brinkley's Direktion stehenden astronomischen Observatorio, besitzt die Universität dann noch einen botanischen Garten, welcher jedoch an Reichthum und zweckmäfsiger Einrichtung, dem der *Dublin Society* zugehörenden und in der Nähe von Dublin, zu Glasnevin, gelegenen, nachzustehen scheint. —

---

*) Bereits erschienen ist von ihm eine Abhandlung hierüber in den *Medico-chirurg. Transact. Vol. XII. P. II.* Daselbst finden sich zwei Abbildungen von seiner Haut, die eine beim Menschen, die andere beim Schaafe.

Von den zahlreichen anderweitigen wissenschaftlichen Anstalten, Hospitälern u. s. w., welche Dublin besitzt, glaube ich, dafs noch besonders folgende hier eine Erwähnung verdienen:

1) Das *Lying-Hospital*, die gröfste und schönste Anstalt dieser Art im brittischen Reiche. Sie existirt seit 1757, und kam durch die unermüdeten Anstrengungen des Dr. Mosse zu Stande. Das Gebäude zeichnet sich aus durch seine äufsere Pracht, wobei die innere Einrichtung so zweckmäfsig ist, als die Umstände es erlaubt haben; doch sind in den letzten Jahren oft Uebelstände dadurch herbeigeführt, dafs eine zu grofse Anzahl von Schwangeren hat aufgenommen werden müssen. Nach der vor mir liegenden Uebersicht sind vom Tage der Eröffnung an (den 8. December 1757) bis zum 31. Decbr. 1822 überhaupt aufgenommen: 107,345 Schwangere. Von diesen haben, ohne entbunden zu sein, die Anstalt wieder verlassen 4764; entbunden sind dagegen 102,581. Knaben wurden geboren 54,425; Mädchen 49,720. In Summa 104,145 Kinder. Zwei und mehr Kinder gebaren 2099 Frauen; darunter kamen 24 Mal Drillinge und einmal Vierlinge vor. Todtgeboren wurden 6052 Kinder; bald nach der Geburt starben 3252; Wöchnerinnen starben 1159. Daraus ergeben sich dann folgende Verhältnisse: Die geborenen Knaben verhalten sich zu den Mädchen wie 12 zu 11; die in der Anstalt gestorbenen Kinder zu den am Leben erhaltenen wie 1 zu 19; die todtgeborenen Kinder zu den lebend geborenen wie 1

zu 17; die mehrfachen Geburten zu den einfachen wie 1 zu 4000; die gestorbenen Wöchnerinnen zu den am Leben erhaltenen wie 1 zu 89.

Arzt und Geburtshelfer der Anstalt ist gegenwärtig Dr. Pentland, welcher zugleich Vorlesungen über Geburtshülfe hält. Ueberhaupt kann dieses Hospital gewissermafsen als zur Universität gehörend betrachtet werden, indem durch dasselbe dem bei der letzteren Statt findenden Mangel eines geburtshülflichen Unterrichts abgeholfen wird. Eine bedeutende Anzahl Studirender hört nicht nur bei Pentland Vorlesungen über Geburtshülfe, sondern wird auch von ihm zur Praxis in dem Hospitale angeleitet, welches freilich nicht sehr vollkommen geschehen kann, da die Schwangeren nur erst kurze Zeit vor ihrer Niederkunft aufgenommen, und in der Regel schon acht Tage nach er wieder entlassen werden. Dessen ungeachtet müssen die Schüler bedeutende Summen für den Unterricht bezahlen. Sie sind theils *internal*, theils *external*; jene bezahlen dem Arzte des Hauses jährlich 30, diese 20 Guineen.

Aufser den Studirenden werden übrigens auch Hebammen in der Anstalt unterrichtet. Mit dem Certificate versehen, welches ihnen nach bestandenem Examen ertheilt wird, sind sie dann zur Ausübung der Geburtshülfe berechtigt. — Neben dem Hospitale befinden sich die ihm angehörenden *Rotunda-rooms*, welche zu Concerten, Schauspielen u. s. w. benutzt werden, und eine nicht unbedeutende Summe Geldes der Anstalt einbringen sollen. —

2) *Sir Patrick Dun's Hospital*, (*the clinical Hospital*). Von Sir Patrick Dun, einem berühmten Dubliner Arzte, wurde ein bedeutendes Capital zur Gründung von medizinischen Professuren bei dem Collegium der Aerzte hinterlassen. Dem Beschlusse dieses Collegiums zufolge wurden demnach drei Professuren, namentlich eine der medizinischen Institutionen, eine andere der praktischen Heilkunde, und eine dritte der Materia medica gestiftet. Aufserdem erbauete man das hier in Rede stehende Hospital, und richtete es zur Aufnahme von 100 Kranken ein, von denen immer 30 zum klinischen Unterrichte benutzt werden. Eine Verbindung zwischen dieser Unterrichts-Anstalt und der Universität wurde hierauf hergestellt, so dafs die medizinischen Professoren von dieser, namentlich Macartney, Barker und Allmann, (Hill lieset seines hohen Alters wegen nicht mehr), mit denen des Hospitals gemeinschaftlich den klinischen Unterricht ertheilen. Jeder leitet denselben ein viertel Jahr lang, so dafs also in jedem Winter zwei daran Theil nehmen, und in drei Jahren die Reihe herumkömmt. Der jetzige Professor der Materia medica ist Dr. Crampton, der der medizinischen Institutionen Dr. Boyton, und der der praktischen Heilkunde Dr. Tuomy.

In einem Theile des Hospitals sind die grofsen Säle durch etwa bis zur Hälfte der Höhe hinaufgehende Scheidewände in mehrere Abtheilungen getrennt worden, wodurch die Verbreitung ansteckender Effluvien u. s. w. am besten soll verhütet werden können.

3) *The House of Recovery and Fever Hospital, Corkstreet.* Eine der schönsten und wohlthätigsten Anstalten Dublins. Im Jahre 1801 wurde ihre Errichtung beschlossen, und darüber bekannt gemacht: *Some account of the origin and plan of an association, formed for the establishment of a house of recovery or fever hospital in the city of Dublin, with extracts shewing the necessity and utility of such an institution.* 1804 wurde die Anstalt eröffnet. Sie ist bestimmt zur Aufnahme von (ansteckenden) Fieberkranken, und hat besonders in den Jahren 1817, 18 und 19, wo der Typhus in Dublin epidemisch herrschte, sehr grofsen Nutzen gestiftet. Auch noch jetzt, wie früher, kömmt diese Krankheit in der sogenannten *Liberty*, einem niedrig und feucht gelegenen und von der ärmeren Volksklasse bewohnten Theile von Dublin, am südlichen Ufer der Liffey, sehr häufig vor, und eben hier ist deshalb auch das *Fevershospital* errichtet. Es besteht dasselbe aus vier Gebäuden; einem mittleren, den Officianten zur Wohnung dienenden, zwei Seitengebäuden auf der einen Seite, in welchen die Kranken sich befinden, und einem Seitengebäude auf der anderen Seite, in welches die Reconvalescenten gebracht werden. Jährlich wird ein Bericht von der Anstalt bekannt gemacht, welcher zum Theil von einem der Aerzte verfasset und rein wissenschaftlichen Inhalts ist. In der ziemlich vollständigen Reihefolge der-

selben, welche ich besitze, finden sich manche interessante Notizen über die Ursachen, die Erscheinungen und den Verlauf des Typhus, über die bei demselben beobachteten kritischen Tage u. s. w. Es erhellet unter anderen daraus, daſs

im Jahre	aufgenommen wurden	wovon starben	also im Durchschnitt.
1804	415	29	1 von 14.
1805	1024	67	1 — 15.
1806	1264	103	1 — 12.
1807	1100	92	1 — 12.
1808	1071	94	1 — 11.
1809	1051	83	1 — 13.
1810	1774	154	1 — 11½.
1811	1471	115	1 — 13.
1812	2265	166	1 — 14.
1813	2627	164	1 — 16.
1814	2392	143	1 — 17.
1815	3789	187	1 — 20.
1816	2763	173	1 — 16.
1817	3682	231	1 — 16.
1818	7608	258	1 — 30½.
1819	3873	224	1 — 18.
1820	2974	203	1 — 15.
1821	2975	246	1 — 12.

Im Ganzen sind demnach bis zum Ende des Jahres 1821, 44,118 Fieberkranke in das Hospital aufgenommen worden. Von diesen sind gestorben 2732, also im Durchschnitt etwa 1 von 16⅙. Das ärztliche Personale der Anstalt besteht aus sechs permanenten und drei temporären Aerzten, welche letztere im Nothfall requirirt werden. Jene sind die Doctoren F r a n c i s B a r k e r, W i l l i a m S t o k e r, S a m u e l R o b i n s o n, J o h n O'B r i e n, R i c h a r d G r a t t a n und P a t r i c k H a r k a n. Auſserdem ist noch ein Chirurg und Geburtshelfer dabei angestellt. Von den permanenten Aerzten haben abwechselnd drei den inneren Dienst im Hause, und drei den äuſseren

Dienst, welcher darin besteht, daſs sie alle Kranke, welche um Aufnahme in das Hospital bitten, zuvörderst untersuchen, und dann, wenn sie sich zur Aufnahme eigenen, ihren Transport nach der Anstalt veranlassen. Die Angehörigen des Kranken erhalten nach seiner Fortschaffung eine gedruckte Anweisung über das Verfahren, welches sie zu beobachten haben, um fernere Ansteckung durch die Betten, Wäsche u. s. w. zu verhüten. — Bemerkenswerth ist noch die vortreffliche Waschanstalt in dem Hospitale. In dieser wird nämlich der bei weitem gröſste Theil der Arbeit durch eine Dampfmaschine verrichtet, so daſs nur zwei Menschen einen Tag in jeder Woche thätig zu sein brauchen, um die vollständigste Reinigung sämmtlicher in dem Hospitale gebrauchten Wäsche zu bewirken. Diese wird durch die Dampfmaschine rein gewaschen, ausgepreſst, getrocknet, gerollt u. s. w. —

Steeven's Hospital, so genannt nach dem Dr. Steevens, welcher zur Errichtung desselben ein bedeutendes Kapital hinterlassen hat. Es wurde 1733 eröffnet, ist bestimmt zur Aufnahme, sowohl von medizinischen, als chirurgischen Kranken *), und enthält etwa 200 Betten. Das Gebäude, welches einen viereckigen Hofraum umgiebt, zeichnet sich durch seine äuſsere Schönheit, so wie durch seine zweckmäſsige innere Einrichtung aus. Auch besitzt dies Hospital eine nicht unbe-

*) Der gröſsere Theil der aufgenommenen Kranken besteht jedoch aus chirurgischen.

deutende medizinische Bibliothek, welche Dr. Edward Worth demselben vermacht hat. Arzt der Anstalt ist Dr. Crampton; dessen Assistent Dr. Marsh. *Visiting Surgeons* sind Mr. Philipp Crampton und Mr. Piele; *Assistant Surgeons:* Abraham Colles (ohne Zweifel der ausgezeichneteste Chirurg in Dublin) und Samuel Wilmot. *Resident Surgeon* endlich ist Mr. Cusack, und *Apothecary* Mr. Plant. — Cusack ist einer von den wenigen brittischen Chirurgen, welcher mit den medizinischen Anstalten Deutschlands ziemlich genau bekannt ist. Manche unter uns werden sich noch seines Besuches erinnern.

The House of Industry ferner ist eine ausgedehnte Anstalt, welche aus mehreren Theilen besteht. Zuvörderst und hauptsächlich ist es bestimmt zur Aufnahme von armen, altersschwachen und unheilbar gebrechlichen Personen von beiderlei Geschlecht. Aber auch jüngere Individuen, selbst Kinder, die sich arbeitslos herumtreiben, werden aufgenommen und auf verschiedene Weise beschäftigt. Aufserdem wird eine Anzahl von unheilbaren Irren in eigenen, bei dem Hause befindlichen *Lunatic-cells* aufbewahrt. — Zweitens gehört dazu das *Hardwick fever Hospital*, ein kleines neben dem *House of Industry* belegenes Gebäude, für acute Kranke, von denen zur Zeit sich etwa 50 darin befinden. — Drittens das *Whitworth (chronic) Hospital*, neben dem vorigen erbauet, und bestimmt zur Aufnahme derjenigen Personen aus dem *House of Industry*, welche von chronischen Krankheiten befallen werden. Kranke der Art aus der Stadt, welche sonst auch hier aufgenommen wurden, sind jetzt ausgeschlossen. — Viertens das *Richmond surgical Hospital*, für chirurgische Kranke, welche in dem *House of Industry* vorkommen. Außerdem können aber auch Kranke aus der Stadt aufgenommen werden, da die 130 Betten, welche sich in dem Hospitale befinden, von den Kranken des *House of Industry* nicht alle occupirt werden. Die Chirurgen der Anstalt suchen deshalb immer von den zahlreichen sich darbietenden Fällen die interessantesten aus, so daſs in diesem Hospitale fast beständig sehr merkwürdige Kranke sich befinden. Ueberhaupt sind diesem und dem *Steevens's Hospital* die Fortschritte hauptsächlich zu verdanken, welche die Chirurgie in der letzten Zeit in Irland gemacht hat. — Das *Richmond surgical Hospital* war ursprünglich ein Kloster, und ist deshalb auf eine seinem jetzigen Zwecke wenig entsprechende Weise eingerichtet. Durch die groſse Ordnung und Reinlichkeit aber, welche man beobachtet, werden die sonst daraus zu befürchtenden Nachtheile verhütet. Die zu Dublin schon seit längerer Zeit bestehende *Truſs-Society for Ireland* steht jetzt auch unter der Direktion dieses Hospitales. — Fünftens das *Richmond lunatic Asylum*. In die mit dem *House of Industry* verbundenen *Lunatic cells*, von welchen oben die Rede war, werden nur Unheilbare aufgenommen; dieses Asylum dagegen ist zur Aufnahme von heilbaren Gemüthskranken bestimmt. Die Zahl derselben beträgt im Durchschnitt 230. Fortwährende Beschäftigung wird mit Recht als eins der wirksamsten Mittel zur Heilung der Wahnsinnigen betrachtet, und nicht nur die Weiber, sondern auch die Männer werden daher zu mannigfacher Arbeit mit Strenge angehalten. Der Erfolg soll auch überaus günstig sein; namentlich sind im Jahre 1820 von 234 Kranken 69 geheilt und 19 gebessert entlassen worden, und von diesen letzteren sollen nachher noch 10 völlig genesen sein. Der gröſsere Theil der aufgenommenen Irren sind Arme; doch werden auch einige mäſsig bemittelte gegen Erlegung einer geringen Taxe zugelassen. Für wohlhabendere Gemüthskranke sind Privat-Anstalten in der Nähe von Dublin vorhanden, namentlich eine zu Glasnevin, und eine andere bei Donybrook, welche letztere, wie das Asylum zu York, von Quäkern unterhalten wird, und auch, wenigstens vorzugsweise, für Quäker bestimmt ist.

Aerzte bei diesen verschiedenen Theilen des *House of Industry* sind: Dr. Hugh Ferguson, Dr. Dan. Bryan, Dr. John Crampton und Dr. Thomas Herbert Orpen. Chirurgen: Robert M. Piele, Chas. H. Todd (durch welchen vorzüglich das *Richmond surgical Hospital* seinen Ruhm erlangt hat) und Richard Carmichael. Bei dem *Richmond lunatic Asylum* ist noch besonders als Arzt angestellt Dr. Alex. Jackson, und als Wundarzt Andr. Johnston.

Ein anderes bemerkenswerthes Hospital zu Dublin ist das *Meath Hospital.* Es war ursprünglich bestimmt zur Aufnahme der unbemittelten Kranken, welche in den *Liberties* des Earl of Meath wohnten. Jetzt aber werden arme Kranke aus allen Theilen von Dublin aufgenommen, und aufserdem ist mit dem Hospitale ein ansehnliches *Dispensary* verbunden, in welchem eine grofse Menge von Kranken, die in ihren Wohnungen bleiben, ärztlichen Rath und Arzeneien erhalten. Vor Kurzem ist ein ganz neues und schönes Gebäude für die Anstalt errichtet, mit 20 Betten für innere und 80 Betten für äufsere, chirurgische Kranke. Aerzte dabei sind: Dr. Stokes und Dr. Graves, welcher letztere sich längere Zeit bei uns aufgehalten hat und mit der deutschen Medizin wohl bekannt ist. Unter den Chirurgen sind die bekanntesten Philipp Crampton und Thomas Hewson.

The Whitworth fever Hospital. Liegt am nördlichen Ende der Stadt, oder eigentlich schon aufserhalb derselben, in der Nähe von Drumcondra. Da das *Feverhospital* in Corkstreet von hier sehr weit entfernt ist, so wurde im Jahre 1816 beschlossen, die hier in Rede stehende Anstalt für die Bewohner des nördlichen Theiles von Dublin und der nahe liegenden Dörfer zu errichten. Sie wurde 1818 eröffnet, und besteht allein durch freiwillige Beiträge. Aufgenommen werden Kranke, die an muthmafslich ansteckenden Fiebern leiden, und können deren zur Zeit 35 untergebracht werden. Bei der Erbauung des Hauses ist vorzüglich auf die Erhaltung

einer

einer reinen Luft Rücksicht genommen worden. Es sind zu dem Ende in den Fufsböden Röhren angebracht, welche sich mit dem einen Ende in die Zimmer, mit dem anderen nach aufsen öffnen, und mit ähnlichen in der Decke des Zimmers befindlichen Röhren correspondiren, so dafs hierdurch ein beständiger Luftzug unterhalten wird. Zu den Aerzten dieses Hospitals gehört unter anderen Dr. Morgan; (nicht zu verwechseln mit Sir Charles Morgan, dem Manne der bekannten Lady Morgan, welcher ebenfalls Arzt ist).

Während der letzten Typhus-Epidemie, welche besonders im Jahre 1818 zu Dublin herrschte, wurde die Errichtung von noch mehreren Fieber-Hospitälern nothwendig, zu welchen das *Talbot Fever-Hospital* gehörte; eben so wurde in den meisten schon bestehenden, für Kranke anderer Art bestimmten Hospitälern, eine gewisse Anzahl von Betten ausschliefslich für Fieberkranke bestimmt. Nach dem Aufhören der Epidemie wurden dann auch diese Vorkehrungen wieder aufgehoben.

St. Patricks oder *Swifts-Hospital.* Der Stifter dieses Irrenhauses, des ersten in Irland, war Jonathan Swift. Er vermachte 10,000 Pfund Sterling zur Errichtung desselben. Anno 1757 wurde die Anstalt eröffnet, zur Aufnahme von 50 Kranken. Nachher nahm man noch eine Erweiterung derselben vor, so dafs jetzt 150 bis 200 Kranke untergebracht werden können. Das Hospital besteht aus einem mittleren und zwei langen, parallel neben einander herlaufenden, drei Stock hohen Seitengebäuden. In jeder Etage derselben befindet sich ein langer Corridor, dem zur Seite die Kammern für die Wahnsinnigen angelegt sind. Die meisten von diesen, namentlich die nicht zahlenden, befinden sich in den Seitengebäuden. Aufserdem sind aber noch zwei Klassen von zahlenden Kranken vorhanden, die zum Theil in dem mittleren Gebäude sich aufhalten, welches sonst den Officianten der Anstalt zur Wohnung dient. Arzt des Hospitals ist Dr. James Cleghorn, (ein Neffe des berühmten); Wundarzt, J. W. Cusack. Uebrigens scheint auf die Behandlung der Irren keine besondere Sorgfalt verwendet zu werden; sie scheinen fast ganz sich selbst überlassen zu sein, und als unheilbar betrachtet zu werden.

Westmoreland Lockhospital. Wurde 1792 eröffnet, zur Aufnahme von männlichen sowohl, als weiblichen venerischen Kranken. Die Zahl der Betten betrug anfangs 300. Späterhin wurde die Anstalt nach einem anderen Orte verlegt, die Zahl der Betten auf 150 reducirt, und festgesetzt, dafs nur weibliche Kranke aufgenommen werden sollten. (Für die männlichen wurde eine gewisse Anzahl von Betten im *Steevens Hospital* und im *Richmond surgical Hospital* eingeräumt.) Die Behandlung geschieht hauptsächlich durch Quecksilber. — Hiermit gewissermafsen in Verbindung steht die *Lock-Penitentiary*, in welche die aus dem *Lock-Hospital* entlassenen Frauenzimmer aufgenommen und beschäftigt werden, um wo möglich ihre Besserung zu bewirken. Aufserdem ist in Dublin auch ein *Magdalen Asylum* gestiftet, welches einen ähnlichen Zweck hat.

Andere jedoch weniger bedeutende Krankenhäuser, sind dann noch:

The charitable Infirmary, die älteste Anstalt dieser Art, welche in Dublin existirt. Sie wurde im Jahre 1721 von sechs Wundärzten gestiftet, kann 50 Kranke aufnehmen, und zeichnet sich durch ihre gute Verwaltung vortheilhaft aus. Zwei Aerzte und sechs Wundärzte sind dabei angestellt, von denen ich nur als die bekanntesten, Samuel Wilmot, William Wallace und den in einem besonderen Rufe stehenden John Kirby nennen will. Auch ist ein *Dispensary* mit dem Hospitale verbunden.

Mercer's Hospital. Wurde im Jahre 1734 von Mrs. Mary Mercer gegründet, und enthielt Anfangs nur zehn Betten, die jedoch späterhin auf 50 vermehrt wurden. Es werden fast nur chirurgische Kranke aufgenommen, aufserdem aber *Out-Patients* in dem auch hier vorhandenen *Dispensary* mit der nöthigen Hülfe und Arzneien versehen.

United Hospital of St. Mark and St. Anne. Ein kleines Hospital mit 10 Betten, 1808 errichtet. — Ansehnlich dagegen ist das damit in Verbindung stehende *Dispensary*, so wie auch täglich Kinder hier vaccinirt werden.

St. George's House of Recovery. Ist bestimmt zur Aufnahme von etwas wohlhabenderen Kranken, welche unentgeldlich ärztlichen Rath und Arzneien erhalten, dagegen für ihren Unterhalt bezahlen müssen. — *St. George's Dispensary* ist in demselben Gebäude, und wird von denselben ärztlichen Personen besorgt. Diese sind Sir Arth. Clarke, Dr. Jackson und Richard Carmichael.

St. Peters and St. Bridgets Hospital. Wurde 1820 von dem Wundarzte John Kirby gestiftet, und ist zur Aufnahme von 35 Kranken eingerichtet. Mit ihm verbunden ist eine Privat-Unterrichts-Anstalt für Anatomie und Chirurgie, in welcher Vorlesungen von Kirby und Daniell gehalten werden.

Zahlreiche *Dispensaries* sind aufserdem in den verschiedenen Theilen von Dublin für die kranken Stadt-Armen errichtet, unter welchen die bedeutendsten sind: das *Talbot Dispensary*, welches mit dem *House of Industry* in Verbindung steht; das *St. Mary's* und *St. Thomas's Dispensary*; das *Dublin general Dispensary*, in welchem Kranke aus allen Theilen der Stadt behandelt werden, die man zu dem Ende in sechs Distrikte getheilt hat, von denen jeder mit einem Arzte und einem Chirurgen versehen ist; das *Meath Dispensary* oder die *Sick Poor Institution*; das *Dispensary for infant Poor and vaccine Inoculation*; *the national eye Infirmary*, unter der Direktion des Augenarztes Isaac Ryall; *the charitable Institution*, für Krankheiten der Haut (mit Ausnahme der ansteckenden exanthematischen Fieber und der Krätze), und für Krankheiten der Augen, unter der Direktion von Macartney und Jacob; — *the Dublin Infirmary* für Krankheiten der Haut, die erste Anstalt dieser Art im brittischen Reiche, bei der als Medizinal-Personen Rob. Reid und William Wallace angestellt sind; — *St. Mary's Hospital and Dispensary* u. s. w.

Seit 1804 besteht ferner zu Dublin eine eigene *Vaccine or Cow-Pock Institution*, in welcher unentgeldlich geimpft wird, und von wo aus alle Theile des Königreiches mit Lymphe versehen werden. Sechs Aerzte und Wundärzte sind Direktoren der Anstalt, namentlich: Dr. Joseph Clarke, Dr. James Cleghorn, Dr. Thomas Evory, Abraham Colles, J. William Cusack und R. Moore Peile. Die Zahl der Geimpften betrug am Ende des Jahres 1820 beinahe 65000, unter welchen vier Fälle von ächten Menschenpocken nach geschehener Impfung vorgekommen sein sollen. Aufserdem waren 54,664 *Packets of Infection* vertheilt worden. Um die Geimpften zum regelmäfsigen Wiederkommen am achten Tage nach der Impfung zu nöthigen, hat man die Einrichtung getroffen, dafs für jeden zehn Pence deponirt werden müssen, die dann beim Wiedererscheinen zurückgegeben werden. Indefs hat diese Vorkehrung doch auch dem beabsichtigten Zwecke nicht entsprochen, da manche so arm sind, dafs sie das Geld nicht entrichten können, uud andere, die sehr entfernt wohnen, lieber die 10 Pence verlieren, als den Weg noch einmal machen. Nach der vor mir liegenden Liste wurden im Jahre:

1804	geimpft	578.	1807	geimpft	2146.
1805	—	1032.	1808	—	3002.
1806	—	1356.	1809	—	30[illegible]

1810	geimpft	4084.	1816	geimpft	6497.
1811	—	4157.	1817	—	4529.
1812	—	5162.	1818	—	4082.
1813	—	4968.	1819	—	4218.
1814	—	5585.	1820	—	7748.
1815	—	2984.			

Für die kranken Soldaten der Garnison zu Dublin ist ferner ein schönes Hospital vorhanden, in der *Royal military Infirmary, Phoenixpark*. Mit der Kaserne eines jeden Regiments ist überdies ein kleines Regiments-Hospital verbunden, und nur diejenigen Kranken, welche sich für dieses nicht eignen, werden nach der gröſseren *Royal Infirmary* gebracht. Diese zeichnet sich aus durch ihre schöne und gesunde Lage, und besteht aus einem mittleren und zwei Seiten-Gebäuden, welche drei Seiten eines viereckigen Hofraums umgeben. An der vierten steht ein abgesondertes Gebäude zur Aufnahme von solchen Kranken, die an ansteckenden Fiebern leiden; auch ist eine kleine für Gemüthskranke bestimmte Abtheilung in dieser vorhanden. Arzt der *Infirmary* ist der *Physician general* Dr. Cheyne, und Wundarzt der *Surgeon general* Philipp Crampton. Beide sind auch *ex officio* Mitglieder des das Hospital dirigirenden *Board of Commissioners*, zu welchem auch der *Director general of military hospitals and Chief of the army medical Departement*, Dr. George Renny, gehört.

Eine dem *Chelsea Hospital* bei London ähnliche Anstalt ist das *Royal Hospital, Kilmainham*. Etwa 200 invalide Soldaten erhalten darin Wohnung, Kleidung und Nahrung. Auſserdem aber hat die Anstalt über

3000 *Out-Pensioners*, welche in Dublin und der Umgegend wohnen, und jährlich mit einer gewissen Summe Geldes unterstützt werden.

Für gebrechliche, an unheilbaren Uebeln leidende Personen aus der ärmeren Volksklasse, ist ferner, abgesehen von dem schon erwähnten *House of Industry*, noch durch ein eigenes *Hospital for Incurables* gesorgt. Dieses ist für 100 invalide Personen eingerichtet; jedoch befinden sich darin gewöhnlich nur 60 bis 70, beiderlei Geschlechts, da der Fond der Anstalt zur Unterhaltung von mehreren nicht hinreicht. — Einen ähnlichen Zweck hat das *Simpsons Hospital*, bestimmt zur Aufnahme von armen, altersschwachen, blinden und gichtischen Personen. Es wurde von George Simpson, einem Dubliner Kaufmanne, gestiftet. Dieser litt selbst an einem Augenübel und im hohen Grade an der Gicht, wodurch er bewogen wurde, das Hospital für den genannten Zweck zu errichten. Es befinden sich darin etwa 50 Blinde und eben so viel durch die Gicht verkrüppelte Personen. — Dann gehört noch hieher das *Old mens Asylum*, in welchem etwa 20, über sechszig Jahr alte, unvermögende, früher aber in besseren Umständen gewesene Männer einen Zufluchtsort finden. — Das *Asylum for aged and infirm female servants*, dient zur Aufnahme von (etwa 30) alten und schwachen weiblichen Dienstboten, und das *House of Refuge* bietet einen Zufluchtsort dar für junge Mädchen, welche in öffentlichen Wohlthätigkeits-Anstalten auferzogen sind, und sich für den Augenblick aufser

Dienst befinden. Die Bewohner Dublins wenden sich häufig an diese Anstalt, um gute Dienstboten zu erhalten.

Für Blinde sind ferner, aufser *Simpsons Hospital*, noch zwei andere Anstalten in Dublin vorhanden:

1) Die *Richmond national Institution for the instruction of the industrious blind.* Wurde im Jahre 1809 eröffnet, und ist bestimmt, Blinde männlichen Geschlechts in verschiedenen Handwerken zu unterrichten, und sie zur Erwerbung ihres Unterhaltes in den Stand zu setzen. Sie lernen Körbe flechten, Netze machen, weben u. s. w. Die Zahl der ganz in die Anstalt aufgenommenen beträgt gewöhnlich gegen 30; aufserdem aber setzen noch mehrere, welche früher in dem Hause wohnten, ihre Arbeit in demselben fort, und erhalten den Ertrag davon zu ihrem Unterhalte.

2) Das *Molineux Asylum.* Bestehet seit 1815, und dient zur Ergänzung des *Simpson-Hospitals* und der *Richmond Institution.* In jenem werden nämlich, wie oben bemerkt worden, nur altersschwache blinde Männer aufgenommen und verpflegt, und in diesem nur jüngere Personen männlichen Geschlechts unterrichtet. Das *Molineux Asylum* vereinigt beide Zwecke, und ist für das weibliche Geschlecht bestimmt. Blinde Frauenzimmer, welche über 50 Jahre alt sind, werden darin verpflegt, und jüngere Blinde in allerlei Handarbeiten unterrichtet. Im Ganzen sind etwa 20 Personen in der Anstalt.

Auch für die Taubstummen ist gesorgt, durch die *National Institution for the education of deaf and dumb children of the Poor in Ireland*, in Claremont bei Glasnevin, unweit Dublin; errichtet 1816. Nach einem früheren vergeblichen Versuche, kam diese Anstalt zu Stande, als Dr. Orper im Jahre 1816 in Dublin Vorlesungen hielt über den Unterricht der Taubstummen, und dabei einen taubstummen Knaben vorstellte, welcher in kurzer Zeit bedeutende Fortschritte gemacht hatte. Gegenwärtig sind in der Anstalt etwa 30 Knaben und 12 Mädchen. Zur Aufnahme erforderliche Requisite sind: Taubstummheit ohne Blödsinn, ein Alter zwischen 8 und 15 Jahren, und das Ueberstandenhaben der Menschenpocken oder Kuhpocken. Aufser dem Unterrichte, welcher die Ausbildung des Verstandes überhaupt zum Zweck hat, werden die Kinder auch noch im Gartenbau und in mancherlei Handarbeiten unterrichtet. — Der Ober-Aufseher und erste Lehrer, Joseph Humphreys, hat aufserdem noch eine Privat-Anstalt für taubstumme Kinder von bemittelten Eltern, so wie für solche, welche nur an Fehlern der Sprache leiden; diese leben ganz in seiner Familie.

Das *Foundling Hospital* wurde schon 1704 gegründet, besteht aber mit seiner jetzigen Einrichtung erst seit 1774. Seit dieser Zeit sind nur Kinder unter einem Jahre aufgenommen worden, und von diesen nur die kränklichen, einer besonderen ärztlichen und anderen Pflege bedürftigen, im Hause behalten. Alle übrigen werden zu Pflege-Eltern auf das Land gegeben, und diese erhalten noch aufserordentliche Belohnungen, wenn sie die Kinder bis zu einem gewissen Alter gesund auferzogen haben. Die Zahl der jährlich aufgenommenen hat in diesen letzten 20 Jahren im Durchschnitt jährlich 2000 betragen. Gegenwärtig sind beinahe 1200 in der Anstalt, und zwischen 5 und 6000 auf dem Lande. Nachdem sie ein hinreichendes Alter erreicht haben, werden die Kinder bei Handwerkern in die Lehre gegeben. —

Hier möchte denn auch wohl der passendste Ort sein, noch drei andere Anstalten für Kinder zu erwähnen, welche in Dublin existiren, nämlich:

1) *The Hospital and Freeschool of King Charles II., commonly called the Blue-coat boys Hospital.* Ist bestimmt zur Erziehung der Söhne von verarmten Dubliner Bürgern. Sie werden aufgenommen in einem Alter von 8 bis 12 Jahren, und ihre Anzahl beträgt jetzt nur 110, obgleich die Anstalt auf 150 bis 200 berechnet ist. Nach ihrer Entlassung aus dem Hause werden sie bei Kaufleuten, Handwerkern u. s. w. in die Lehre gegeben.

2) *The Marine School,* in welcher die Söhne, besonders die Waisen, von Seeleuten erzogen werden. Im Durchschnitt befinden sich 180 in der Anstalt. Sie werden späterhin entweder zum Seedienste gebraucht, oder bei Handwerkern untergebracht.

3) *The female Orphan House.* Wurde 1791 von den Frauen Tighe und Este gegründet. Es werden Waisenmädchen von 5 bis 10 Jahren darin aufgenommen, deren

Zahl etwa 160 beträgt. Es wird Unterricht ertheilt im Lesen, Schreiben, weiblichen Handarbeiten u. s. w., und besonders werden die Mädchen mit den Pflichten eines Dienstboten bekannt gemacht, so dafs diese Anstalt zugleich ein sehr nützliches Dienstboten-Institut abgiebt.

Auch mehrere Besserungs-Häuser (*Penitentiaries*, *Houses of Correction*) sind in Dublin vorhanden, unter denen die bedeutendsten sind: *The Dublin Penitentiary*, *the Richmond general Penitentiary* und *the Penitentiary for young Criminals.* Privat-Anstalten für weibliche *Penitents* sind: *the Dublin female Penitentiary* und *the Bowstreet Asylum.* Von dem *Magdalen Asylum* und der *Lock Penitentiary* ist schon früher die Rede gewesen. Besserung der Gefangenen und Büfsenden ist in allen diesen Anstalten der Hauptzweck. Um seine Erreichung zu befördern, besteht seit 1818 ein eigener Verein in Irland, unter dem Namen der *Association for the improvement of prisons and prison-discipline in Ireland.*

Für Hülfsbedürftige aller Art ist demnach reichlich gesorgt, und sowohl die Zahl der genannten Anstalten, als auch ihre treffliche Einrichtung sind ein redendes Zeugnifs von dem Gemeinsinn und der Wohlthätigkeit von Irlands Bewohnern. Leider ist aber auch sehr grofs die Zahl der Bedürftigen in diesem „*noble Island, for which God has done so much, and man so little.*“

Nach den erwähnten Hospitälern und ähnlichen Anstalten kommen hier nun noch das *College of Physicians*, das *College of Surgeons* und die *Apothecaries Hall* in Betracht; und endlich wird noch die *Royal Dublin Society* eine besondere Erwähnung verdienen.

Das *College of Physicians* wurde ursprünglich gegründet von Karl II., nachher aber von William und Mary ihm ein neuer Charter ertheilt, weshalb es auch den Namen führt: *Kings and Queens College of Physicians in Ireland.* Es bestehet aus *Fellows*, *Honorary Fellows* und *Licentiates.* Von den ersteren werden ein Präsident, ein Vice-Präsident und vier Censoren erwählt. Das Collegium hat unter anderen das Recht, die Läden und Warenlager von allen *Apothecaries*, *Chemists* und *Druggists* zu visitiren, und nicht taugliche Waare, welche sie finden, zu vernichten. Vier Mitglieder des Collegiums sind eigens zu *Inspectors of Apothecaries-Shops* ernannt. Auch können alle, welche die Medizin ausüben, von ihm zum Examen vorgeladen werden. Im Fall des Nicht-Erscheinens giebt die Stiftungs-Urkunde dem Collegium das Recht, Geld- und selbst Gefängniſs-Strafen zu verhängen; dieses ist jedoch nie geschehen, da die Urkunde nicht vom Parlamente bestätigt worden ist. Dagegen hat das Collegium das unbestreitbare Recht, die Namen der Nichterscheinenden öffentlich bekannt zu machen, welches eine noch gröſsere Strafe sein würde. Auch suchen alle, welche die Medizin ausüben wollen, *Fellows* oder *Licentiates* des Collegiums zu werden, weil sie dadurch ein gröſseres

Ansehen erlangen. Die Zusammenkünfte des College finden in *Sir Patrick Duns Hospital*, dem sogenannten klinischen Hospitale, Statt, wie denn auch die Mitglieder desselben durch eine Parlamentsacte zu *Guardians* der *School of Physic* in Dublin ernannt worden sind.

Diese *School of Physic* ist nichts Anderes, als die medizinische Fakultät, von welcher schon oben die Rede gewesen ist. Sie steht theils unter der Direction des *Trinity College*, theils unter der des *College of Physicians*, und besteht aus den genannten sechs Professoren, von denen drei (der Anatomie, Chemie und Botanik) *University Professors* sind, die anderen drei aber (der praktischen Heilkunde, der Institutionen der Medizin und der Materia medica) dem *Sir Patrick Dun's Hospitale* angehören, und *Kings Professors* genannt werden. Letztere lesen in dem genannten Hospitale, erstere in der Universität; abgesehen, wie sich von selbst versteht, von den klinischen Vorlesungen, welche von sämmtlichen Professoren der Reihe nach in *Sir Patrick Dun's Hospital* gehalten werden.

Um die Mitglieder des Collegiums näher mit einander zu verbinden, und die zwischen den *Honorary Fellows*, *Fellows* und *Licentiates* bestehende Trennung aufzuheben, ist dann noch ein anderer Verein gegründet worden, unter dem Namen: *Association of Members of the Kings and Queen's College of Physicians in Ireland*. Derselbe hält monatlich einmal eine Zusammenkunft in dem dazu bestimmten Lokale in *College Green*, und hat seine bisherigen Arbeiten dem ärztlichen Publikum in vier Bänden von Transactionen vorgelegt.

Das *College of Surgeons* ferner wurde im Jahre 1784 gegründet, und besteht aus *Members*, *Honorary Members* und *Licentiates*. Jeder, der ein Mitglied dieser Corporation zu werden, und von ihr die Erlaubnifs zur Ausübung der Chirurgie zu erhalten wünscht, mufs, nachdem er zuvor in der klassischen Literatur examinirt worden ist, und fünf Jahre hindurch bei einem *Senior Practitioner* als Lehrling gedient hat, sich einer strengen Prüfung unterwerfen, und scheint man darin hier noch genauer zu verfahren, als in London, so wie sich überhaupt das Dubliner Collegium der Wundärzte seit einiger Zeit durch sein thätiges Bestreben, gute Chirurgen zu bilden und die Wissenschaft zu fördern, sehr ausgezeichnet hat *). Seit 1806 besitzt es ein schönes Gebäude in *Stephens Green*, in welchem die ihm zugehörenden Sammlungen aufgestellt sind, die Vorlesungen gehalten werden u. s. w.

Es ist nämlich mit dem Collegium noch eine eigene *School of Surgery* verbunden, bei welcher folgende Personen angestellt sind: 1) Abraham Colles und Charles H.

---

*) Auch scheint, wie schon früher bemerkt worden, die medizinische Polizei in mancher Hinsicht jetzt besser in Irland, als in Grofsbrittanien gehandhabt zu werden; wenigstens sind eigene *State-Physicians* ernannt: Dr. James Cleghorn und Dr. Alex. Jackson; ein *State-Surgeon*: Gerard Macklin, und ein *State-Apothecary*: George Kiernan. Auch sind *Commissioners* vorhanden *for general Control and Correspondance and for the Superintending and Directing the Erection, Establishment and Regulation of Asylum's for the lunatic Poor in Ireland.*

Todd, für Anatomie, Physiologie und Chirurgie; 2) Whitley Stokes, für praktische Heilkunde; 3) Thomas Hewson, für chirurgische Pharmacie; 4) Andrew Johnston, für Geburtshülfe und Weiber- und Kinder-Krankheiten, und 5) Walter Wade, für Botanik. — Außerdem sind noch zwei Prosektoren angestellt, welchen besonders die Erhaltung und Förderung der anatomischen Sammlungen des Collegiums obliegt. Diese waren, während meiner Anwesenheit in Dublin, Harrison und Shekelton. Letzterer, welcher sich besonders durch seinen unermüdeten Eifer auszeichnete, ist jedoch leider! seitdem gestorben, und zwar an den Folgen einer, bei einer Section erhaltenen Verletzung.

Die Vorlesungen werden übrigens, mit Ausnahme der Botanik, nur im Winter gehalten, und so wie von der *Association of Members of the Kings and Queens College of Physicians* Transactionen herausgegeben werden, so haben sich auch mehrere Mitglieder des *College of Surgeons* mit einander zur Herausgabe der *Dublin Hospital Reports* verbunden, von denen bekanntlich drei Bände erschienen sind, welche sich durch ihre Reichhaltigkeit und den Werth der darin mitgetheilten, besonders in den Dubliner Hospitälern gesammelten Erfahrungen, vortheilhaft auszeichnen.

Das Collegium der Wundärzte besitzt zwei anatomische Museen; ein größeres, zum Studium für die Mitglieder des Collegiums und zur Förderung der Wissenschaft bestimmtes, und ein kleineres, welches bei den anatomischen Vorlesungen benutzt wird. Beide befinden sich in dem Gebäude des College. Ersteres ist besonders durch die Bemühungen Shekeltons in kurzer Zeit sehr bedeutend geworden. Es befindet sich darin unter anderen der Uterus, welchen (theilweise wenigstens) Johnson durch die Ligatur mit glücklichem Erfolge entfernt hat; ferner ein interessantes Präparat von allgemeiner Transposition der Brust- und Unterleibs-Eingeweide; Nerven der Hand, an welchen sich eine Menge von kleinen nadelknopfförmigen Auswüchsen befinden; die beiden sonderbaren Aneurysmen der *Aorta* und *Iliaca communis*, welche Shekelton in den *Dublin Hospital Reports, Vol. III.*, beschrieben und abgebildet hat; ein mehrere Monate alter, hart und trokken gewordener Foetus, in der Trompete von einer Frau angeblich 20 Jahre hindurch ohne sonderliche Beschwerden getragen; ein vorgefallener Uterus, dem Penis auffallend ähnlich geworden; zahlreiche Präparate von kranken Knochen, besonders von den das Hüftgelenk bildenden, worüber Abraham Colles im Begriff steht, seine Erfahrungen öffentlich mitzutheilen.

In der kleineren, zum Unterricht dienenden Sammlung befinden sich unter anderen die Lungen eines Foetus, welche durch und durch mit Tuberkeln angefüllt sind; interessante Präparate von krankhaft entarteten Samenbläschen; ein Kehlkopf, dessen Epiglottis durch venerisches Uebel gänzlich verzehrt ist; die zerrissenen Harnblasen, von denen die Fälle in den *Dublin Hospital Reports* bekannt

kannt gemacht sind; eine eigene Degeneration einer Arterie in eine steatomatöse Geschwulst, durch welche mitten hindurch ein Kanal für das Blut geht u. s. w.

Im Jahre 1791 wurde auch eine *Apothecaries-Hall* in Dublin errichtet, in welcher stets die verschiedenen Arzneimittel in bester Qualität vorräthig gehalten werden, so dafs sämmtliche Apotheker Dublins ihren Bedarf von hieraus beziehen können. Jeder der sich in Dublin als Apotheker niederlassen will, mufs sich einer Prüfung von den Direktoren der *Apothecaries-Hall* unterwerfen; auch werden in der Anstalt während des Sommers Vorlesungen über Chemie und Pharmacie von einem besonders dazu angestellten Lehrer, Mr. Donovan, gehalten.

Endlich ist noch die *Royal Dublin Society for improving husbandry and other useful arts* eine vorzüglich bemerkenswerthe Anstalt. Sie steht unter dem Präsidio des *Lord Lieutenant of Ireland*, und zählt an 500 Mitglieder. Ihr Zweck ist: 1) Beförderung der Agricultur. Zu dem Ende werden Vorlesungen gehalten (über Botanik, Acker- und Gartenbau), Preisfragen aufgegeben u. s. w. Die *Society* besitzt einen vortrefflichen botanischen Garten zu Glasnevin, und hat den Dr. Wade als Professor der Botanik angestellt. Dabei werden Zöglinge angenommen und im Gartenbau u. s. w. unterrichtet. 2) Ist eine Anstalt für Thierarzneikunde damit verbunden. Mr. Peall hält Vorlesungen über die Krankheiten der Hausthiere und deren Behandlung.

3) Wird Naturgeschichte, besonders Mineralogie, mit vielem Fleiſse getrieben. Die *Society* kaufte im Jahre 1792 die Sammlung des Prof. Leske in Marburg, welche dann von Kirwan, und späterhin von dem jetzigen Prof. der Mineralogie, Sir Charles Gieseke, bedeutend vermehrt wurde. Von letzterem besonders durch Mineralien und andere naturhistorische Gegenstände, die er aus Grönland mitgebracht hat. Eine Uebersicht des Museums giebt der davon erschienene *Catalogue of the subjects of natural history in the Museum of the Right honourable and honourable the Dublin Society, systematically arranged* u. s. w. 4) Die Förderung der schönen Künste gehört ebenfalls zu den Zwekken der Gesellschaft. Sie besitzt eine Sammlung von antiken Statuen, Gypsabgüssen, Gemälden u. s. w., und läſst Unterricht ertheilen in der Sculptur von Mr. Smith, im Landschaftmalen von Mr. Brocas, im Portraitmalen von Mr. West, und im architektonischen Zeichnen von Mr. Baker. Endlich 5) ist auch für Unterricht in der Physik, Chemie und dem Bergbau gesorgt. Vorlesungen darüber werden gehalten von Mr. Lynch, Mr. Higgins und Mr. Griffith, und ein reicher chemischer und physikalischer Apparat ist Eigenthum der *Society*. — Das ihr gehörende Gebäude in *Kildarestreet* ist eins der schönsten Dublins, und ein würdiges Lokale für die darin aufbewahrten Kunst- und Natur-Schätze.

Nachträge.

Die neuerdings in Edinburg Statt gefundenen Verhandlungen, die Entwerfung neuer Statuten für die Ertheilung der medizinischen Doctor-Würde betreffend, sind jetzt beendigt, und glaube ich, daſs meinen Lesern die Mittheilung der nun bestehenden Gesetze nicht unwillkommen sein werde. Es sind folgende:

I. Nemo ad Doctoratus in Medicina gradum promoveatur, priusquam Quadriennium, in hac aut alia Academia, ubi alumni ad summos in Medicina honores promoveri soliti sunt, per sex saltem menses quotannis, Medicinae studio impenderit; nisi

1. *Qui jam evectus fuerit ad gradum Magistri artium in Academia quavis Scotia, vel ad parum gradum in alia Academia, opera quadriennium literis et artibus prius dedita, quam ad Medicinae studium se contulerit.*

2. *Qui, praeter studia sua medica in Academiis, alio insuper anno, Nosocomium quoddam publicum, ubi aegri octoginta vel plures decumbere solent, per sex saltem menses fre-*

quentaverit, et curationi a Medicis et Chirurgis ibi institutae adfuerit.

3. Qui per spatium unius saltem anni in re medica Exercitus vel Classis Britannicae, vel Societatis Mercaturas in India Orientali facientium, occupatus fuerit. — Illi autem, qui quamlibet ex his conditionibus absolverit, Gradum Doctoratus consequi liceat, postquam triennium in hac aut alia Academia, supra definita, Medicinae studio se dederit.

II. Nemo Exercitationes ad Gradum Doctoratus capessendum subeat, qui non testimoniis idoneis ostendat

Primo, Sequentibus quas Scientia medica complectitur Disciplinis, sub Medicinae Professoribus in hac aut alia Academia supra definita, semel vel saepius se operam dedisse, scilicet:

Anatomiae et Chirurgiae *Chemiae* *Materiae medicae et pharmaceuticae* *Medicinae theoreticae* *Medicinae practicae* *Rei obstetriciae, et morbis foeminis infantibusque propriis*	*per curriculum sex mensium.*
Medicinae clinicae, scilicet curationi aegrorum in nosocomio publico decumbentium, a Professoribus medicinae institutae, et praelectionibus habitis de iisdem aegris	*per curriculum sex mensium, vel per bina curricula trium mensium*

duabus ex his vel pluribus singulis annis, et etiam

Botanicae } *per curriculum trium mensium.*

Secundo, duabus saltem ex sequentibus etiam disciplinis (a seipso, prout sibi maxime conveniant, eligendis) in hac aut alia Academia supra definita se operam dedisse, scilicet:

Anatomiae practicae *Historiae naturali* *Medicinae legali* *Chirurgiae clinicae* *Chirurgiae militari*	*per curriculum trium saltem mensium *).*

Tertio, praeter curriculum medicinae clinicae, iam praescriptum, alio insuper anno, per sex saltem menses, Nosocomium quoddam publicum hic aut alibi se frequentasse, ubi octoginta aegri decumbere solent, et curationi a Medicis vel Chirurgis ibi institutae adfuisse.

III. Nemo Gradum Doctoratus consequatur, qui non unum saltem annum in Academia Edinburgena, modo iam praescripto, Medicinae studio impenderit.

IV. Quicunque honores Medicinae ambierit ante diem XXIV^um Martii de consilio suo Facultatis Medicae Decanum certiorem faciat, et illi tradat,

1\. *Autographum his verbis: „Ego, — gradum Doctoratus in Medicina ambiens, serio et sancte Medicinae Professoribus et almae Academiae Edinburgenae assevero, et hoc scripto meo testatum cupio, me unum et*

---

*) *Medicinae autem clinicae et chirurgiae clinicae uno eodemque tempore operam dare non licebit.*

vigesimum aetatis annum iam complevisse (vel, si ita res se habuerit, ante diem proximum solennem esse completurum), et me esse liberum, scilicet nullius Chirurgi, aut Pharmacopolae, aut alius cuiusvis artificii Magistri servitio addictum, ut Discipulum, Tironem, vel Ministrum, qualus anglice dicitur Apprentice.

2. *Descriptionem studiorum suorum, tum in Literis et Artibus, tum etiam in Medicina, atque de his testimonia;*

3. *Dissertationem medicam inauguralem, a seipso lingua Latina compositam et concinne conscriptam, ut Professor aliquis, a Decano designandus, eam perlegat, et perlectae scriptam suam testificationem apponat.*

V. Antequam tentamini de re medica subjiciatur Candidatus, Facultati medicae conventu speciali et privato ostendat, se lingua latina iam satis esse doctum, quod si non ita sit, exercitationes pro Gradu Doctoratus, hac lingua praecipue peragendae, non habeantur; si autem Professoribus de hac re satisfaciat, tunc Quaestio, vel viva voce vel scripto, statim habenda est, de variis, quas Scientia medica complectitur disciplinis; eo, ut nemini, nisi Scientia tum Literarum humaniorum, tum Medicinae probe imbuto, Candidatorum numero retineri liceat.

VI. Si quis, hac Quaestione privatim habita, Candidatorum numero retineri dignus non existimabitur, duabus saltem ex supra dictis (Sect. II.) disciplinis, sub Medicinae

Professoribus in hac aut alia Academia supra definita, iterum operam det, antequam exercitationes iterum subeat.

VII. Si Candidatus, quaestione privatim habita, promoveri merebitur, illi statim tradantur duae morborum historiae, cum quaestionibus subjunctis, ut commentis, lingua latina scriptis, illas illustret, his commoda responsa reddat; tum historias ita illustratas, una cum responsis suis, post decem dies Professoribus proponentibus tradat, atque eadem die, VI^to^ Julii, coram Facultate medica defendat.

VIII. Candidato, si, post primum periculum factum, probatus fuerit, Dissertationem suam inauguralem prelo subjicere liceat, nec tamen imperetur; Dissertationis cuiusvis excusae quadraginta exemplaria Facultatis medicae Decano, die VI^to^ Julii, tradantur.

IX. Si Candidatus iterum a Medicinae Facultate fuerit probatus, eiusdem Facultatis Decanus quae gesta fuerint Senatui Academico renunciabit; cuius approbatione et auctoritate Candidatus Dissertationem suam in Comitiis academicis, die XI^mo^ Julii, lingua latina defendere, et, si excusa fuerit, edere jubeatur. Tum, si Senatui placuerit, laboris et studiorum praemium, summos in medicina honores, Gradum nempe Doctoratus, more solenni, XII^mo^ Julii, consequatur.

X. Facultas Medica, quo maior sit horum omnium solennitas, semper intra Academiae Pomoeria hora decima ante meridiem, diebus supra dictis, conveniet; et si quis Candidatus, sine gravi causa, hora abfuerit statuta, occasione neglecta, huic, nec ad ulteriora pericula progredi, nec Gradum Doctoratus hac vice assequi, licebit.

NB. Haec sunt Statuta de studiis, pro Gradu doctorali, omnium, qui posthac ad Medicinae studium se conferant. Eorum autem, qui annis 1825, 1826 *aut* 1827, *honores in Medicina ambiant, studia et exercitationes, Statutis solennibus iam editis, dirigenda sunt.*

Die Zahl der in Edinburg Medizin Studirenden betrug im Jahre 1820—21: 754; 1821—22: 817; 1822—23: 867; 1823—24: 870, und 1824—25: 905.

Im Anfange dieses Jahres ist abermals von dem *National Vaccine Establishment* ein officieller Bericht an den Staats-Sekretair Peel abgestattet worden, welcher hier noch eine Stelle finden möge:

„Die Wichtigkeit und der Werth dieser Anstalt, heiſst es darin, werden täglich dadurch dargethan, daſs sie unverzüglich und zuverlässig allen Anforderungen entspricht, welche an sie gemacht werden, um Schutz zu erhalten gegen eine der schwersten Geiſseln, die je das Menschengeschlecht, in der Gestalt von Krankheiten, heimgesucht haben.

Dem Charakter der niederen Volksklasse ist es eigenthümlich, daſs sie sorglos und unthätig bleiben, so lange als die Stunde der Gefahr entfernt und ungewiſs ist, und dagegen vielleicht über die Maſsen beunruhigt werden, wenn diese erscheint. Daher erhalten wir, wenn man sich an uns wendet, gewöhnlich zugleich die Kunde, daſs in der Umgegend von den Menschenblattern groſse Verheerungen angerichtet werden, und die Gesuche um Hülfe sind deshalb dringend und eilig. Diese Bemerkungen finden besonders hier zu Lande ihre Anwendung. Aber man wendet sich an uns auch oft von auſserhalb, und selbst von Impf-Anstalten fremder Hauptstädte, wo es schwerer ist, eine gehörige Quantität von Lymphe vorräthig zu halten. Dabei geschehen die Anforderungen in der Ueberzeugung, daſs die von unserer Anstalt gelieferte Lymphe vorzüglich wirksam und ächt sei. Glücklicherweise setzen uns die getroffenen Einrichtungen in den Stand, jedem Gesuche, wann und von woher es auch kommen möge, zu genügen, und so haben wir denn seit unserem letzten Berichte 77,800 Portionen (*Charges*) von Lymphe versandt.

Es würde überflüssig sein, jetzt eine vergleichende Untersuchung über den Werth der Vaccination und Inoculation als Schutzmittel gegen die Menschenpocken anzustellen; aber die Vorsteher der Anstalt haben sich bemühet, auszumitteln, in welchem Verhältniſs vaccinirte Personen nachher von den Menschenpocken befallen werden. Den Nachrichten zufolge, welche wir von unseren *Stationary Vaccinators* in der Hauptstadt erhalten haben, scheint es, daſs nicht mehr als achtzehn von den achttausend im Durchschnitt jährlich vaccinirten Individuen der Anstekkung durch Menschenblattern ausgesetzt sind. Die Berichte von den *Corresponding Vaccinators* auf dem Lande sind allerdings weniger günstig; aber wir haben dennoch vollen Grund anzunehmen, daſs die Zahl von denjenigen, welche nach der Vaccination noch die Menschenpocken bekommen, und diese leicht und ohne Gefahr überstehen, nicht gröſser ist, als die Anzahl derjenigen, welche in Folge der Inoculation sterben. Durch diese, wo sie noch viel geübt worden ist, kann man annehmen, daſs einer von dreihundert sein Leben eingebüſst hat.

Aus den *Bills of Mortality* geht übrigens hervor, daſs innerhalb derselben 725 Personen in diesem Jahre an den Menschenpocken gestorben sind; dagegen ist uns kein Fall eines tödtlichen Ausganges nach vorgenommener Vaccination bekannt geworden.“

London, am 12. Februar 1825.

Unterz. Henry Halford, Präs. des Königl. Colleg. der Aerzte; William Norris, Präs. des Königl. Colleg. der Wundärzte; William Lynn, Vice-Präsident.

Dr. Maton, Dr. Cholmeley, Dr. Willis und Dr. Warburton, Censoren des Königl. Colleg. der Aerzte.

Dr. Hue, Registrator.

Uebersicht der in das *Small-Pox Hospital* im Jahre 1824 aufgenommenen Kranken.

Klassen.	Charakter der Krankheit.	Aufgenommen wurden.	Davon starben.	Verhältniſs der Gestorbenen in Hundert.
1.	Menschenpocken bei nicht Geschützten, in ihrer gröſsten Heftigkeit (*Confluent malignant*) -	12	12	100
2.	Menschenpocken bei nicht Geschützten, im zweiten Grade der Heftigkeit (*Simple confluent*) - -	46	27	59
3.	Menschenpocken bei nicht Geschützten, im dritten Grade der Heftigkeit (*Coherent*) - - -	55	14	23
4.	Menschenpocken bei nicht Geschützten, in ihrer milden Form (*Distinct*) - - - - - - -	35	1	3
	Zusammen bei den nicht Geschützten - - - - - - - -	148	54	36
5.	Menschenpocken, zusammenflieſsende, zusammenhängende und getrennte, so nach der Vaccination vorkamen (*Modified*) - -	45	0	0
6.	Menschenpocken, so nach der Inoculation vorkamen (*Secondary*)	2	0	0
7.	Ausschlags-Krankheiten, die nicht Menschenpocken waren - -	4	0	0
	Summa -	199	54	27

Alter der im Jahre 1824 aufgenommenen Kranken.

Unter sieben Jahren - - - -	33	19	57
Zwischen sieben und vierzehn Jahren - - - - - - - -	15	2	13
Erwachsene - - - - -	151	33	22
Summa -	199	54	27

Summa der im Jahre 1824 Vaccinirten - 3324.

Verbesserte und neue chirurgische Instrumente.

Diese rühren gröſstentheils von unserm Landsmanne, Herrn Weiſs in London, her. Mit den Eigenschaften genau bekannt, welche die Instrumente zu den verschiedenen Operationen besitzen müssen, verwendet er wirklich viel Zeit und Mühe darauf, um die gebräuchlichen zu verbessern, und andere neue, den Forderungen der Chirurgen entsprechende, zu verfertigen. Folgende möchten hier eine Erwähnung verdienen:

1) Ausdehnungs-Werkzeuge für die männliche und weibliche Harnröhre, hauptsächlich um in der Blase befindliche Steine durch die Harnröhre auszuziehen, und so des Steinschnittes überhoben zu sein. Die Abbildung, Fig. 9. a. b., zeigt das für die männliche Harnröhre bestimmte Instrument. Es wird geschlossen (wobei es die Gestalt eines Catheters hat) eingebracht; alsdann drehet man den Handgriff, und nun geht es vorn in drei Theile auseinander, wodurch die Harnröhre bis zu einem bedeutenden Umfange ausgedehnt werden kann. Alsdann wird mit dem bei uns schon länger bekannten Instrumente, zum Herausziehen kleiner Steine aus der Blase, in diese eingegangen, der Stein gefaſst, und durch die erweiterte Harnröhre ausgezogen.

Ich sah einen bejahrten Mann, Sir W. B., dem Astley Cooper vor Kurzem einen 54 Gran schweren Stein von der Gröſse einer kleinen Haselnuſs auf diese Weise herausgezogen hatte, ohne daſs eine mit Recht befürchtete Incontinenz des Urins oder sonst nachtheilige Folgen entstanden waren.

Zur Erweiterung der weiblichen Harnröhre ist bekanntlich schon vor längerer Zeit ein eigenes Instrument von A. Cooper gebraucht worden, welches er in den *Medico-chirurgical Transactions, Vol. XII. P.* 1., abgebildet und beschrieben hat, woselbst auch die damit vorgenommenen Operationen erzählt sind. Neuerdings ist dies Instrument von Weiſs verändert und verbessert worden. Die Abbildung, Fig. 10, a. b., zeigt es im geschlossenen und geöffneten Zustande. Im ersteren wird es eingebracht, und dann durch Umdrehen des auſsen an der Scheibe befindlichen Handgriffes, so weit als erforderlich ist, geöffnet, wobei die Weite der Entfernung beider Arme von einander durch einen auf einem Zifferblatte sich drehenden Zeiger angedeutet wird. Zum Ausziehen des Steins bedarf es dann nur einer gewöhnlichen Zange. A. Cooper, Brodie, Green und andere haben vermittelst dieses Instrumentes Steine von dem Umfange einer Wallnuſs und darüber aus der weiblichen Harnblase durch die Harnröhre ausgezogen. — Vergl. den *Further account of the extraction of Calculi from the bladder, without the use of any cutting instrument, by Sir Astley Cooper,* in den *Med. chir. Trans., Vol. XII. P.* 2.

2) Unter mehreren zur Ausdehnung des Mastdarms von Weiſs angegebenen Instru-

menten, wird dasjenige für das beste gehalten, wovon ich die Abbildung, Fig. 11. a. b. c., beigefügt habe. A zeigt das Gelenk, D die Blätter des Instruments, B C ist ein runder hölzerner Pflock, welcher, beim Einführen in den Mastdarm, in den von den Blättern des Instruments gebildeten Kanal gesteckt wird, damit das vordere Ende glatt und rund sei. Durch das Drehen des Handgriffs um seine Achse können dann die Blätter beliebig weit von einander entfernt werden. Bei den, wie es scheint, in England häufiger als in anderen Ländern vorkommenden Krankheiten des Darmkanals, und besonders seines unteren Theiles, werden Instrumente dieser Art dort sehr häufig gebraucht.

Aus dem *Report from the select Committee on the state of the Penitentiary at Milbank* findet man einen ausführlichen Auszug in dem *Edinb. med. and surg. Journ.*, July und October 1824. Es waren damals 566 männliche und 303 weibliche, zusammen also 869 Gefangene (*Convicts*) in der Anstalt. Dr. Hutchison wurde in Folge der erwähnten, unangenehmen Untersuchung seiner Stelle entlassen.

Astley Cooper hat im verflossenen Winter leider! zum letzten Male gelesen. Er hat sein Lehramt niedergelegt. Die Zahl seiner jedesmaligen Vorlesungen über Chirurgie ist oben irrigerweise zu gering angegeben; sie dauerten den ganzen Winter hindurch, und in der *Lancet* finden sich 76 *Lectures* von ihm abgedruckt. — Hier sind auch die mancherlei, und zum Theil sehr charakteristischen Verhandlungen der Studirenden mitgetheilt, welche von ihnen vorgenommen wurden, um den unbefugten Abdruck der Vorlesungen A. Cooper's, Abernethy's und anderer in dem genannten Journale zu verhindern.

Auffallend ist in London der Mangel an zweckmäfsigen, öffentlichen Bade-Anstalten. Jetzt hat sich eine *Royal national Bath-Company* gebildet, welche die Errichtung solcher Anstalten beabsichtigt. Gewifs ein sehr heilsames Unternehmen, besonders für London, wo die Hautthätigkeit durch so manche äufsere Einflüsse gar leicht gestört wird.

Von den in dieser letzten Zeit Statt gefundenen Veränderungen des medizinischen Personales der verschiedenen Anstalten, bin ich noch folgende hier anzuführen im Stande:

An die Stelle des verstorbenen Thomas Chevalier ist zur allgemeinen Zufriedenheit Charles Bell zum Professor der Anatomie und Chirurgie beim Collegium der Wundärzte ernannt worden. — Dr. Harrison und Dr. Cleverly sind vor Kurzem gestorben. — Dr. Dunglison hat einen Ruf nach Amerika angenommen, und Dr. Armstrong hat seine Stelle, als Arzt des Fieber-

Hospitals, niedergelegt. Gewiſs ein groſser Verlust für diese Anstalt.

Von den in London bestehenden Privat-Unterrichts-Anstalten für Chirurgen verdient noch eine besondere Erwähnung das *West of London Theatre of Anatomy* (23, *Chapel-street, Grosvenorsquare*), unter der Direction von Sleigh. Dasselbe ist von dem Collegium der Wundärzte anerkannt worden.

Zu den Kranken-Anstalten in Glasgow gehört jetzt auch noch eine eigene *Eye-Infirmary*, bei welcher als Wundarzt Mackenzie angestellt ist, der zugleich die Stelle eines Professors der Anatomie und Chirurgie bei der *Andersonian Institution* bekleidet.

London Bills of Mortality

vom 17. December 1823 bis zum 14. December 1824.

Es starben in diesem Jahre an

Abscessen	96	Brüchen	35
Altersschwäche	1369	Keuchhusten	627
Apoplexie	333	Hydrophobie	7
Asthma	716	Entzündungen	2116
Gallen-Krankheiten (*Bile*)	2	Leber-Entzündungen	137
Krebs	98	Wahnsinn	144
Im Kindbett	169	Gelbsucht	26
An *Cholera morbus*	2	Trismus (*Jawlocked*)	2
(Lungen-)Schwindsucht	4980	Masern	966
Convulsionen	2772	Fehlgeburt	3
Croup	91	Brand	232
Diabetes	1	Lähmung	144
Diarrhoe	5	Rheumatismen	8
Wassersucht	780	Skrofeln	14
Gehirn-Wassersucht	761	Menschenpocken	725
Brustwassersucht	72	Bräune (*Sore throat*)	13
Ruhr	2	Krämpfen	52
Vergröſserung des Herzens	9	Todtgeboren wurden	824
Epilepsie	45	Am Stein starben	20
Hautausschlägen	27	An Verstopfung (*Stoppage in the Stomach*)	18
Rose	14	Eines plötzlichen Todes	104
Fieber	750	Am Zahnen	588
Typhus	37	An Schwämmchen	65
Wechselfieber	2	Geschwülsten	10
Fisteln	5	Venerischer Krankheit	4
Profluvien (*Flux*)	2	Würmern	4
Gicht	20		
Blutflüssen	31	Summa	19,882

Casualties.

An Quetschungen starben	1	Todtgefunden	5
An Verbrennungen	30	An Beinbrüchen (*fractured*) starb	1
Erwürgt wurde (*choked*)	1	Durch Schreck	1
Es ertranken	149	Durch einen Sturz und verschiedene andere Unglücksfalle	86
Uebermäſsiges Trinken tödtete	5		
Hingerichtet wurden *)	5		

*) Eigentlich wurden 10 innerhalb der *Bills of Mortality* hingerichtet, aber nur 5 als solche gemeldet.

Ermordet wurde .	1	Erdrückt (*Smothered*)	1
An Verknöcherung des Herzens starb .	1	Verhungert starb .	1
Vergiftet wurden .	4	Erstickt . .	5
Verbrühet . .	4	Selbstmorde kamen vor	52
Erschossen . .	1	Summe	355

Getauft wurden:		Begraben wurden:	
Knaben	12,978.	Männlichen Geschlechts	10,565.
Mädchen	12,780.	Weiblichen Geschlechts	9,672.
Summa	25,758.	Summa	20,237.

Davon starben:

In einem Alter unter zwei Jahren	6476.
zwischen 2 und 5 —	2103.
5 — 10 —	798.
10 — 20 —	764.
20 — 30 —	1296.
30 — 40 —	1444.
40 — 50 —	1809.
50 — 60 —	1742.
60 — 70 —	1715.
70 — 80 —	1411.
80 — 90 —	593.
90 — 100 —	84.
In einem Alter von 103 Jahren	1.
In einem Alter von 107 Jahren	1.

Abnahme der Todesfälle in diesem Jahre: 350.

Erklärung der Abbildungen.

Fig. 1. Brodie's Messer zur Durchschneidung varicöser Venen.

Fig. 2. *Water-Closet*, wie es in der *Derbyshire general Infirmary* befindlich ist. A. Der Eingang. B. Eine Thür, welche bei C in ihren Angeln ruht. D. Eine hölzerne Scheidewand, von demselben Durchmesser, wie die Thür, und ebenfalls sich um C drehend. Indem man die Thür B vorwärts bewegt, wird, da sie den Raum genau ausfüllt, die in dem inneren Raume befindliche Luft vor ihr hergetrieben, und entweicht durch eine in der Decke, über dem Sitze E angebrachte Oeffnung. Die Thür wird fortbewegt bis F, wobei die hölzerne Scheidewand bis nach G gelangt. Kehrt man zurück, so mufs D, in der Richtung C G befindlich, wieder ganz zurückgeschoben werden, wobei sich in der Thür eine Klappe öffnet, um für die herausgetriebene Luft neue, reine hereinzulassen.

Fig. 3. Alexander's Messer, zum Durchschneiden des bei der Bildung des Hornhautlappens nicht durchgeschnittenen Theiles der Cornea (des sogenannten *bridle*).

Fig. 4, 5, 6 und 7. Davis's geburtshülfliche Instrumente. S. pag. 135.

Fig. 8. Grundrifs vom *Glasgow lunatic Asylum*. — (Eine Ansicht des Gebäudes giebt die Titelvignette.)

Fig. 9. Dilatatorium für die männliche Harnröhre, von Weifs.

Fig. 10. Desgleichen für die weibliche Harnröhre, von demselben.

Fig. 11. Desgleichen für den Mastdarm, von demselben.

Druckfehler.

Seite 263. Z. 6. Statt *Lying-Hospital* lies *Lying-in Hospital.*

Taf 1

Fig. 1.

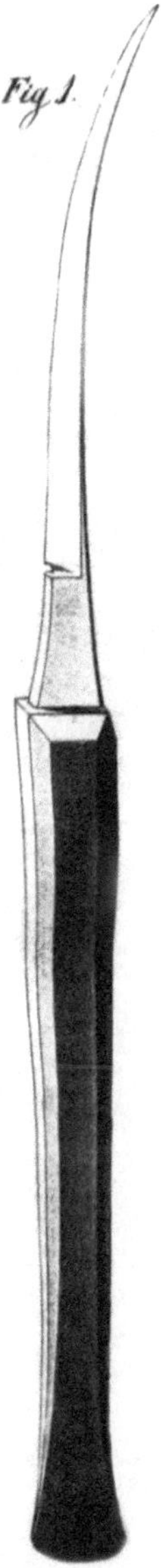

Fig. 2

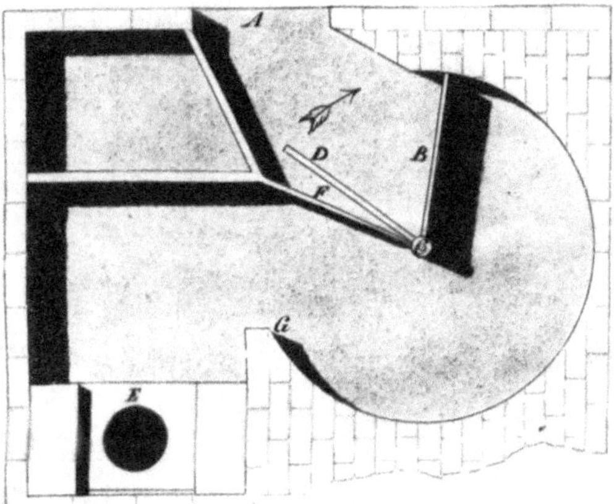

Fig. 3.

Wagner über die Medizinal Anstalten Englands

Wagner über die Medizinal Anstalten Englan

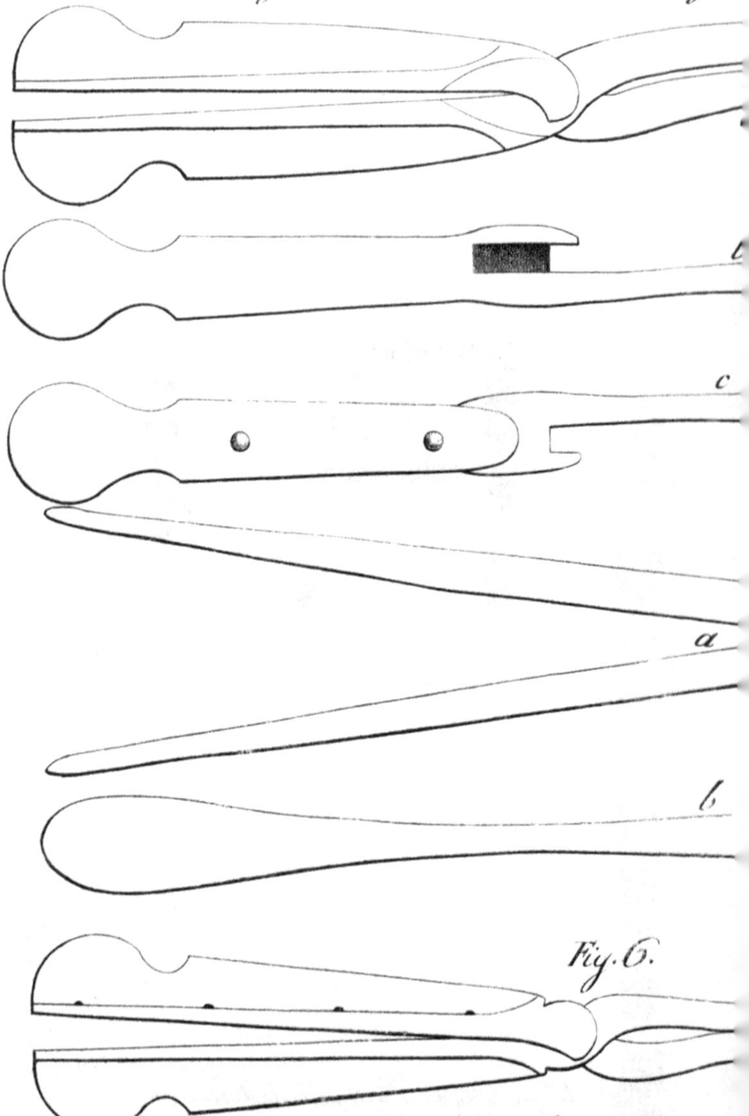

Fig. 6.

Taf. 2.

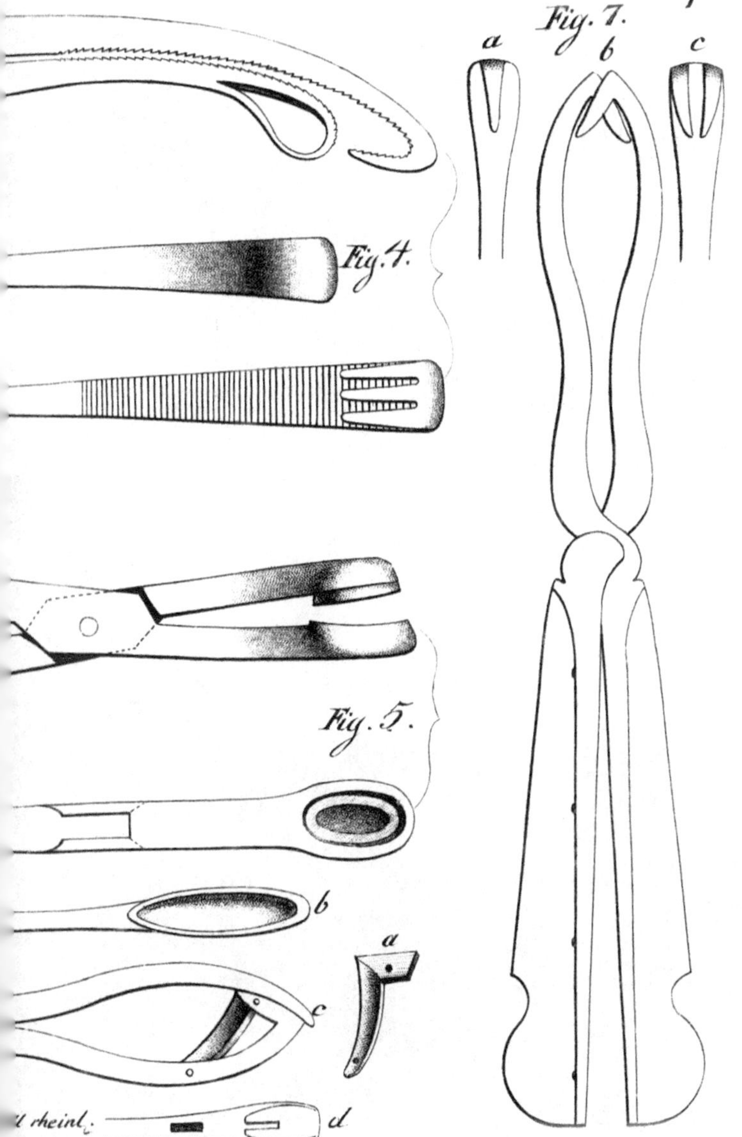

Fig. 8.

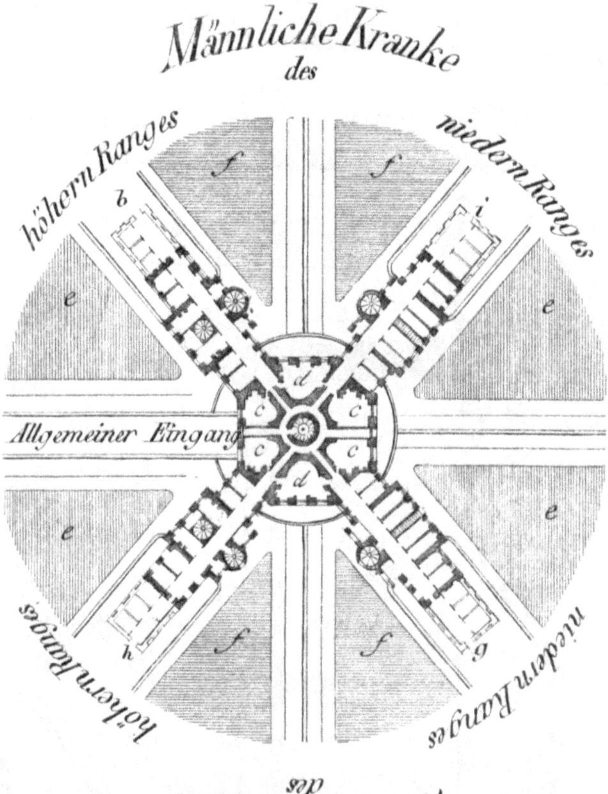

Erklärung der Buchstaben.
f, im gewöhnlichen Zustand. e, d, in der Reconvalescenz. — b, Hofraum und Abtheilung für Männer des höheren Ranges. — h, Abtheilung für Weiber des höheren Ranges. Hofraum. — g, Abtheilung für Weiber des niederen Ranges. Hofraum. — i, Hofraum und Abtheilung für Männer des niederen Ranges. — c, Tag Zimmer (Day-Room). — d, Zimmer für Aufseher.

Fig: 11.

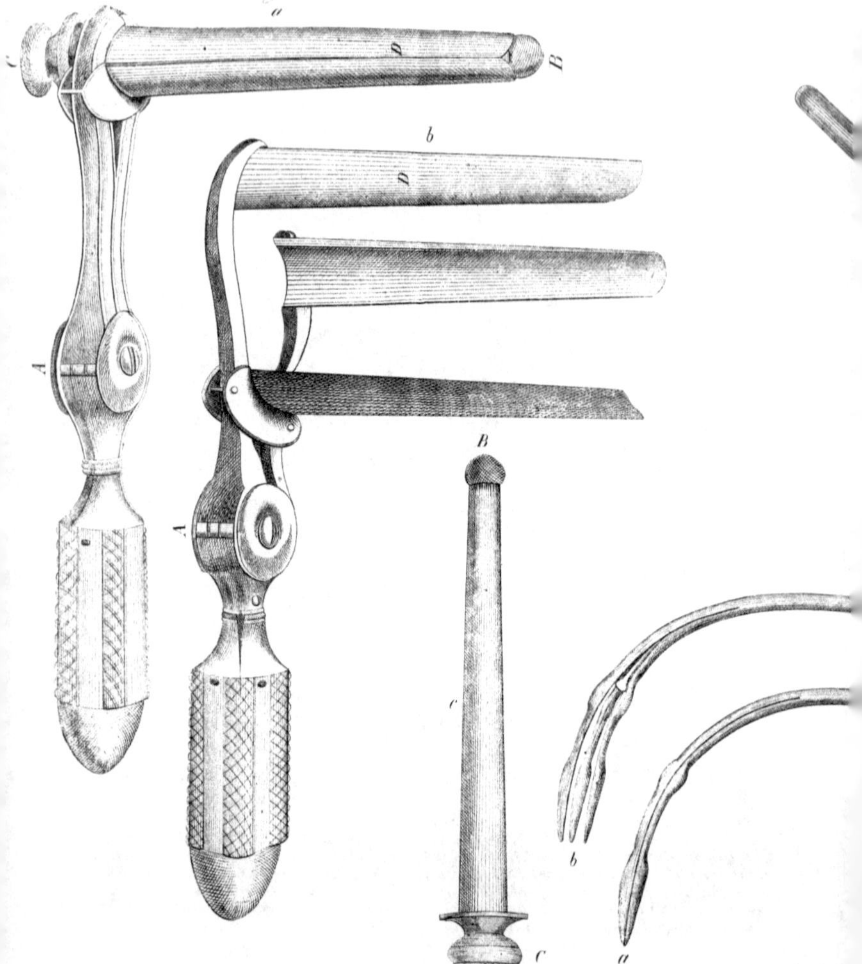

Fig: 10.

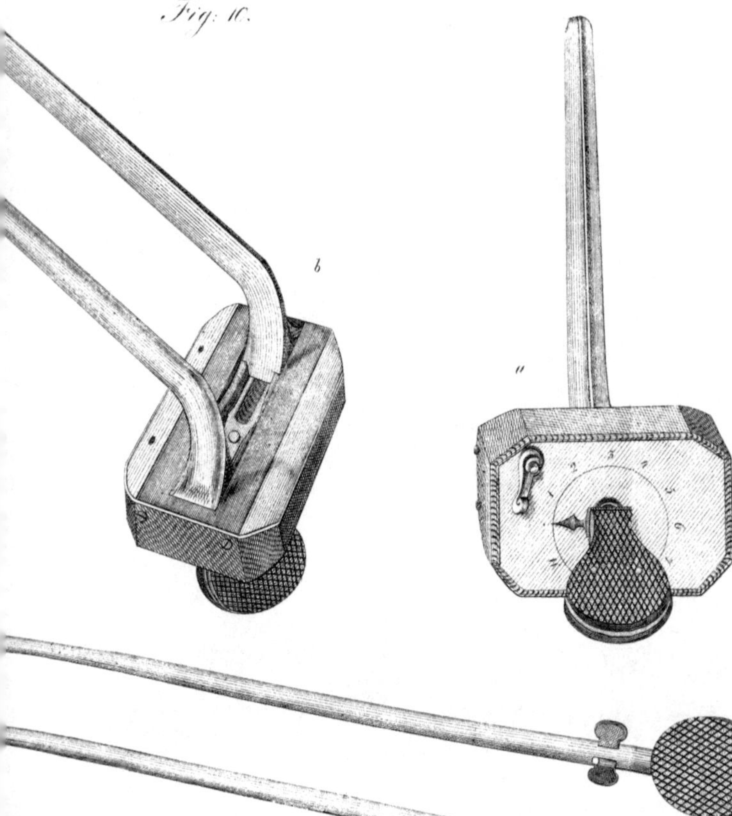

Fig: 9.